【応用気象学シリーズ】
木村龍治……編集
3

雲と雨の気象学

水野 量
[著]

朝倉書店

発刊のことば

　従来にない切り口で気象学を語ることができるか，という問いかけから，このシリーズの構想が出発した．気象は大きな環境因子であるから，気象の知識が必要なのは，気象の分野だけではない．気象の予測，防災，環境問題への対応，自然エネルギーの利用など，さまざまな局面で大気の営みが問題になる．その基礎になるのは，気象に対する正しい理解である．それも，広く浅くというよりは，特定のテーマを深く理解しておくことが要求されるだろう．そのようなニーズにストレートに対応する内容にしたい．そのために，気象をオールラウンドに見るというよりは，光，熱，風というような側面からなる多面体と考え，ひとつひとつの側面を光らせるという発想が生まれた．一般の気象学を交響楽にたとえれば，協奏曲のような作品をめざしたのである．独奏者ならぬ執筆者は，それぞれの分野の一線で活躍している気鋭の研究者である．各自の専門分野を主題にして，気象の世界を独自の切り口で示していただいた．このような構想自身，著者たちが何回も集まって，相談した結果なのである．本シリーズが，気象の知識を必要とする多くの分野で活用されることを切に希望する．

　　　　　　　　　　　　　　　東京大学海洋研究所　木村龍治

は　じ　め　に

　「ものには，ものの性質がある」と，福田先生は説明した．ユタ大学気象学科の福田矩彦教授の研究室で実験していたときのことである．実験装置には，温度一定の場を作り出すため銅板が使われていた．銅には，熱伝導率が高い，加工が容易，比較的安価という特徴がある．これらの性質が，実験装置で銅板を使うことの理由だった．その他の材料についても，それぞれその材料を使う理由があった．ものの性質をよく理解すれば，材料を組み合わせて実験装置を設計・製作して研究目的を達成できる．冒頭の言葉はそのことを説明している．

　大気中には，いろいろな雲が現れる．綿のような積雲，激しい雨やひょうをもたらす積乱雲，ベール状に広がる巻層雲や高積雲などである．衛星写真にも，筋状の雲や塊状の雲，広範囲を覆う雲などいろいろ写っている．これら大気中のさまざまな雲や降水にも，それぞれの性質がある．これらの性質をよく理解して組み合わせれば，大気中のさまざまな現象を説明できるはずである．

　雲と降水の性質に関する知識と知見が，理論的・実験的・観測的方法によって蓄積されてきている．これらを整理して説明する．本書を読んで得られる雲と降水に関するある種の実感・イメージをもって，次のステップへ進むことを期待する．天気解析・予報，リモートセンシング，水文学，土木工学などの分野で，雲と降水の知識が役立つ．それぞれの分野の知識と組み合わせて，目的を達成されるよう願っている．

　本書は，雲と降水に関する事項を次のように6部で構成している．また，理解を助ける問題と解答も入れている．

　「第1部　概観」では，雲と降水を生ずる大気の概略，雲と降水の定義と分類を説明する．大気は乾燥空気と水蒸気との混合気体であり，雲と降水の実体は水または氷の粒子であることを強調する．

「第2部　大気の熱力学」は，「2. 乾燥空気の性質」，「3. 水蒸気の性質」，「4. 大気の鉛直方向の性質」から成る．乾燥空気・水蒸気の性質と大気中の凝結に関する事項が説明される．

「第3部　微物理」は，「5. 雲粒の発生と雨粒への成長」と「6. 氷晶の発生と降雪粒子への成長」から成る．雲粒子の生成と降水粒子への成長に関する各種雲物理過程が説明される．

「第4部　観測手段」では，雲と降水を記述するパラメータ（物理量）とその観測がどのように行われているかをまとめる．

「第5部　雲の事例」は，「8. 層状性の雲と降水」，「9. 対流性の雲と降水」，「10. メソスケール降雨帯とハリケーンの雲と降水」から成る．層状性と対流性の上昇流に関する事項を説明し，実際の雲と降水の実態を紹介する．

「第6部　応用」は，「11. 大雨災害」と「12. 気象調節」から成る．自然の雲と降水が人間社会へ及ぼす大雨災害の影響の大きさを強調し，人間が自然の雲と降水へ働きかけをする気象調節の現状をまとめる．

次の皆様に感謝致します．本書で引用した図表や参照した文献の執筆者各位，気象大学校に在学当時の先生方，卒業後お世話になった青森地方気象台，仙台管区気象台，気象研究所物理気象研究部，気象大学校の皆様からたくさんのことを教えて頂きました．特に，気象研究所物理気象研究部第一研究室の松尾敬世室長（当時，現気象研究所環境・応用気象研究部長），村上正隆室長，ユタ大学の福田矩彦教授からは，雲物理をいろいろな面から教わりました．また，大学の先生方やその他の気象官署の皆様からも学会・調査研究会などを通して教えて頂きました．

最後に，この応用気象学シリーズへの参加を呼び掛けて下さった東京大学海洋研究所の新野　宏助教授と，全体にわたる校閲も頂いた木村龍治教授に感謝致します．

　　2000年8月

　　　　　　　　　　　　　　　　　　　　　　　　気象大学校　水　野　　量

目　　次

［第1部　概　　観］

1. 大気と雲と降水の概観 ･･････････････････････････････････ 1
　1.1　大気の各種定数 ･････････････････････････････････････ 1
　1.2　大気の組成 ･･･ 2
　1.3　大気の鉛直構造 ･････････････････････････････････････ 3
　1.4　雲と降水の定義 ･････････････････････････････････････ 4
　1.5　雲 の 分 類 ･･･ 5
　1.6　降水の分類 ･･･ 7

［第2部　大気の熱力学］

2. 乾燥空気の性質 ･･････････････････････････････････････ 9
　2.1　状態方程式 ･･･ 9
　2.2　熱力学第一法則 ････････････････････････････････････ 12
　2.3　乾燥空気の断熱過程 ････････････････････････････････ 15
　2.4　熱力学図(断熱図) ･･････････････････････････････････ 16
　　2.4.1　Stüve 図 ･･･････････････････････････････････････ 17
　　2.4.2　エマグラム ････････････････････････････････････ 17

3. 水蒸気の性質 ･･･････････････････････････････････････ 21
　3.1　水蒸気の状態方程式 ････････････････････････････････ 21
　3.2　飽和蒸気圧 ･･ 21
　3.3　水蒸気含有量の表現 ････････････････････････････････ 25
　　3.3.1　水蒸気密度，絶対湿度 ･･････････････････････････ 25
　　3.3.2　混　合　比 ････････････････････････････････････ 26

3.3.3	比　　　湿	27
3.3.4	相対湿度	28
3.3.5	露点温度	28
3.3.6	仮　温　度	29
3.3.7	湿球温度	30
3.3.8	凝結温度	30
3.4	飽和空気の断熱過程	31
3.4.1	湿球温位	32
3.4.2	相当温位	32
3.4.3	断熱的雲水量	33

4. 大気の鉛直方向の性質 ………………………………… 36
- 4.1 静力学平衡 …………………………………………… 36
- 4.2 浮　　　力 …………………………………………… 38
- 4.3 乾燥断熱減率と湿潤断熱減率 ………………………… 39
- 4.4 安　定　度 …………………………………………… 41
  - 4.4.1 乾燥大気の安定度 ……………………………… 42
  - 4.4.2 湿潤大気の安定度 ……………………………… 43
- 4.5 持ち上げ凝結高度と自由対流高度 …………………… 44

［第3部　微　物　理］

5. 雲粒の発生と雨粒への成長 ……………………………… 48
- 5.1 水滴のニュークリエーション ………………………… 48
- 5.2 凝　結　核 …………………………………………… 53
- 5.3 水滴の凝結成長 ……………………………………… 54
- 5.4 水滴の落下速度 ……………………………………… 58
- 5.5 水滴の衝突併合成長 ………………………………… 64

6. 氷晶の発生と降雪粒子への成長 ………………………… 70
- 6.1 氷晶のニュークリエーション ………………………… 70
- 6.2 氷　晶　核 …………………………………………… 72
  - 6.2.1 氷晶核数濃度 …………………………………… 72

6.2.2	氷晶核の成分	73
6.2.3	二次氷晶	74
6.3	昇華成長	74
6.3.1	雪結晶の形	74
6.3.2	昇華成長による氷粒子の質量増加率	77
6.4	氷粒子の雲粒捕捉成長	81
6.5	氷粒子の併合成長	85
6.6	氷粒子の落下速度	87

[第4部 観測手段]

7. 雲と降水の観測 … 92

- 7.1 雲のパラメータ … 92
- 7.2 降水のパラメータ … 96
  - 7.2.1 粒径分布 … 97
  - 7.2.2 雨水量・雪水量 … 99
  - 7.2.3 降水量と降水強度 … 99
  - 7.2.4 レーダー反射因子 … 101
  - 7.2.5 鉛直積算雨水量 … 102
- 7.3 地上観測 … 103
- 7.4 ゾンデ観測 … 104
- 7.5 航空機観測 … 106
- 7.6 気象レーダー … 107

[第5部 雲の事例]

8. 層状性の雲と降水 … 112

- 8.1 上昇流の原因 … 112
- 8.2 発達する低気圧 … 113
  - 8.2.1 発達する低気圧の特徴 … 113
  - 8.2.2 発達する低気圧による上昇流 … 115
- 8.3 巻雲(上層雲) … 118
- 8.4 層雲・層積雲 … 120

9. 対流性の雲と降水 ……………………………………… 124
- 9.1　対流不安定 …………………………………………… 124
- 9.2　対流有効位置エネルギー ……………………………… 125
- 9.3　各種安定指数 ………………………………………… 127
  - 9.3.1　SSI ……………………………………………… 127
  - 9.3.2　Lifted index …………………………………… 129
  - 9.3.3　K-index ………………………………………… 129
  - 9.3.4　Totals index …………………………………… 130
- 9.4　対流雲の実態 ………………………………………… 131
  - 9.4.1　浮力とエントレイメント ……………………… 131
  - 9.4.2　上昇流と雲水量 ………………………………… 132
  - 9.4.3　鉛直輸送 ………………………………………… 134
  - 9.4.4　降水形成 ………………………………………… 134
  - 9.4.5　発達段階モデル ………………………………… 137

10. メソスケール降雨帯とハリケーンの雲と降水 ………… 140
- 10.1　メソスケール降雨帯 ………………………………… 140
  - 10.1.1　温暖前線降雨帯 ……………………………… 141
  - 10.1.2　暖域降雨帯 …………………………………… 142
  - 10.1.3　寒冷前線降雨帯 ……………………………… 143
- 10.2　ハリケーンの雲と降水 ……………………………… 144

[第6部　応　用]

11. 大雨災害 ………………………………………………… 147
- 11.1　近年の大雨災害の特徴と対策 ……………………… 147
- 11.2　大雨災害の事例 ……………………………………… 148
- 11.3　浸水害 ………………………………………………… 151
  - 11.3.1　浸水害の事例解析 …………………………… 151
  - 11.3.2　浸水害の統計分析 …………………………… 155
- 11.4　山がけ崩れ害 ………………………………………… 156
  - 11.4.1　斜面崩壊の理論 ……………………………… 156
  - 11.4.2　山がけ崩れ害の事例解析 …………………… 157

	目　　次	vii

　　　11.4.3　山がけ崩れ害の統計分析 ································ 159

12.　気象調節 ·· 162
12.1　意図的な気象調節の概要 ································ 162
12.2　霧の消散 ··· 164
12.3　降水増加・降水調節 ··································· 167
　　　12.3.1　冷たい雲へのシーディング ························ 167
　　　12.3.2　暖かい雲へのシーディング ························ 169
12.4　その他の気象調節 ····································· 170
　　　12.4.1　ひょう制御 ····································· 170
　　　12.4.2　雷制御 ··· 172
　　　12.4.3　ハリケーン制御 ································· 172

A-1.　ジオポテンシャル高度 ······································ 175

A-2.　エマグラム上の各種水蒸気含有量 ···························· 177

A-3.　雲の写真 ·· 180

A-4.　付表 ·· 183

索　引 ·· 192

第 1 部 概　　観

1 大気と雲と降水の概観

雲と降水は，地球大気の大きな特徴である．1 章では，大気と雲と降水を概観する．

● **本章のポイント** ●
大気は混合気体：乾燥空気＋水蒸気
雲と降水の実体：水または氷の粒子

1.1 大気の各種定数

大気は，乾燥空気 (dry air) と水蒸気 (water vapor) から成る．水蒸気は，大気中の条件によって気体/液体/固体間で相変化 (phase change) をする気体である．一方，乾燥空気は相変化がなく，その組成が時間的にほとんど変動しない気体である．乾燥空気と水蒸気との混合気体である大気は，湿潤空気 (moist air) とも呼ばれる．すなわち，

$$乾燥空気＋水蒸気＝湿潤空気$$

表 1.1 乾燥空気に関する各種定数[1]

分子量	$M_d = 28.96$	kg kmol^{-1}
気体定数	$R_d = 287.05$	J kg^{-1} K^{-1}
密度	$\rho_d = 1.293$	kg m^{-3} (標準状態*)
数濃度 (ロシュミット数)	$n = 2.687 \times 10^{25}$	m^{-3} (標準状態*)
定圧比熱	$c_p = 1.005 \times 10^3$	J kg^{-1} K^{-1} (273 K)
定積比熱	$c_v = 7.19 \times 10^2$	J kg^{-1} K^{-1} (273 K)
定圧比熱/定積比熱	$\gamma = c_p/c_v = 1.4$	
	$\kappa = (\gamma-1)/\gamma = R_d/c_p = 0.286$	
粘性係数	$\mu = 1.73 \times 10^{-5}$	kg m^{-1} s^{-1} (標準状態*)
動粘性係数	$\nu = 1.34 \times 10^{-5}$	m^2 s^{-1} (標準状態*)
熱伝導率	$k_d = 2.40 \times 10^{-2}$	W m^{-1} K^{-1} (標準状態*)
音の速度	$c_s = 331$	m s^{-1} (273 K)

* 標準状態＝1013 hPa，273 K．

表1.2 水に関する各種定数[1]

項目	値	単位
分子量	$M_v = 18.015$	kg kmol^{-1}
	$\varepsilon = M_v/M_d = 0.622$	
気体定数	$R_v = 461.51$	J kg^{-1} K^{-1}
密度 (水)	$\rho_w = 10^3$	kg m^{-3} (標準状態*)
密度 (氷)	$\rho_i = 9.17 \times 10^2$	kg m^{-3} (標準状態*)
定圧比熱 (水蒸気)	$c_{pv} = 1.85 \times 10^3$	J kg^{-1} K^{-1} (273 K)
定積比熱 (水蒸気)	$c_{vv} = 1.39 \times 10^3$	J kg^{-1} K^{-1} (273 K)
定圧比熱/定積比熱 (水蒸気)	$\gamma = c_p/c_v = 1.33$	
比熱 (水)	$c_w = 4.218 \times 10^3$	J kg^{-1} K^{-1} (273 K)
比熱 (氷)	$c_i = 2.106 \times 10^3$	J kg^{-1} K^{-1} (273 K)
融解熱	$L_f = 3.34 \times 10^5$	J kg^{-1}
蒸発熱	$L_v = 2.50 \times 10^6$	J kg^{-1}
昇華熱	$L_s = L_f + L_v$	J kg^{-1}

* 標準状態＝1013 hPa, 273 K.

である．

　乾燥空気に関する各種定数を表1.1に，また水に関する各種定数を表1.2に示す[1]．これらの各種定数によって，乾燥空気と水に固有な基本的な性質が示される．

1.2　大気の組成

　乾燥空気は，表1.3の成分気体から成る[2]．容積比 (fractional volume) が大きな成分気体は，窒素78％，酸素21％，アルゴン0.9％である．表1.3の成分気体が，混合気体である乾燥空気の性質を決めている．

　乾燥空気の分子量 M_d (molecular weight) は，その成分気体の分子量と容積比

表1.3　海面付近における乾燥空気の成分気体の容積比と分子量[2]

成分		容積比 F_i	成分の分子量 M_i (kg kmol^{-1})
窒素	N$_2$	.78084	28.0134
酸素	O$_2$	.209476	31.9988
アルゴン	Ar	.00934	39.948
二酸化炭素	CO$_2$	.000314	44.00995
ネオン	Ne	.00001818	20.183
ヘリウム	He	.00000524	4.0026
クリプトン	Kr	.00000114	83.80
キセノン	Xe	.000000087	131.30
メタン	CH$_4$	.000002	16.04303
水素	H$_2$	.0000005	2.01594

から求められる．すなわち，混合気体の平均分子量の定義によって，M_d は

$$M_d = \sum(F_i M_i) / \sum F_i \qquad (1.1)$$

で表される．ここで，M_i は i 番目の成分気体の分子量であり，F_i は i 番目の成分気体の容積比である．表1.3のデータを用いて計算すると，

$$M_d = 28.9644 \qquad (1.2)$$

を得る．

高層における大気の組成はどうなっているのだろうか．その答えは，高度約 80 km までの組成は海面高度における組成と同じ，である．この高度までの大気はよく混合し，各成分気体の容積比を一定と仮定できるためである．したがって，式 (1.1) によって求められる高層における乾燥空気の分子量も，海面付近における分子量 (28.9644) と同じになる．

1.3 大気の鉛直構造

大気は，ある鉛直構造をもって地球を覆っている．大気の鉛直構造は季節や時刻，地理的位置，擾乱活動によって変化するが，ここでは "U. S. Standard Atmosphere, 1976" の標準大気の鉛直構造を示す[2]．

標準大気の気温は，図 1.1 のように高度とともに変化する．このような気温の鉛直構造によって，対流圏 (troposphere)，成層圏 (stratosphere)，中間圏 (mesosphere)，熱圏 (thermosphere) に分けられる．

大気の最下層は，対流圏である．気温は，高度 0～11 km まで 6.5 K km^{-1} で下降する．対流圏の上部境界は，対流圏界面 (tropopause) である．対流圏界面を単に圏界面という場合もある．圏界面で気温の高度変化率 dT/dH は，急激に 0 に近くなる．対流圏界面の高度は，季節，緯度，擾乱活動によって変化する．一般に，熱帯地方で 15～20 km，極地方で約 10 km である．大気中の水蒸気のほとんど全部が対流圏にあり，ほとんどの雲は対流圏で発生する．

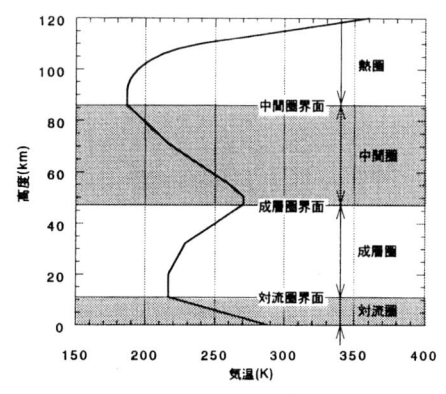

図 1.1 "U. S. Standard Atmosphere, 1976" における気温の高度分布[2]
高度は，幾何学的高度である．

対流圏の上の層は，成層圏である．成層圏は，対流圏界面から高度約 47 km まで広がる．気温は，成層圏の下部約 10 km ではほとんど一定であり，高度 20～32 km では 1 K km^{-1} で高度とともに上昇し，その後高度約 32～47 km では 2.8 K km^{-1} で高度とともに上昇する．成層圏の上部の境界は，成層圏界面 (stratopause) である．

成層圏の上の層は，中間圏である．成層圏界面から高度約 80～90 km の中間圏界面 (mesopause) まで広がっている．気温は中間圏で最も低くなり，一般に中間圏界面で最低値である．

中間圏界面の上は，熱圏である．中間圏界面以下の層では大気の組成や分子量はほとんど一定であるが，熱圏では密度が小さくなり組成も変化する．気温は高度とともに上昇する．

1.4 雲と降水の定義

雲は，無数の小さな水滴や氷の結晶が塊となって空中に浮かんでいるもの[3]である．また，米国気象学会発行の "Glossary of Weather and Climate"[4] では，雲は次のように説明されている．

> cloud: A visible aggregate of minute water droplets and/or ice crystals in the atmosphere above the earth's surface.

つまり，雲を微視的に見ると，その実体は小さな水滴 (雲粒，cloud droplets) と氷晶 (ice crystals) の 2 種類である．両方をまとめて，雲粒子 (cloud particles) と呼ぶこともある．

また，次の二つの性質が強調されている．
(a) 光学的性質：見える (visible)，
(b) 物理的性質：空中に浮かぶほど，落下速度が小さい．

これら雲粒と氷晶という 2 種類の雲粒子がもっている性質が，大気中の降水過程や放射過程を担っている．

一方，降水は，大気中を落下し，かつ地表面に達する液体または固体の水物質の総称である[3]．具体的には，霧雨，雨，雪，雪あられ，氷あられ，ひょうなどである．また，英文では，次のように説明されている[4]．

> precipitation: Any or all of the forms of water particles, whether liquid or solid, that fall from clouds and reach the ground.

つまり，降水の実体は，雲粒子と同様に，水または氷の粒子である．しかし，

その大きさは雲から落下し地表面に達する程度に大きい．

1.5 雲の分類

雲は，その高度や形状，雲粒子の相によって分類される．

雲の現れる高度によって，表1.4に示す上層雲(high clouds)，中層雲(middle clouds)，下層雲(low clouds)に大別される．さらに，雲の形状によって，10種類の雲形(cloud genera)に分類される[5,6]．この分類方法には，(a)目視によるため簡便である，(b)国際的に決められている[7,8]ため，雲の観測結果を天気予報や気候学に世界的に利用できる，という長所がある．

雲粒子の相(phase)によって，雲は図1.2の3種類に分類される．水雲(water clouds)は全体が水滴から成る雲であり，氷雲(ice crystal clouds，氷晶雲ともいう)は全体が氷晶から成る雲，混合雲(mixed clouds)は過冷却水滴と氷晶とから成る雲である．雲粒子の相によってその微物理過程が大きく違うため，この分類は降水形成過程の観点から重要である．

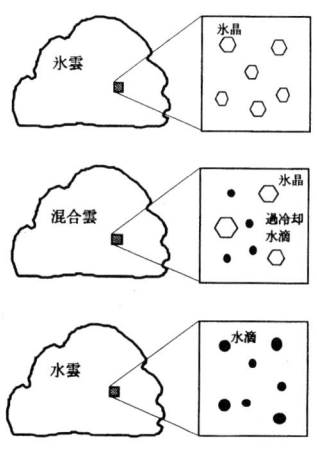

図1.2 雲粒子の相による雲の分類

表1.4 雲形の名称とよく現れる高さ[5,6]

層	名称	英名	略語	よく現れる高さと説明	
上層	巻雲	cirrus	Ci	極地方	3～8 km
	巻積雲	cirrocumulus	Cc	温帯地方	5～13 km
	巻層雲	cirrostratus	Cs	熱帯地方	6～18 km
中層	高積雲	altocumulus	Ac	極地方	2～4 km
				温帯地方	2～7 km
				熱帯地方	2～8 km
	高層雲	altostratus	As	普通中層に見られるが，上層まで広がっていることが多い．	
	乱層雲	nimbostratus	Ns	普通中層に見られるが，上層および下層まで広がっていることが多い．	
下層	層積雲	stratocumulus	Sc	極地方	地面付近～2 km
	層雲	stratus	St	温帯地方	地面付近～2 km
				熱帯地方	地面付近～2 km
	積雲	cumulus	Cu	Cu, Cb：雲底は普通下層にあるが，雲頂は中，上層まで発達していることが多い．	
	積乱雲	cumulonimbus	Cb		

表 1.5 降水の種類[5]

種類	定義 解説
雨 (rain)	水滴から成る降水．直径は多くは 0.5 mm 以上であるが，もっと小さいものがまばらに降ることもある．雨粒の直径と集中度は雨の強さや降り方によりかなり変化する．
着氷性の雨 (freezing rain) 過冷却の雨 (supercooled rain)	0℃ より低温の雨である．
霧雨 (drizzle)	きわめて多数の細かい水滴 (直径 0.5 mm 未満) だけがかなり一様に降る降水．粒はほとんど浮遊しているように見え，そのために空気のわずかな動きにも従うのが見える．
着氷性の霧雨 (freezing drizzle) 過冷却の霧雨 (supercooled drizzle)	0℃ より低温の霧雨である．
雪 (snow)	空気中の水蒸気が昇華してできた氷の結晶の降水．雪の降り方，大きさ，結晶は雪が成長，形成される過程での状況により，かなり変化する．雪の結晶には星状，角柱状，板状，それらの組み合わせや，不規則な形をしたものがある．気温が約 −5℃ より高いと結晶は一般に雪片化する．
みぞれ (rain and snow mixed)	雨と雪とが混在して降る降水．
雪あられ (snow pellets)	白色で不透明な氷の粒の降水．粒は円すい状または球状である．直径は約 5 mm に達することがある．この粒は，堅い地面に当たるとはずんでよく割れることがある．砕けやすく，容易につぶれる．
霧雪 (snow grains)	ごく小さい白色で不透明な氷の粒の降水．粒は雪あられに似ているが，偏平な形をしているかまたは細長い形をしている．その直径は一般に 1 mm よりも小さい．
凍雨 (ice pellets)	透明な氷の粒の降水．粒は球状または不規則な形でまれに円すい状である．直径は 5 mm 未満である．凍雨は高層雲か乱層雲から降る．
氷あられ (small hail)	半透明の氷の粒の降水．粒はほとんどいつも球状で，時に円すい状のとがりをもつ．直径は 5 mm に達し，まれに 5 mm を越えることがある．
ひょう (hail)	氷の小粒または塊の降水．直径 5〜50 mm の範囲で，ときにはそれ以上のものもある．単独に降るかまたはいくつかくっついて，不規則な塊となって降る．
細氷 (diamond dust)	晴れた空から降ってくるごく小さな氷の結晶の降水で，大気中に浮遊しているように見える．

水雲, 氷雲, 混合雲は, 次の温度領域で現れる. 0℃以上の温度では, 水雲だけである. 氷点下の温度領域では, 小さな水滴は凍結しない過冷却水滴 (supercooled droplets) として存在できるため, 水雲 (過冷却雲, supercooled clouds), 混合雲, 氷雲の3種類が現れる.

10種雲形と雲粒子の相による雲の分類との対応は, 次のように説明されている[3]. 巻雲と巻層雲はほとんど氷雲であり, 巻積雲は混合雲の可能性もある. 積乱雲はいつも混合雲であり, 高層雲はほとんどいつも混合雲で, ときどき氷雲のこともある. 残る高積雲, 積雲, 乱層雲, 層積雲は一般に水雲で, ときどき混合雲のこともある.

1.6 降水の分類

降水は, 降水粒子の相によって
(a) 液体の降水 (liquid precipitation): 霧雨, 雨,
(b) 着氷性の降水 (freezing precipitation): 着氷性の霧雨, 着氷性の雨,
(c) 固形降水 (frozen precipitation): 雪, 雪あられ, 霧雪, 凍雨, 氷あられ, ひょう, 細氷

に分類される. 固形降水の種類が多いのは, その成長過程が多様であることを反映している. 表1.5は, 文献5)による降水の種類である.

【問題1.1】 5 kgの水蒸気が凝結して水に変わるときに放出される熱量 Q_e (J) を, 水の蒸発熱 $L_v = 2.50 \times 10^6$ J kg^{-1} を用いて求めよ.
【解答】 $Q_e = 5$ kg $\times 2.50 \times 10^6$ J kg$^{-1} = 1.25 \times 10^7$ J.
【問題1.2】 前問の熱量が質量 m (kg) の乾燥空気を5 K暖めるのに消費されるとき, 乾燥空気の定圧比熱 $c_p = 1.005 \times 10^3$ J kg^{-1} K^{-1} を用いて乾燥空気の質量 m (kg) を求めよ.
【解答】 m kg $\times 1.005 \times 10^3$ J kg^{-1} K$^{-1} \times 5$ K $= 1.25 \times 10^7$ J
$$\therefore m \fallingdotseq 2.5 \times 10^3 \text{ kg}.$$

文献

1) Salby, M. L., 1996: *Fundamentals of Atmospheric Physics*. Academic Press, 627pp.
2) U. S. Committee on Extension to the Standard Atmosphere, 1976: *U. S. Standard Atmosphere, 1976*. U. S. Government Printing Office, 227pp.
3) Geer, I. W., 1996: *Glossary of Weather and Climate*. American Meteorological Society, 272pp.
4) 和達清夫監修, 1993: 最新気象の事典. 東京堂出版, 607pp.
5) 気象庁, 1993: 地上気象観測指針. 気象庁, 103-144の2.
6) 気象庁, 1989: 雲の観測 (地上気象観測法別冊). 気象庁, 37pp.
7) World Meteorological Organization, 1975: *Manual on the Observation of Clouds and Other Meteors*. Geneva, Switzerland, 155pp.

8) World Meteorological Organization, 1987 : *International Cloud Atlas*, Vol. II. Geneva, Switzerland, 196pl., app.

第2部 大気の熱力学

2

乾燥空気の性質

大気は，乾燥空気と水蒸気との混合気体である．2章では，乾燥空気についての状態方程式と熱力学第一法則，熱力学図(断熱図)を説明する．状態方程式は圧力，温度，密度の間の関係を示し，熱力学第一法則は力学的エネルギーと熱的エネルギーを含めたエネルギー保存則である．熱力学図(断熱図)は，大気の鉛直方向の状態とその変化を調べるのに用いられる．

● 本章のポイント ●

状態方程式： $p = \rho R_d T$

熱力学第一法則： $dq = c_v dT + p d\alpha$

乾燥断熱過程では温位 θ 保存： $\theta = T(1000/p)^{0.286}$

熱力学図(断熱図)： エマグラム

2.1 状態方程式

気体の状態を記述するため，圧力と温度(絶対温度)，密度(または比容)が用いられる．これらは，状態変数(variables of state)と呼ばれ，気体を構成する膨大な数の分子が作り出す性質である．すなわち，密度(density)は，単位体積当たりの分子の質量であり，圧力(pressure)は分子の衝突による単位面積当たりの力である．また，温度(temperature)は分子の運動エネルギーに関係する．

乾燥空気の状態も，圧力 p，温度 T，密度 ρ (または比容 α)を用いて記述される．これらの変数の間には，

$$p = \rho R_d T, \tag{2.1}$$

または，

$$p\alpha = R_d T \tag{2.2}$$

の理想気体(ideal gas)の状態方程式(equation of state)がよい近似で成り立つ

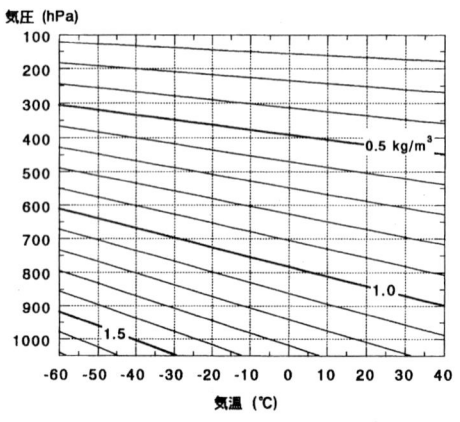

図 2.1 乾燥空気の密度

ている．ここで，R_d は乾燥空気についての気体定数 287 J kg^{-1} K^{-1} である．単位は，圧力 p：Pa ($=$ N m$^{-2}=$ m^{-1} kg s^{-2})，温度 T：K，密度 ρ：kg m^{-3}，比容 α：m^3 kg^{-1} である．なお，比容 (specific volume) は，気体の単位質量当たりの体積（比体積）であり，密度の逆数である．

$$\alpha = 1/\rho. \tag{2.3}$$

気体の圧力，温度，密度（または比容 α）の 3 変数間の関係式である状態方程式を用いると，既知の 2 変数から残る変数を知ることができる．たとえば，圧力と温度の観測値から，密度（または比容 α）を求めることができる．図 2.1 は，圧力と温度とが与えられた場合の状態方程式から計算される乾燥空気の密度である．なお，R_d を単に R と書く場合もある．

乾燥空気の圧力が hPa 単位，温度が K 単位で表されている場合，kg m^{-3} 単位で表した密度 ρ (kg m^{-3}) は，

$$\rho(\text{kg m}^{-3}) = 0.348\, p(\text{hPa})/T(\text{K}) \tag{2.4}$$

によって求められる．

【問題 2.1】 圧力 850 hPa，温度 0℃ における乾燥空気の密度 ρ (kg m^{-3}) を求めよ．
【解答】 各数値を MKS 単位にそろえて，密度 ρ (kg m^{-3}) を式 (2.1) から計算する．
$$\rho = p/(R_d T) = 850 \times 100/(287 \times 273.15) = 1.08\ \text{kg m}^{-3}.$$
または，式 (2.4) を用いて計算する．
$$\rho(\text{kg m}^{-3}) = 0.348\, p(\text{hPa})/T(\text{K}) = 0.348 \times 850/273.15 = 1.08\ \text{kg m}^{-3}.$$
あるいは，図 2.1 を用いて，850 hPa，0℃ における乾燥空気の密度を読みとると，$\rho \fallingdotseq 1.1$ kg m^{-3}．

【問題 2.2】 乾燥空気について，気圧 1013.25 hPa，密度 1.225 kg m^{-3} の場合の温度 T を求めよ．
【解答】 式 (2.1) から温度 T を求める．
$$T = p/(\rho R_d) = 1013.15 \times 100/(1.225 \times 287) = 288.2\ \text{K} = 15℃.$$

次に，式 (2.1) の状態方程式の導出を示そう[1]．

気体の圧力，温度，密度の間に，一定の関係が存在することが実験的に見出されている．ボイルの法則とシャルルの法則である．

ボイルの法則 (Boyle's law) は，一定の温度 T のとき気体の圧力 p と体積 V との間に

$$pV = 一定 \tag{2.5a}$$

の関係があることを述べる．

一方，シャルルの法則 (Charles' law) は，圧力が一定のとき気体の体積 V と温度 T との間に

$$V/T = 一定 \tag{2.6a}$$

の関係があることを主張する．

式 (2.5a) は温度一定における圧力と体積との関係式，式 (2.6a) は圧力一定における体積と温度との関係式である．したがって，これら3変数の間により一般的な関係があることが予想される．これを導くため，式 (2.5a) の定数を温度の関数 $f(T)$，式 (2.5a) の定数を圧力の関数 $g(p)$ としてみる．

$$pV = f(T), \tag{2.5b}$$
$$V = g(p)T. \tag{2.6b}$$

$f(T)$ と $g(p)$ を決めるため式 (2.5b) と式 (2.6b) との比を求めると，

$$g(p)p = f(T)/T \tag{2.7}$$

を得る．式 (2.7) の左辺は圧力 p だけの関数，右辺は温度 T だけの関数であるから，両辺は定数に等しい．この定数を C とおいて，

$$g(p) = C/p, \tag{2.8}$$
$$f(T) = CT \tag{2.9}$$

を得る．したがって，式 (2.5b) または式 (2.6b) から，

$$pV/T = C \tag{2.10}$$

という，より一般的な関係を示す状態方程式を得る．

状態方程式 (2.10) は，乾燥空気のような個別の気体についてのものである．すなわち，定数 C は個別の気体についての気体定数である．これをさらに一般的な状態方程式へ導くものが，次のアボガドロの法則 (Avogadro's law) である．すなわち，「同一温度，同一圧力では，すべての 1 mol (6.022169×10^{23} 個の分子) の気体は，同一の体積を占める」という関係である．たとえば，標準1気圧，0℃ では，1 mol の気体が占める体積は，すべての気体について 22421 cm^3 である．

すべての 1 mol の気体についての状態方程式は，式 (2.10) とアボガドロの法則とによって，

$$pv/T = \text{すべての気体について定数} \equiv R^*, \qquad (2.11\,\text{a})$$
$$pv = R^* T \qquad (2.11\,\text{b})$$

となる．ここで，v は 1 mol の気体の占める体積，R^* は普遍気体定数(universal gas constant)で，8.3143 J K^{-1} mol^{-1} である．

すると，n mol の気体についての状態方程式は，式 (2.11 b) を n 倍し $V \equiv nv$ とおいて，

$$pV = nR^* T \qquad (2.12)$$

となる．

さらに，式 (2.12) を単位質量の気体についての状態方程式に変える．両辺を M (n mol の気体の質量) で割って，$V/M = \alpha$，$n = M/m$ (m：気体の分子量) を考慮すると，

$$p\alpha = RT, \qquad (2.13)$$
$$R = R^*/m \qquad (2.14)$$

を得る．これらの式によって，ある気体についての気体定数は，普遍気体定数をその気体の分子量で割ったものに等しいことがわかる．具体的には，乾燥空気の気体定数 R_d を計算すると，$R_d = 8.3143$ J K^{-1} mol^{-1}/28.9644 kg kmol^{-1} = 287 J kg^{-1} K^{-1} となる．R_d の単位は，単位質量当たり単位温度当たりのエネルギー，すなわち比熱の単位と同じである．

2.2　熱力学第一法則

熱的エネルギーも含めたエネルギー保存則が，熱力学第一法則(first law of thermodynamics)である．大気中のさまざまな過程によって大気の状態が変化するときに従う法則である．単位質量の空気に対する熱力学第一法則は，

$$dq = c_v dT + p d\alpha, \qquad (2.15)$$

または，

$$dq = c_p dT - \alpha dp \qquad (2.16)$$

で表現され，目的に応じて便利なものが使われる．ここで，c_v は乾燥空気の定積比熱 (7.19×10^2 J kg^{-1} K^{-1})，c_p は乾燥空気の定圧比熱 (1.005×10^3 J kg^{-1} K^{-1})，dq は外部から与えられる熱エネルギー，dT は温度変化，p は圧力，α は比容 (単位質量当たりの体積) である．なお，c_v (定積比熱) と c_p (定圧比熱) の単位は，乾燥空気の気体定数 R_d の単位と同じである．

以下に，これらの導出を説明する[2]．

2. 乾燥空気の性質

振り子の運動では，運動エネルギーと重力による位置エネルギーとの和である力学的エネルギーが保存される．熱力学第一法則は，力学的エネルギーのほかに熱エネルギーも含めてエネルギー保存の法則 (conservation of energy) が成り立つことを表現する[2]．すなわち，ある系がもつエネルギー U は，外部とエネルギーのやりとりがない場合には一定である．また，外部とエネルギーのやりとりがある場合には，外部から与えられた熱エネルギー $\varDelta Q$ は，系の内部エネルギーの増加 $\varDelta U$ と系が外部に対してなす力学的仕事のエネルギー $\varDelta W$ とに消費される．ここでは，系に対して非常に小さい変化をもたらすとして，微分形式で表して

$$dQ = dU + dW \tag{2.17}$$

で表現する．

さらに，単位質量についての表現は，変数を小文字で表して

$$dq = du + dw \tag{2.18}$$

とする[3]．

さて，ここで単位質量についての熱力学第一法則 (2.18) を，大気の状態変数 p, α, T によって表現する．

まず，dw (仕事のエネルギー) を大気の状態変数で表現する．図2.2のように表面積 A，圧力 p の空気塊が dn だけ膨張する場合について，外部に対してなす仕事のエネルギー dW を考える[4]．

空気塊の圧力 p は単位面積当たりの力であり，表面積全体では pA の力である．表面積全体が dn だけ膨張するから，空気塊が外部に対してなす仕事のエネルギー dW は $pAdn$ である．一方，Adn は，空気塊の膨張によって増えた体積 dV に等しい．

したがって，空気塊が外部に対してなす仕事のエネルギー dW は，

$$dW = pdV \tag{2.19}$$

で表される．同様に，単位質量の空気塊が外部に対してなす仕事のエネルギー dw は，式 (2.19) の dV の代わりに $d\alpha$ を用いて

$$dw = pd\alpha \tag{2.20}$$

となる．つまり，dw が状態変数の p (圧力) と $d\alpha$ (比容の微分) によって表現さ

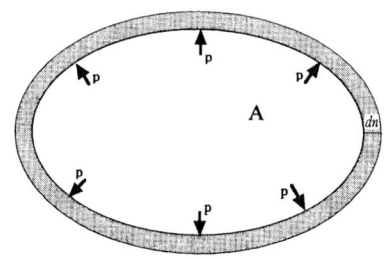

図2.2 dn だけ膨張する表面積 A の空気塊

れた．

　次に，式 (2.18) の du（内部エネルギー）を大気の状態変数で表現する．du は，dq（外部から与えられる熱エネルギー）から dw（外部に対してなす仕事のエネルギー）を差し引いたものである．したがって，外部に仕事をしない（$dw=pda=0$，∴ $da=0$，$\alpha=$const.）場合には，dq（外部から与えられる熱エネルギー）は du（内部エネルギーの増加）に等しい．この場合 du は，定積比熱 $c_v=(dq/dT)_\alpha$ を用いて

$$du = c_v dT \tag{2.21}$$

で表される．

　一般に，気体の温度変化 dT は加えられる熱量 dq に比例し，dq/dT が比熱 c である．

　外部に仕事をしない（$da=0$）場合の比熱は，定積比熱 $c_v=(dq/dT)_\alpha$ である．

　一方，圧力一定で熱が加えられる場合の比熱は，定圧比熱 $c_p=(dq/dT)_p$ である．

　したがって，式 (2.20) と式 (2.21) を式 (2.18) へ代入すると，単位質量についての熱力学第一法則が大気の状態変数で表現され，式 (2.15) が得られる．

　次に，大気の熱力学第一法則のもう一つの表現 (2.16) を導く．まず，乾燥空気の状態方程式 (2.2) を微分して，

$$pda + \alpha dp = R_d dT \tag{2.22}$$

を得る．式 (2.22) から pda を求めて，大気の熱力学第一法則 (2.15) へ代入すると，

$$dq = (c_v + R_d)dT - \alpha dp$$

となる．この式から，定圧比熱 $c_p=(dq/dT)_p$ の定義によって，

$$c_p = c_v + R_d \tag{2.23}$$

が得られる．前節の末尾で R_d の単位が比熱の単位と同じであることを説明したが，c_p，c_v，R_d の間には式 (2.23) の関係がある．

　したがって，大気の熱力学第一法則のもう一つの表現である

$$dq = c_p dT - \alpha dp \tag{2.16}$$

が得られる．

　次の特別な過程では，熱力学第一法則の式 (2.15) または式 (2.16) は以下のように表される．

　等圧過程（$dp=0$）

2. 乾燥空気の性質

$$dq = c_p dT = (c_p/c_v) du. \tag{2.24}$$

等温過程 ($dT=0$)

$$dq = -\alpha dp = p d\alpha = dw. \tag{2.25}$$

等容過程 ($d\alpha=0$)

$$dq = c_v dT = du. \tag{2.26}$$

断熱過程 ($dq=0$)

$$c_p dT = \alpha dp. \tag{2.27}$$
$$c_v dT = -p d\alpha. \tag{2.28}$$

空気塊の運動は近似的に断熱変化をする場合が多いため,断熱過程が特に重要である.

2.3 乾燥空気の断熱過程

大気の状態は,熱力学第一法則に従って変化する.乾燥大気中で起こる変化が断熱的(adiabatic)と仮定できる場合,状態(p, T)から状態(p_0, T_0)への変化は次の式(2.29)で表される.特に,(p, T)にある空気塊を1000 hPaまで断熱的に圧縮/膨張させたときに達する温度θは,式(2.30)で与えられ温位(potential temperature)という.

$$T/T_0 = (p/p_0)^\kappa, \tag{2.29}$$
$$\theta = T(1000/p)^\kappa, \tag{2.30}$$
$$\kappa = R_d/c_p = (c_p - c_v)/c_p = 0.286. \tag{2.31}$$

式(2.29)または式(2.30)は,ポアッソンの式(Poisson's equation)と呼ばれている.

次に,大気中の断熱過程における変化を表す式(2.29)が,熱力学第一法則と状態方程式とから導かれることを示す.乾燥空気の状態方程式(2.13)から比容αを求め,断熱過程における熱力学第一法則(2.27)へ代入すると,

$$c_p dT/T = R_d dp/p \tag{2.32}$$

となる.これを(p, T)から(p_0, T_0)まで積分して,式(2.29),式(2.31)を得る.

ここで,式(2.31)では式(2.23)の関係を用いている.式(2.29)は,断熱過程における温度変化と圧力変化との関係式であり,状態変数の変化についての拘束条件を示している.つまり,乾燥空気がある状態(p, T)から断熱過程で変化した後の状態は,温度変化と圧力変化のどちらか一方が決まれば決まるのである.

特に,式(2.29)におけるp_0を1000 hPaとしたときに得られる温度が,式

(2.30) で定義される温位 θ である．その特徴は，

(a) (p, T) にある空気塊を，断熱的に 1000 hPa まで圧縮/膨張させたときに達する温度が θ である，

(b) 温位 θ は状態変数 (p, T) で表現されており，θ も状態変数である，

(c) 温位 θ は，断熱過程に対して保存される，

とまとめられる．

【問題 2.3】 500 hPa，$-30°C$ の空気塊の温位を求めよ．
【解答】 式 (2.30) から温位を求める．
$$\theta = T(1000/p)^\kappa = (-30+273.15) \times (1000/500)^{0.286} = 296.5 \text{ K} = 23.3°C.$$

2.4 熱力学図（断熱図）

大気の状態とその変化を評価するための基礎的な道具が，熱力学図 (thermodynamic diagram) である．熱力学図は，断熱図 (adiabatic chart) とも呼ばれる．熱力学図の縦軸と横軸は，圧力 p と温度 T のような状態変数（またはその関数）である．また，図中には，等圧線，等温線，等温位線，水蒸気の含有量を示す等値線などがある．

高層気象観測データを記入した熱力学図から，(a) 観測点上空の気団，(b) 大気の安定度，(c) 前線，(d) 沈降性逆転，(e) 特異点と指定気圧面に関する情報が得られる[3]．

熱力学図には，

(a) 熱力学図の縦軸と横軸は，容易に観測される圧力と温度のような状態変数またはその関数である．

(b) 高度と対応関係がある圧力またはその関数が縦軸になっている熱力学図では，大気中の各種要素の鉛直分布が示される．

(c) 乾燥空気の断熱変化が，ポアッソンの式：$T/T_0 = (p/p_0)^\kappa$ により圧力 p-温度 T（または二つの状態変数）の平面上で曲線または直線として表現される．

(d) いくつかの熱力学図では，図中の面積がエネルギーを表し，大気中のある過程によって得る/失うエネルギーを評価できる，

という特徴がある．

次に，「P-T 線図」として用いられる Stüve 図と一般的に用いられるエマグラムを説明する[4,5]．

2.4.1 Stüve 図

図2.3がStüve図 (Stüve diagram) であり,縦軸は圧力の関数 p^κ であり横軸は温度 T である.縦軸下方に圧力の増加する方向をとっているため,大気の各種要素の鉛直分布が示される.Stüve図は,気象庁の高層気象観測における気温湿度観測点を記入する「P-T 線図」に用いられている.Stüve図には,

(a) 図中の等圧線,等温線が直線である.

→ 圧力・温度の観測データの記入・読みとりが容易である.

(b) 等温位線 (乾燥断熱線) が,式 (2.29) から直線であり,等温線と大きな角度 (図のスケールによるが通常約45°) で交差する.

→ 大気の安定度 (4章参照) の判定が容易である.

(c) 図中の面積は,エネルギーを表さない,

という特徴がある.

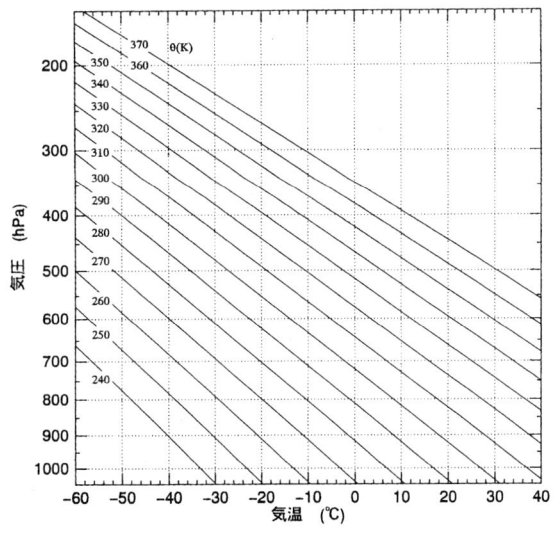

図2.3 Stüve 図

2.4.2 エマグラム

図2.4がエマグラム (emagram) であり,縦軸は圧力の関数 $\ln p$ であり,横軸は温度 T である.縦軸下方に圧力の増加する方向をとっているため,大気の各種要素の鉛直分布を示すことになる.エマグラムの名前は,"energy per unit

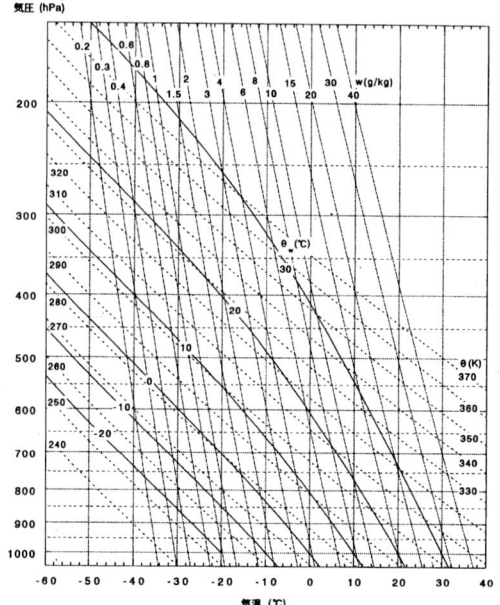

図 2.4 エマグラム

mass diagram" に由来する．図の特徴は，次の通りである．
 (a) 図中の等圧線，等温線が直線である．
 → 圧力・温度の観測データの記入・読みとりが容易である．
 (b) 等温位線(乾燥断熱線)が直線に近く，等温線と大きな角度(図のスケールによるが通常約 45°)で交差する．
 → 大気の安定度(4 章参照)の判定が容易である．
 (c) 縦軸：$\ln p$ は，高度にほぼ比例している．
 (d) 図中の面積は，エネルギーを表す．
 → 大気中のある過程によって得る/失うエネルギーを評価できる．
 エマグラム図中の面積がエネルギーを表す理由を説明する．単位質量の空気がなす仕事のエネルギー($dw = pd\alpha$)は，次のように表せる．
$$dw = pd\alpha = d(p\alpha) - \alpha dp = R_d dT - \alpha dp.$$
あるサイクルの過程については，次式となる．
$$\int dw = R_d \int dT - \int \alpha dp = -\int \alpha dp = R_d \int T d(-\ln p)$$

$= R_d \times$(エマグラム図中の面積).

したがって，エマグラム図中の面積がエネルギーの大小を表すのである．

なお，付録 A-2 にエマグラムを用いて各種水蒸気含有量を求める方法(問題と解答)を示している．

【問題 2.4】 エマグラム図における温位 θ の等値線上の気圧 p(hPa)を，気温 T_c(℃)の関数として求めよ．

【解答】 式(2.30)の温位の定義式：$\theta = T(1000/p)^{0.286}$ から，$(\theta/T)^{1/0.286} = 1000/p$．
$$\therefore p = 1000 \times [(T_c + 273.15)/\theta]^{1/0.286} \text{ hPa}.$$
この関係式を満たす (p, T_c) が，エマグラム図における温位 θ の等値線となる．

【問題 2.5】 エマグラム図における温位 θ の等値線上の気温 T_c(℃)を，気圧 p(hPa)の関数として求めよ．

【解答】 式(2.30)の温位の定義式：$\theta = T(1000/p)^{0.286}$ から，$T = \theta(p/1000)^{0.286}$．
$$\therefore T_c = \theta(p/1000)^{0.286} - 273.15 \text{ ℃}.$$
この関係式を満たす (p, T_c) が，エマグラム図における温位 θ の等値線となる．

【問題 2.6】 1000 hPa で温度 290 K の乾燥空気塊が 500 hPa まで上昇した．このとき空気塊の温度 T_c(℃)を求めよ．

【解答】 1000 hPa で温度 290 K の乾燥空気塊の温位 θ は 290 K であり，乾燥空気塊が上昇するとき温位 θ が保存される．前問の答えを用いて，
$$T_c = \theta(p/1000)^{0.286} - 273.15$$
$$= 290 \times (500/1000)^{0.286} - 273.15.$$
$$\therefore T_c = -35.3 \text{ ℃}.$$
または，図 2.4 を用いて，温位 290 K の等値線の 500 hPa における温度を読みとる．
$$\therefore T_c \fallingdotseq -35 \text{ ℃}$$

【問題 2.7】 エマグラム図中の気圧 1000~500 hPa，気温 285~290 K で囲まれる面積が表すエネルギー E を求めよ．

【解答】 エマグラム図中の面積に乾燥空気の気体定数 $R_d(=287 \text{ J kg}^{-1}\text{K}^{-1})$ を掛けたものが，求めるエネルギー E である．
$$E = R_d \int_{1000 \text{ hPa}}^{500 \text{ hPa}} (290 - 285) \times d(-\ln p)$$
$$= 287 \text{ J kg}^{-1}\text{K}^{-1} \times 5 \text{ K} \times \ln(1000/500)$$
$$\therefore E \fallingdotseq 995 \text{ J kg}^{-1}.$$
なお，気圧 1000~500 hPa で気温幅 5 K の平行四辺形の面積が表すエネルギーも同じ値となる．

【問題 2.8】 乾燥した大気中で気圧 p_1(hPa)で気温 T_1(K)，気圧 p_2(hPa)で気温 T_2(K)であった．この 2 点の間の気圧 p(hPa)における気温内挿値 T(K)を，P-T 線図上で直線となるようにして求めよ．

【解答】 P-T 線図上で直線となるとき，次式が成り立つ．ただし，
$$(T_2 - T_1)/(p_2^\kappa - p_1^\kappa) = (T - T_1)/(p^\kappa - p_1^\kappa).$$
$$\therefore T = T_1 + (T_2 - T_1)(p^\kappa - p_1^\kappa)/(p_2^\kappa - p_1^\kappa).$$

【問題 2.9】 乾燥した大気中で気圧 p_1(hPa)で気温 T_1(K)，気圧 p_2(hPa)で気温 T_2(K)であった．この 2 点の間の気圧 p(hPa)における気温内挿値 T(K)を，エマグラム図上で直線となるようにして求めよ．

【解答】 エマグラム図上で直線となるとき，次式が成り立つ．
$$(T_2-T_1)/(\ln p_2-\ln p_1)=(T-T_1)/(\ln p-\ln p_1).$$
$$\therefore T=T_1+(T_2-T_1)(\ln p-\ln p_1)/(\ln p_2-\ln p_1).$$

文　献

1) Dutton, J. A., 1995 : *Dynamics of Atmospheric Motion*. Dover Publications Inc., 16-34.
2) 高橋　勲，1966：基礎教育物理学上巻．共立出版，129-151.
3) Rogers, R. R. and M. K. Yau, 1989 : *A Short Course in Cloud Physics*. Pergamon Press, 1-11.
4) Iribarne, J. V. and W. L. Godson, 1981 : *Atmospheric Thermodynamics*. D. Reidel Publishing Company, 1-15.
5) Beers, N. R., 1945 : Meteorological thermodynamics and atmospheric statistics. *Handbook of Meteorology*. Berry, F. A. Jr., E. Bollay and N. R. Beers ed., McGraw-Hill Book Company, Inc., 314-409.

第 2 部　大気の熱力学

3 水蒸気の性質

　水は，大気中で相変化をする．相変化は水物質の状態を変え，その潜熱 (latent heat) は大気を加熱または冷却する．雲と降水の形成，水循環，エネルギー収支に密接に関係する．3 章では，大気中で頻繁に相変化をする水蒸気の性質を理解する．また，水蒸気の状態方程式，水 (氷) の飽和蒸気圧，水蒸気含有量の各種表現，湿潤空気の断熱過程を説明する．

● **本章のポイント** ●

水蒸気の状態方程式：　　　　　$e = \rho_v R_v T$
水の飽和蒸気圧の温度依存性：$de_s/dT = L_v e_s/(R_v T^2)$
水蒸気混合比：　　　　　　　　$w = \varepsilon e/(p-e) \fallingdotseq \varepsilon e/p$
偽断熱過程で相当温位保存：　$\theta_e = \theta \exp[L_v w_s/(c_p T_L)]$

3.1　水蒸気の状態方程式

　大気中の水蒸気は，乾燥空気と同様によい近似で，理想気体 (ideal gas) の状態方程式 (equation of state) に従う．すなわち，水蒸気圧力 e，水蒸気密度 ρ_v，温度 T の間には，

$$e = \rho_v R_v T \tag{3.1}$$

の関係がある．ここで，R_v は，水蒸気の気体定数 461.51 J kg^{-1} K^{-1} である．R_v は式 (2.14) によって $R_v = R^*/m_v$ であり，R^* は普遍気体定数 8.3143 J K^{-1} mol^{-1}，m_v は水の分子量 18.015 である．

3.2　飽和蒸気圧

　この節では，水 (氷) と水蒸気との平衡状態における水蒸気圧が水 (氷) の飽和蒸気圧であること，その飽和蒸気圧の温度依存性の特徴，また相変化過程におけ

る熱力学第一法則からその温度依存性を導くことができることを示す.

　最初に，水の飽和蒸気圧を説明する．密閉した容器の中に液体の水と水蒸気があるとする．十分長い時間経過すると，両者の温度は同じになり二つの相の間で水分子に正味の移動がない平衡状態(equilibrium condition)に達する．このとき，水蒸気は水に対して飽和(saturation)している，または水飽和(water saturation)に達しているという．この平衡状態における水蒸気圧 e_s を，水の飽和蒸気圧(saturation vapor pressure for water)という．

　同様に，密閉した容器の中に氷と水蒸気とがある場合の平衡状態を考える．このとき，水蒸気は氷に対して飽和(氷飽和)に達しており，平衡状態の水蒸気圧 e_i は氷の飽和蒸気圧(saturation vapor pressure for ice)である．

　水(氷)の飽和蒸気圧より小さな水蒸気圧の状態を，水(氷)に対して未飽和(subsaturation)という．また，水(氷)の飽和蒸気圧を越える状態を，水(氷)に対して過飽和(supersaturation)という．どちらも平衡状態ではない．水に対して未飽和の状態では水が蒸発し，過飽和の状態では水蒸気が凝結する．どちらも平衡状態へ向かって進行する．同様に，氷に対して未飽和の状態では氷が水蒸気へ昇華し，氷飽和に対して過飽和の状態では水蒸気が氷へ昇華する方向へ進む．水(氷)の飽和蒸気圧 $e_s(e_i)$ が水(氷)と水蒸気との平衡状態における水蒸気圧であることが重要である.

　次に，飽和蒸気圧の温度依存性を説明する．水と氷の飽和蒸気圧 (e_s, e_i) には図3.1に示される温度依存性があり[1]，次の特徴が重要である．

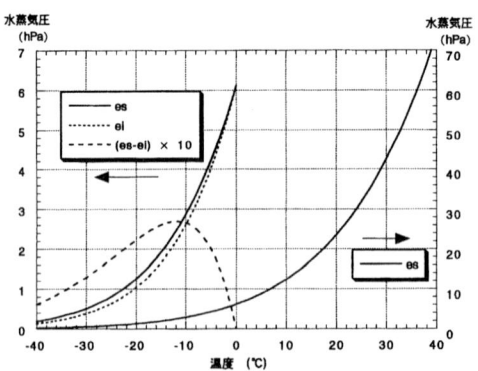

図3.1　水の飽和水蒸気圧 e_s と氷の飽和水蒸気圧 e_i
両者の差 $e_s - e_i$ も示されている．

(a) 飽和蒸気圧は，温度に対して増加関数であり，下に凸の曲線である．すなわち，飽和蒸気圧の温度変化率は正 ($de_s/dT>0$, $de_i/dT>0$) であり，その変化率は温度とともに大きくなる ($d^2e_s/dT^2>0$, $d^2e_i/dT^2>0$).

→ この性質によって，温度が違う飽和した二つの空気が混合すると，混合後の水蒸気圧は混合後の温度における飽和蒸気圧よりも高くなる．すなわち，過飽和の状態が生じる．

(b) 氷点下の温度では，水の飽和蒸気圧 e_s と氷の飽和蒸気圧 e_i とが存在し，$e_s>e_i$ である．

→ 氷点下でも凍らない水滴（過冷却水滴）は，氷に対して過飽和の水蒸気圧をもつ．

最後に，飽和蒸気圧の性質が相変化における熱力学第一法則から導くことができることを示す[2~4]．単位質量の液体の水（添字1）が蒸発熱 L_v を得て水蒸気（添字2）に変化する場合を考える．熱力学第一法則から，熱エネルギーの変化 dq ($=L_v$) は内部エネルギーの変化 du と仕事のエネルギー $pd\alpha$ ($=e_s d\alpha$) との和に等しい．したがって，蒸発熱 L_v は，

$$L_v = \int_{q_1}^{q_2} dq = \int_{u_1}^{u_2} du + \int_{\alpha_1}^{\alpha_2} p d\alpha = u_2 - u_1 + e_s(\alpha_2 - \alpha_1) \tag{3.2}$$

と表現される．

一方，蒸発熱 L_v はエントロピー ($d\phi = dq/T$) を用いて，

$$L_v = T \int_{q_1}^{q_2} dq/T = T(\phi_2 - \phi_1) \tag{3.3}$$

と表現される．式(3.2)=式(3.3) より，

$$u_1 + e_s\alpha_1 - T\phi_1 = u_2 + e_s\alpha_2 - T\phi_2 \tag{3.4}$$

を得る．左辺は液体についての状態変数の組み合わせ式であり，右辺は水蒸気についての同じ式である．この組み合わせ式の

$$G = u + e_s\alpha - T\phi \tag{3.5}$$

をギブス関数 (Gibbs function) という．ギブス関数 G を用いると，式(3.4) は，

$$G_1 = G_2 \tag{3.6}$$

となる．つまり，ギブス関数 G は等温・等圧の相変化に対して一定である．

ここで，ギブス関数 G の温度・圧力に対する依存性を調べる．式(3.5) を微分して $dq = du + e_s d\alpha = T d\phi$ を用いると，

$$dG = \alpha de_s - \phi dT \tag{3.7}$$

を得る．相変化ではギブス関数 G は一定だから，$dG_1=dG_2$ である．すなわち，式 (3.7) から

$$\alpha_1 de_s - \phi_1 dT = \alpha_2 de_s - \phi_2 dT$$

である．この式から水の飽和蒸気圧の温度依存性を示す de_s/dT を求め，式 (3.3) を用いると，

$$de_s/dT = (\phi_2-\phi_1)/(\alpha_2-\alpha_1) = L_v/[T(\alpha_2-\alpha_1)] \qquad (3.8)$$

というクラウジウス-クラペイロンの式 (Clausius-Clapeyron's equation) を得る．

ところで，通常の大気条件では α_2 (単位質量の水蒸気の体積) $\gg \alpha_1$ (単位質量の水の体積) である．また，水蒸気の状態方程式から，$\alpha_2 = R_v T/e_s$ である．したがって，水の飽和蒸気圧 e_s の温度依存性を示す式 (3.8) は，

$$de_s/dT = L_v e_s/(R_v T^2) \qquad (3.9)$$

となる．

同様に，氷が昇華熱 L_s を得て水蒸気に変化する場合を考えると，氷の飽和蒸気圧 e_i の温度依存性を示す

$$de_i/dT = L_s e_i/(R_v T^2) \qquad (3.10)$$

を得る．

式 (3.9) と式 (3.10) とから，飽和蒸気圧の特徴は次のように示すことができる．

(a) 式 (3.9) から，$de_s/dT > 0$，$d^2 e_s/dT^2 > 0$ がいえる．すなわち，飽和蒸気圧は，温度とともに急増し，下に凸の曲線である．

(b) L_v (蒸発熱) $< L_s$ (昇華熱) を考慮して式 (3.9) と式 (3.10) とから，$de_s/dT < de_i/dT$ である．したがって，氷点下の温度では $e_s > e_i$ である．

また，式 (3.9) を積分すると，次の水の飽和蒸気圧の式

$$\ln[e_s(T)/e_{s0}] = (L_v/R_v)(1/T_0 - 1/T) \qquad (3.11)$$

を得る．ここで，e_{s0} は温度 T_0 における飽和蒸気圧，$T_0 = 0°C$ のとき $e_{s0} = 6.11$ hPa，$L_v = 2.50 \times 10^6$ J kg^{-1}，$R_v = 461.51$ J kg^{-1} K^{-1} である．同様に，式 (3.10) から氷の飽和蒸気圧の式

$$\ln[e_i(T)/e_{s0}] = (L_s/R_v)(1/T_0 - 1/T) \qquad (3.12)$$

を得る．ここで，$L_s = 2.83 \times 10^6$ J kg^{-1} である．

各温度における水と氷の飽和蒸気圧 (e_s, e_i) は，表で与えられたり[1,6]，次の式によって計算される．

(a) 気象庁の高層気象観測における自動処理では，温度 T_c (℃)における飽和蒸気圧 e_s (hPa) を

$$e_s = \exp[19.482 - 4303.4/(T_c + 243.5)] \tag{3.13}$$

で求めている．この式は，WMO(世界気象機関)が示している飽和蒸気圧式の近似式である[5]．

(b) 次のテテン(Tetens)の式も，温度 T_c (℃)における飽和蒸気圧 e_s (hPa)，e_i (hPa) を与える．

$$e_s = 6.11 \times 10^{7.5 T_c/(237.3 + T_c)}, \tag{3.14}$$

$$e_i = 6.11 \times 10^{9.5 T_c/(265.5 + T_c)}. \tag{3.15}$$

3.3 水蒸気含有量の表現

大気中の水蒸気の含有量は，水蒸気圧に加えて(a)水蒸気密度(絶対湿度)，(b)混合比，(c)比湿，(d)相対湿度，(e)露点温度によって表される．また，水蒸気の熱力学的効果を温度で示す(f)仮温度，(g)湿球温度，(h)凝結温度も用いられる．

なお，付録 A-2 にエマグラムを用いて各種水蒸気含有量を求める方法(問題と解答)を示している．

3.3.1 水蒸気密度，絶対湿度

湿潤空気単位体積当たりの水蒸気の質量が，水蒸気密度(vapor density)であ

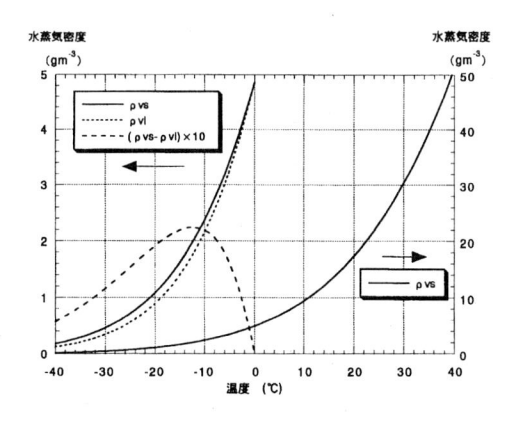

図 3.2 水の飽和水蒸気密度 ρ_{vs} と氷の飽和水蒸気圧 ρ_{vi} 両者の差 $\rho_{vs} - \rho_{vi}$ も示されている．

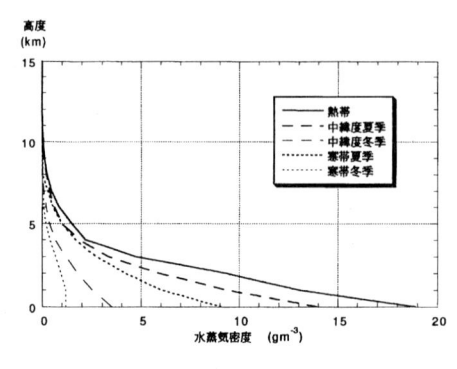

図3.3 水蒸気密度の鉛直分布[7]

る．絶対湿度(absolute humidity)ともいう．空気の断熱的な膨張・圧縮過程では体積が変わるため，水蒸気密度は保存量ではない．

水蒸気密度 ρ_v と水蒸気圧 e の間には状態方程式(3.1)の関係があるから，水蒸気圧 e と温度 T が既知のとき

$$\rho_v = e/(R_v T) \qquad (3.16\text{ a})$$

によって水蒸気密度 ρ_v を計算できる．

水蒸気圧が hPa, 温度が K の単位で表されている場合，g m^{-3} 単位で表した水蒸気密度 ρ_v (g m^{-3}) は，

$$\rho_v(\text{g m}^{-3}) = 217\, e(\text{hPa})/T \qquad (3.16\text{ b})$$

によって求められる．図3.2は，図3.1の水と氷の飽和蒸気圧 (e_s, e_i) から式(3.16 b)を用いて計算した水と氷の飽和水蒸気密度 (ρ_{vs}, ρ_{vi}) である．温度の増加によって，飽和水蒸気密度は急増する．大気中の水蒸気は図3.3に示されるように対流圏の下層ほど多いが[7]，飽和水蒸気圧の著しい温度依存性はこの特徴を説明する．

【問題3.1】 水蒸気圧 5 hPa, 温度 0℃ における水蒸気密度 ρ_v (g m^{-3}) を求めよ．
【解答】 式(3.16 b)を用いて求める．
$$\rho_v = 217 \times 5/273.15 = 3.97 \text{ g m}^{-3}.$$

3.3.2 混合比

湿潤空気(＝乾燥空気＋水蒸気)を考え，乾燥空気単位質量に対する水蒸気の質量の割合を，混合比(mixing ratio)という．すなわち，混合比 w (g kg^{-1}, または kg kg^{-1}) は，

$$w = M_v/M_d = \rho_v/\rho_d \qquad (3.17)$$

で定義される．ここで，M_v は水蒸気の質量，M_d は乾燥空気の質量，ρ_v は水蒸気密度，ρ_d は乾燥空気の密度である．通常の下層大気条件では ρ_v は 30 g m^{-3} 以下，ρ_d は 1~1.5 kg m^{-3} であるから，混合比 w は 30 g kg^{-1} 以下である．

考えている空気中の水蒸気が凝結しない限り，混合比は保存される．空気が上

昇・下降しても（膨張・収縮しても，冷却・加熱を受けても），水蒸気と乾燥空気との質量比は一定だからである．

次に，水蒸気の状態方程式 $\rho_v = e/(R_v T)$ と乾燥空気の状態方程式 $\rho_d = (p-e)/(R_d T)$ を用いて，混合比の式 (3.17) を整理すると，

$$w = \varepsilon e/(p-e) \fallingdotseq \varepsilon e/p \tag{3.18}$$

を得る．ここで，$\varepsilon = R_d/R_v = m_v/m_d = 0.622$，$e \ll p$ である．

式 (3.18) で $e \to e_s$（水の飽和蒸気圧）としたものを，飽和混合比 (saturation mixing ratio) w_s という．e_s は温度だけに依存するが，w_s は温度と圧力とに依存する．

【問題 3.2】 混合比 w と気圧 p とから，水蒸気圧 e を求める式を導出せよ．
【解答】 式 (3.18) $w = \varepsilon e/(p-e)$ から，$wp - we = \varepsilon e$, $e(\varepsilon + w) = wp$.
$$\therefore e = wp/(\varepsilon + w).$$

【問題 3.3】 500 hPa, 温度 0℃ における飽和水蒸気圧 6.11 hPa の飽和混合比 w_s (g kg^{-1}) を求めよ．
【解答】 式 (3.18) を用いて，
$$w_s = \varepsilon e_s/(p-e_s) \fallingdotseq 0.622 \times 6.11/(500-6.11) = 7.69 \text{ g kg}^{-1}.$$

3.3.3 比 湿

湿潤空気単位質量当たりの水蒸気の質量を，比湿 (specific humidity) という．すなわち，比湿 q (g kg^{-1}，または kg kg^{-1}) は，

$$q = \rho_v/\rho = \rho_v/(\rho_d + \rho_v) = \varepsilon e/[p-(1-\varepsilon)e] \fallingdotseq \varepsilon e/p \tag{3.19}$$

で表される．ここで，ρ_v は水蒸気密度，ρ は湿潤空気の密度，ρ_d は乾燥空気の密度，e は水蒸気圧，p は湿潤空気の圧力，$\varepsilon = R_d/R_v = m_v/m_d = 0.622$，$e \ll p$ である．大気中では $e \ll p$ であるため，比湿 $q \fallingdotseq$ 混合比 w である．

考えている空気中の水蒸気が凝結しない限り，混合比と同様に比湿は保存される．空気が上昇・下降しても（膨張・収縮しても，冷却・加熱を受けても），水蒸気と湿潤空気との質量比は一定だからである．

式 (3.19) で $e \to e_s$（水の飽和蒸気圧）としたものを，飽和比湿 (saturation specific humidity) q_s という．e_s は温度だけに依存するが，飽和混合比 w_s と同様に q_s は温度と圧力とに依存する．

【問題 3.4】 500 hPa, 温度 0℃ における飽和水蒸気圧 6.11 hPa の飽和比湿 q_s (g kg^{-1}) を求めよ．
【解答】 式 (3.19) を用いて，

$$q_s = \varepsilon e_s/[p-(1-\varepsilon)e_s] = 0.622\times 6.11/[500-(1-0.622)\times 6.11] = 7.64 \text{ g kg}^{-1}.$$

3.3.4 相対湿度

水蒸気圧 e のその同じ温度における水の飽和蒸気圧 e_s に対する比 f を，相対湿度 (relative humidity) という．すなわち，相対湿度 f は，

$$f = e/e_s = \rho_v/\rho_{vs} = q/q_s \fallingdotseq w/w_s \tag{3.20}$$

で定義される．通常，相対湿度は百分率 (%) で表される．

相対湿度は，大気中の水蒸気圧がその温度における水の飽和水蒸気圧にどれだけ近いかを示している．相対湿度は，大気が水飽和の状態のとき 100% である．

【問題 3.5】 温度 20℃，水蒸気圧 10 hPa の空気の相対湿度を求めよ．温度 20℃ の飽和水蒸気圧は，23.71 hPa とする．
【解答】 式 (3.20) を用いて，
$$f = e/e_s = 10/23.71 = 0.42.$$
$$\therefore 42\%.$$

3.3.5 露点温度

圧力と水蒸気含有量 (水蒸気圧，混合比など) を一定にして冷却し，水に対する飽和に達した温度を露点温度 (dew point) という．すなわち，露点温度 T_d における水の飽和蒸気圧 $e_s(T_d)$ が水蒸気圧 e である．水の飽和蒸気圧と温度が図 3.1 のように一対一に対応していることを利用して，水蒸気含有量を温度によって表すのである．

気温 T，露点温度 T_d，相対湿度 f の間には，次のような関係がある．露点温度 T_d から水蒸気圧 $e(=e_s(T_d))$ が，また気温 T から水の飽和蒸気圧 $e_s(T)$ がわかるから，相対湿度 f は

$$f = e/e_s(T) = e_s(T_d)/e_s(T) \tag{3.21}$$

である．

逆に，気温 T と相対湿度 f がわかっているとき，露点温度 T_d を求めることができる．式 (3.21) の左の等式に f と $e_s(T)$ を与えて水蒸

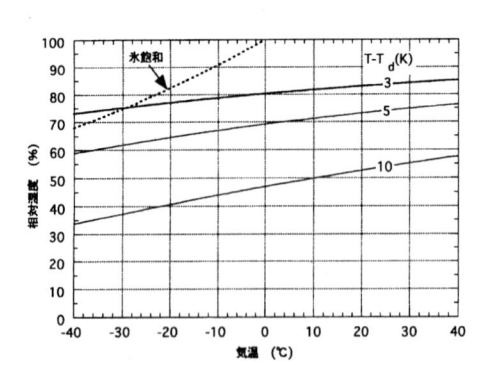

図 3.4 各温度における湿数 $T-T_d = 3, 5, 10$ K の相対湿度と氷飽和の相対湿度

気圧 e を計算し，水の飽和蒸気圧曲線または表を用いて水蒸気圧 e に対応する温度を求める．この温度が露点温度 T_d である．

水飽和の空気では露点温度 T_d は気温 T に等しく，乾燥した空気では T と T_d との差は大きい．したがって，$T-T_d$ は空気の乾燥の程度を示すパラメータになる．この $T-T_d$ を，湿数 (dewpoint depression) という．図 3.4 には，湿数 3, 5, 10 K の相対湿度と氷飽和の相対湿度が示されている．

【問題 3.6】 圧力 1000 hPa，温度 10℃，相対湿度 70％ の空気の露点温度 T_d を求めよ．温度 10℃ の飽和水蒸気圧は，12.27 hPa とする．
【解答】 飽和水蒸気圧は，0.7×12.27 hPa≒8.6 hPa．図 3.1 の水の飽和蒸気圧 e_s の 8.6 hPa となる温度から，T_d≒5℃．
【問題 3.7】 エマグラムを用いて，圧力 800 hPa，混合比 1 g kg^{-1} の空気の露点温度 T_d を求めよ．
【解答】 T_d≒-20℃．

3.3.6 仮 温 度

湿潤空気と同じ圧力下で同じ密度をもつ乾燥空気の温度を，仮温度 (virtual temperature) という．湿潤空気について理想気体の状態方程式を適用するときに，仮温度 T_v が導入される．

湿潤空気の状態方程式を導くには，湿潤空気の圧力 p が乾燥空気の分圧 p_d と水蒸気圧 e との和であることから出発する．そして，乾燥空気の気体定数 R_d を用いて表現するように変形していく．

$$p = p_d + e = \rho_d R^* T/m_d + \rho_v R^* T/m_v$$
$$= R^* T(M_d/m_d + M_v/m_v)/V$$
$$= \rho R^* T(M_d/m_d + M_v/m_v)/(M_d + M_v)$$
$$= \rho R_d T[(1+w/\varepsilon)/(1+w)].$$

ここで，ρ_d は乾燥空気の密度，ρ_v は水蒸気密度，m_d は乾燥空気の分子量，m_v は水の分子量，R^* は普遍気体定数，M_d は乾燥空気の質量，M_v は水蒸気の質量，V は湿潤空気の体積，w は混合比 ($=M_v/M_d$)，$\varepsilon = m_v/m_d = 0.622$ である．

上の式で乾燥空気の状態方程式と違う点は，右辺の $[(1+w/\varepsilon)/(1+w)]$ の因子である．したがって，混合比 w の水蒸気を含む湿潤空気の仮温度 T_v を

$$T_v = T[(1+w/\varepsilon)/(1+w)] \fallingdotseq T(1+0.6w) \tag{3.22}$$

と定義する．式 (3.22) から，仮温度 T_v は水蒸気混合比 w が大きいほど温度 T より高い．湿潤空気の状態方程式において乾燥空気の気体定数 R_d を用いるため

に，仮温度が必要になっている．

【問題3.8】 温度35℃，混合比 30 g kg^{-1} の熱帯地方の空気について，仮温度 T_v を求めよ．
【解答】 式(3.22)を用いて，
$$T_v ≒ 308 \times (1 + 0.61 \times 0.03) = 313.6 \text{ K} = 40.5 ℃.$$

3.3.7 湿球温度

一定圧力で水の蒸発によって空気を冷却して飽和に達した温度を，湿球温度 (wet-bulb temperature) という．湿球温度は，乾湿計 (psychrometer) の原理である．露点温度 T_d と違って，湿球温度 T_w では水の蒸発によって空気を冷却するため混合比 w は一定ではない．一般に，$T_w ≠ T_d$ である．

空気は蒸発熱を奪われ温度が dT だけ下がり，空気中の水蒸気混合比は dw だけ増加するとする．また，水を蒸発させる熱量と空気の温度低下の熱量とが釣り合うとすると，

$$c_p dT = -L_v dw \tag{3.23}$$

が成り立つ．これを積分すると，

$$c_p(T - T_w) = L_v[w_s(p, T_w) - w] \tag{3.24}$$

となる．

また，混合比 $w = \varepsilon e/p$ を用いると，

$$e = e_s(T_w) - Ap(T - T_w) \tag{3.25}$$

という乾湿計公式 (psychrometric formula) を得る．ただし，$A = c_p/(\varepsilon L_v)$ は乾湿計定数 (psychrometer constant) である．式(3.25)から，T_w (湿球温度) と $T - T_w$ (乾球温度と湿球温度との差) がわかれば，空気中の水蒸気圧 e が求められる．実用的には，両者から水蒸気圧 e を求める表がある[6]．図3.5は，測定精度を上げるため通風をした気象庁型通風乾湿計の構造図である[8]．

3.3.8 凝結温度

湿潤空気が混合比一定で乾燥断熱的に膨張・冷却して飽和に達した温度を，凝結温度 (condensation temperature) という．また，そのときの気圧を凝結気圧 (condensation pres-

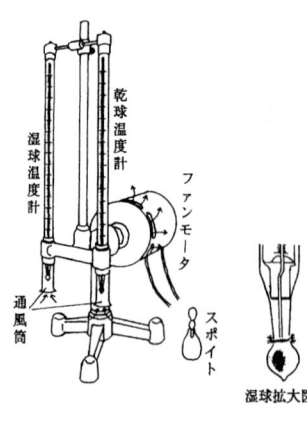

図3.5 気象庁型通風乾湿計[8]

sure)という．湿潤空気塊を乾燥断熱的に持ち上げて飽和に達する高度(持ち上げ凝結高度，lifting condensation level, LCL)における温度と気圧である．

次の二つの式が成り立つように，反復法によって凝結温度 T_L と凝結気圧 p_L を求めることができる．

$$T_L = T_d(w, p_L), \tag{3.26}$$

$$T_L/T = (p_L/p)^\kappa. \tag{3.27}$$

また，熱力学図(断熱図)では，空気塊の最初の点(気圧と温度によって表される)を通る乾燥断熱線と空気塊の混合比の等混合比線との交点における温度と気圧として，凝結温度 T_L と凝結気圧 p_L を求めることができる．

3.4 飽和空気の断熱過程

空気塊は近似的に断熱変化をすることが多い．この節では，飽和した空気の断熱過程の取り扱いには飽和断熱過程と偽断熱過程とがあること，偽断熱過程における保存量の(a)湿球温位と(b)相当温位，雲水量の上限を与える(c)断熱的雲水量を説明する．

まず，飽和断熱過程と偽断熱過程とを説明する．

飽和した空気が断熱的に上昇すると，気温が下がり水蒸気の一部が凝結する．このとき水蒸気が凝結するときに凝結熱を空気塊に与えるが，外との熱のやりとりはない．逆に，飽和した空気塊が断熱的に下降すると，凝結した水が空気塊の中にある場合には凝結水が蒸発し，飽和を維持する．このとき凝結水が蒸発するときに空気塊から蒸発熱を奪うが，外との熱のやりとりはない．したがって，凝結した水が空気塊にとどまる場合の飽和した空気の断熱過程は，可逆過程である．これを飽和断熱過程(saturation-adiabatic process)または湿潤断熱過程(moist-adiabatic process)という．

一方，飽和した空気の断熱的上昇によって生じる凝結した水がすべて空気塊から抜け落ちてしまう過程を，偽断熱過程(pseudo-adiabatic process)という．水蒸気から凝結した水が降水として空気塊から排出されることに対応し，非可逆過程である．

偽断熱過程は，熱力学第一法則からよい近似で

$$dT/T = \kappa dp/p - L_v dw_s/(T c_p) \tag{3.28}$$

で表現される．ここで，dp は気圧の変化，dT は気温の変化，dw_s は混合比の変化，$\kappa = R_d/c_p$ である．右辺第1項は乾燥空気の断熱変化を表し，右辺第2項

は凝結による加熱を意味する.

次に,偽断熱過程において保存される熱力学的な温度の湿球温位と相当温位を説明する[3]．

なお,付録 A-2 にエマグラムを用いて湿球温位と相当温位を求める方法(問題と解答)を示している.

3.4.1 湿球温位

空気塊の持ち上げ凝結高度 (p_L, T_L) を通る偽断熱線と 1000 hPa の等圧線との交点における温度を,湿球温位 (wet-bulb potential temperature) という.湿球温位 θ_w (K) は,偽断熱過程において保存される.

偽断熱過程における湿球温位の保存性から,ある湿球温位のときの温度と気圧の関係を示す偽断熱線 (pseudoadiabat) が熱力学図 (断熱図) に描かれている.湿潤断熱線 (moist adiabat, saturation adiabat) とも呼ばれている.飽和した空気の断熱過程における温度と気圧の関係が,熱力学図 (断熱図) 上でわかる.

3.4.2 相当温位

空気塊を気圧 p から持ち上げ凝結高度 (p_L, T_L) まで乾燥断熱的に持ち上げ,次に $p=0$ まで持ち上げる偽断熱過程を考える.この偽断熱過程によって,水蒸気はなくなってしまう.式 (3.28) において,$L_v dw_s/(Tc_p) \fallingdotseq d[L_v w_s/(c_p T)]$,$T=T_L$ として変形すると,

$$\left.\begin{aligned} d[\ln \theta + L_v w_s/(c_p T_L)] &= 0, \\ \theta \exp[L_v w_s/(c_p T_L)] &= \text{const.} \equiv \theta_e \end{aligned}\right\} \quad (3.29)$$

を得る.上式で定義される θ_e を相当温位 (equivalent potential temperature) といい,偽断熱過程で保存される量である.また,上式において $w_s \to 0$ のとき,$\theta_e \to \theta$ である.つまり,相当温位は,持ち上げ凝結高度 (p_L, T_L) から偽断熱過程で $p=0$ まで持ち上げ水蒸気を失った空気の温位 (乾燥断熱的に 1000 hPa まで下げたときの空気塊の温度) に等しい.なお,式 (3.29) における w_s は,持ち上げ凝結高度 (p_L, T_L) における飽和混合比であるが,凝結する前の空気塊の混合比 w に等しい.

気圧 p (hPa),温度 T (K),混合比 w (g kg^{-1}),温位 θ (K),凝結温度 T_L (K) の空気塊の相当温位 θ_e を求める近似式として,

$$\theta_e = \theta \exp(2.675 \, w/T_L), \quad (3.30\,\text{a})$$

$$\theta_e = T(1000/p)^{0.2854(1-0.28\times10^{-3}w)} \times \exp[(3.376/T_L - 0.00254)$$
$$\times w(1+0.81\times10^{-3}w)] \qquad (3.30\,\text{b})$$

がある[9]．式 (3.30 a) の最大誤差は 0.4 K，式 (3.30 b) の最大誤差は 0.02 K と評価されている．なお，凝結温度 T_L (K) を求める式は 4.5 節に紹介されている．

3.4.3　断熱的雲水量

　空気塊をその持ち上げ凝結高度から湿潤断熱的に上昇させて凝結によって出てくる単位体積当たりの凝結水の質量が，断熱的雲水量 (adiabatic liquid water content) である．空気塊の中の水蒸気と雲水とを合計した混合比は保存されるから，雲水の混合比の増加 $d\chi$ は水蒸気の飽和混合比の減少 $-dw_s$ に等しい．

$$d\chi = -dw_s. \qquad (3.31)$$

これを持ち上げ凝結高度 z_c から高度 z まで積分すると，高度 z における雲水の混合比 $\chi(z)$ が求められる．

$$\chi(z) = w_s(z_c) - w_s(z). \qquad (3.32)$$

また，この式から，雲水量 LWC (liquid water content) が求められる[10]．

$$LWC = \rho\chi(z) = \rho[w_s(z_c) - w_s(z)]. \qquad (3.33)$$

ここで，ρ は高度 z における乾燥空気の密度である．断熱的雲水量は空気塊と周囲の空気との混合はないことを仮定しているが，通常，空気塊と周囲の乾燥した空気との混合があり，雲水量は断熱的雲水量以下である．

【問題 3.9】　水蒸気混合比 $8\,\text{g kg}^{-1}$ の空気塊が冷却されて凝結が起こり，水蒸気混合比は $6\,\text{g kg}^{-1}$ になった．このときの乾燥空気の密度を $1\,\text{kg m}^{-3}$ として，雲水量 $LWC\,(\text{g m}^{-3})$ を求めよ．

【解答】　式 (3.33): $LWC = \rho\chi$ を用いて計算する．
$$LWC = 1\,\text{kg m}^{-3} \times (8\,\text{g kg}^{-1} - 6\,\text{g kg}^{-1})$$
$$\therefore LWC = 2\,\text{g m}^{-3}$$

【問題 3.10】　エマグラム図における飽和混合比 w_s の等値線上の気圧 p (hPa) を，気温 T_c (℃) の関数として求めよ．

【解答】　飽和混合比 w_s は，式 (3.18) から $w_s = \varepsilon e_s/(p-e_s)$ である．これから，
$$p - e_s = \varepsilon e_s/w_s,$$
$$p = (1+\varepsilon/w_s)e_s.$$

ここで，$\varepsilon = 0.622$, $e_s = \exp[19.482 - 4303.4/(T_c + 243.5)]$ を代入して，
$$\therefore p = (1+0.622/w_s) \times \exp[19.482 - 4303.4/(T_c+243.5)].$$

この関係式を満たす (p, T_c) が，エマグラム図における飽和混合比 w_s の等値線となる．

【問題 3.11】　エマグラム図における飽和混合比 w_s の等値線上の気温 T_c (℃) を，気圧 p (hPa) の関数として求めよ．

【解答】　飽和混合比 w_s は，式 (3.18) から $w_s = \varepsilon e_s/(p-e_s)$ である．これから，

$$pw_s - w_s e_s = \varepsilon e_s,$$
$$e_s = pw_s/(\varepsilon + w_s).$$

ここで，$\varepsilon = 0.622$, $e_s = \exp[19.482 - 4303.4/(T_c + 243.5)]$ を代入して，
$$\exp[19.482 - 4303.4/(T_c + 243.5)] = pw_s/(0.622 + w_s),$$
$$19.482 - \ln[pw_s/(0.622 + w_s)] = 4303.4/(T_c + 243.5),$$
$$T_c + 243.5 = 4303.4/[19.482 - \ln\{pw_s/(0.622 + w_s)\}].$$
$$\therefore T_c = 4303.4/[19.482 - \ln\{pw_s/(0.622 + w_s)\}] - 243.5.$$

この関係式を満たす (p, T_c) が，エマグラム図における飽和混合比 w_s の等値線となる．

【問題 3.12】 水蒸気圧 e (hPa) が与えられた場合の露点温度 T_d (℃) を，式 (3.13)：$e_s = \exp[19.482 - 4303.4/(T_c + 243.5)]$ を用いて求めよ．

【解答】 露点温度 T_d (℃) における飽和水蒸気圧が e (hPa) であるから，
$$e = \exp[19.482 - 4303.4/(T_d + 243.5)],$$
$$\ln e = 19.482 - 4303.4/(T_d + 243.5),$$
$$4303.4/(T_d + 243.5) = 19.482 - \ln e,$$
$$4303.4/(19.482 - \ln e) = T_d + 243.5,$$
$$\therefore T_d = 4303.4/(19.482 - \ln e) - 243.5 \text{ (℃)}.$$

【問題 3.13】 水蒸気圧 8.6 hPa の空気の露点温度 T_d (℃) を，前問の答えを用いて計算せよ．

【解答】 $e = 8.6$ hPa を前問の答えに代入する．
$$T_d = 4303.4/(19.482 - \ln 8.6) - 243.5.$$
$$\therefore T_d \fallingdotseq 5 \text{℃}.$$

【問題 3.14】 気温 T_c (℃) と相対湿度 f (%) が与えられた場合の露点温度 T_d (℃) を求めよ．

【解答】 $e = f/100 \times e_s(T_c)$,
$$\ln e = \ln(f/100) + \ln e_s(T_c)$$
$$= \ln(f/100) + \ln[\exp\{19.482 - 4303.4/(T_c + 243.5)\}]$$
$$= \ln(f/100) + 19.482 - 4303.4/(T_c + 243.5).$$

この式を問題 3.12 の答えに代入する．
$$T_d = 4303.4/(19.482 - \ln e) - 243.5$$
$$= 4303.4/[-\ln(f/100) + 4303.4/(T_c + 243.5)] - 243.5.$$
$$\therefore T_d = 4303.4(T_c + 243.5)/[4303.4 - (T_c + 243.5)\ln(f/100)] - 243.5.$$

【問題 3.15】 気温 10℃，相対湿度 70% の空気の露点温度 T_d (℃) を，前問の答えを用いて計算せよ．

【解答】 $T_c = 10$℃，$f = 70$% を前問の答えに代入する．
$$T_d = 4303.4 \times (T_c + 243.5)/[4303.4 - (T_c + 243.5)\ln(f/100)] - 243.5$$
$$= 4303.4 \times (10 + 243.5)/[4303.4 - (10 + 243.5)\ln(70/100)] - 243.5.$$
$$\therefore T_d \fallingdotseq 5 \text{℃}.$$

【問題 3.16】 気温 T_c (℃) と相対湿度 f (%) が与えられた場合の湿数 $T_c - T_d$ (℃) を，問題 3.14 の答えを用いて求めよ．

【解答】 $T_d = 4303.4(T_c + 243.5)/[4303.4 - (T_c + 243.5)\ln(f/100)] - 243.5$,
$$T_c - T_d = T_c + 243.5 + 4303.4(T_c + 243.5)/[(T_c + 243.5)\ln(f/100) - 4303.4].$$
$$\therefore T_c - T_d = (T_c + 243.5)^2 \ln(f/100)/[(T_c + 243.5)\ln(f/100) - 4303.4]^{11)}.$$

文 献

1) List, R. J., 1951 : *Smithsonian Meteorological Tables*. 6th ed., The Smithsonian Institution, 350-361.
2) Fleagle, R. G. and J. A. Businger, 1980 : *An Introduction to Atmospheric Physics*. Academic Press, 27-91.
3) Rogers, R. R. and M. K. Yau, 1989 : *A Short Course in Cloud Physics*. Pergamon Press, 12-27.
4) 二宮洸三, 1998：気象予報の物理学. オーム社, 69-87.
5) 気象庁, 1995：高層気象観測指針.
6) 気象庁, 1959：地上気象常用表.
7) McClatchey, R. A., R. W. Fenn, J. E. A. Selby, F. E. Volz and J. S. Garing, 1972 : *Optical properties of the atmosphere* (3rd ed.). AFCRL Environmental Research Papers 411, 108pp.
8) 鈴木宣直, 1996：湿度計. 気象研究ノート, **185**, 25-36.
9) Bolton, D., 1980 : The computation of equivalent potential temperature. *Mon. Wea. Rev.*, **108**, 1046-1053.
10) Lewis, W., 1951 : *Meteorological aspects of aircraft icing. Compendium of Meteorology*. American Meteorological Society, 1197-1203.
11) 気象庁観測部高層課, 1987：高層気象観測の自動化. 測候時報, **54**, 225-262.

第 2 部　大気の熱力学

4

大気の鉛直方向の性質

　雲は，大気中の水蒸気が凝結して生成される．水蒸気の凝結は，大気の鉛直方向の性質と大きく関連している．4 章では，水蒸気の凝結に至るまでの大気の鉛直方向の性質を説明する．

● 本章のポイント ●

静力学平衡：　　　　　　　　$\partial p/\partial z = -\rho g$
浮力：　　　　　　　　　　　$d^2z/dt^2 = g(T-T')/T'$
乾燥断熱減率と湿潤断熱減率：$\Gamma_d = g/c_p,\ \Gamma_d > \Gamma_s$
安定度：　　　　　　　　　　$\Gamma_d > \gamma > \Gamma_s$ のとき，条件付不安定
持ち上げ凝結高度 (LCL)：　　 乾燥断熱上昇で飽和に達する高度

4.1　静力学平衡

　大気中に，図 4.1 の空気塊を考える．空気塊の体積を $\Delta S \Delta z$，質量を $\rho \Delta S \Delta z$ とする．ここで，ρ は密度である．

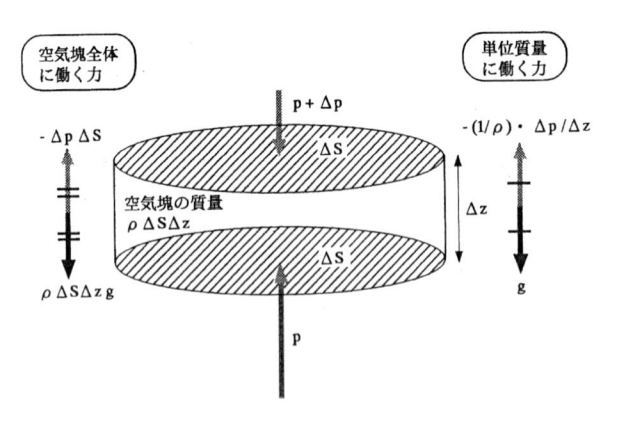

図 4.1　静力学平衡の説明図

4. 大気の鉛直方向の性質

　空気塊に対して鉛直方向に働く力は，重力と気圧である．空気塊に働く重力は，下向きに空気塊全体で $\rho \Delta S \Delta z g$ である．単位質量当たりでは，g である．

　一方，気圧については，空気塊の下面に $p \Delta S$ の力が上向きに働き，上面に $(p+\Delta p)\Delta S$ の力が下向きに働く．下面に働く力から上面に働く力を差し引いた力の $-\Delta p \Delta S$ は，上向きである．単位体積当たりでは $-\Delta p/\Delta z$ の力が，また単位質量当たりでは $-1/\rho \cdot (\Delta p/\Delta z)$ の力が，上向きに働いている．この力を鉛直方向の気圧傾度力 (pressure gradient force) という．

　重力と鉛直方向の気圧傾度力とが釣り合って鉛直方向に正味の力が働いていないとき，空気塊は静力学平衡 (hydrostatic equilibrium) にあるという．静力学平衡は，強い上昇・下降流が存在しない条件下でよい近似である．単位質量当たりに働く鉛直方向の気圧傾度力 $(-1/\rho \cdot (\Delta p/\Delta z))$ と重力 g との等式を微分形式で表現して，

$$\partial p/\partial z = -\rho g \tag{4.1}$$

を得る．これが静力学平衡の式 (hydrostatic equation) である．

　式 (4.1) の積分形式は，

$$p(z_1) - p(z_2) = \rho g(z_2 - z_1) \tag{4.2}$$

である．この式の左辺は静力学平衡にある気層の上下の気圧差であり，右辺は気層に働く重力(気層の重さ)である．すなわち，気層の上下の気圧差が気層の重さによって生じることを示している．たとえば，$\rho = 1.2$ kg m^{-3}, $z_2 - z_1 = 10$ m の空気層の上下の気圧差は，約 1.2 hPa である．また，地上の気圧が上に積もる気柱の重さに等しいことも，静力学平衡の式からいえる．

　静力学平衡の式 $(\partial p/\partial z = -\rho g)$ と状態方程式 $(p = \rho R T_v)$ から，気圧の鉛直分布を導くことができる．二つの式の比を求めて，

$$dp/p = -g dz/(RT_v) \tag{4.3}$$

を得る．式 (4.3) を積分すると，

$$p = p_0 \exp[-g(z - z_0)/RT_{vm}] \tag{4.4}$$

という気圧の鉛直分布を表す式を得る．ここで，p は高さ z における気圧，p_0 は高さ z_0 における気圧，T_{vm} は $p \sim p_0$ 間の平均仮温度である．T_{vm} は，

$$T_{vm} = \int_{p_0}^{p} T_v d(\ln p) \Big/ (\ln p - \ln p_0) \tag{4.5}$$

で与えられる．

　式 (4.3) は，気圧 p, 高度 z, 仮温度 T_v の 3 変数間の鉛直方向の関係を表し

ている．したがって，2変数がわかれば，残る変数が求められる．具体的には気圧 p と仮温度 T_v とが既知であれば，高度 z を計算できる．ラジオゾンデによる高層気象観測では，観測される気圧と温度・湿度から求められる仮温度とを用いて高度を計算している[1,2]．

【問題 4.1】 次の二つの大気モデルについて，$z=0$ における気圧 p_0 が等しい場合に，$H_1=H_2$ であることを示せ．
 (a) 密度 ρ 一定の大気：密度 $\rho=\rho_0=$ 一定で，高度 $z=H_1$ で気圧 p が 0．
 (b) 密度 ρ が高度 z とともに指数関数的に減少する大気：$\rho=\rho_0 \exp(-z/H_2)$．

【解答】 (a) について，静力学平衡の式 $(\partial p/\partial z=-\rho g)$ に $\rho=\rho_0$ を代入して積分すると，$p(z)-p_0=-\rho_0 g z$．$z=H_1$ のとき $p(z)=0$ であるから，$H_1=p_0/\rho_0 g$ である．
　一方，(b) についても同様に，静力学平衡の式 $(\partial p/\partial z=-\rho g)$ に $\rho=\rho_0 \exp(-z/H_2)$ を代入して積分すると，$p(z)-p_0=\rho_0 g H_2[\exp(-z/H_2)-1]$．$z \to \infty$ のとき $p \to 0$ であるから，$H_2=p_0/\rho_0 g$ である．
　したがって，$H_1=H_2$ である．

4.2 浮　　力

前節では鉛直方向に正味の力が働いていない状態の大気を考えたが，今度は空気塊に対して鉛直方向に正味の力（浮力）が働く場合を考える．浮力によって空気塊の鉛直運動が生じる場合である．

図 4.2 のように大気中に温度 T，密度 ρ，体積 V の空気塊を考え，重力加速度を g とする．空気塊に鉛直方向に働く力は重力 $(\rho V g)$ と鉛直方向の気圧傾度

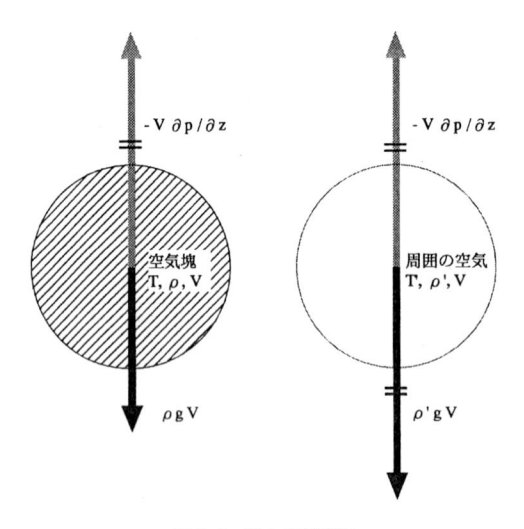

図 4.2　浮力の説明図

力 $(-V\partial p/\partial z)$ とであるが，両者は釣り合っていないとする．したがって，空気塊についての鉛直方向の運動方程式は，

$$\rho V d^2z/dt^2 = -V\partial p/\partial z - \rho V g \tag{4.6}$$

となる[3]．右辺第 1 項は鉛直方向の気圧傾度力であり，第 2 項は重力である．

一方，静止している周囲の大気（温度 T'，密度 ρ'）は，静力学平衡にある．つまり，空気塊と同じ体積 V の周囲の空気に働く鉛直方向の気圧傾度力 $(-V\partial p/\partial z)$ は体積 V の周囲の空気に働く重力 $(\rho' V g)$ に等しい．すなわち，式 (4.6) の右辺第 1 項の気圧傾度力は $\rho' V g$ に等しい．

したがって，空気塊の運動方程式 (4.6) を単位質量についての式に直したものは，

$$d^2z/dt^2 = (1/\rho V)(\rho' V g - \rho V g) = g(\rho' - \rho)/\rho = g(T - T')/T' \tag{4.7}$$

となる．この式は，空気塊と周囲の空気との温度差 $(T-T')$ が，または密度差 $(\rho'-\rho)$ が，浮力を生み出すことを示している．

$$\left.\begin{array}{l} T-T'>0 \text{ のとき，正の浮力が働く,} \\ T-T'<0 \text{ のとき，負の浮力が働く,} \\ T-T'=0 \text{ のとき，浮力は働かない.} \end{array}\right\} \tag{4.8}$$

つまり，暖かく軽い空気塊は冷たく重い大気中を上昇し，冷たく重い空気塊は暖かく軽い大気中を下降する．相対的に軽いものは上昇し，相対的に重いものは下降する．これが浮力の原理である．

なお，式 (4.7) で密度差から温度差へ変換するとき，簡単のため乾燥空気の状態方程式 $p=\rho RT$ を用いている．湿潤空気の場合，密度は仮温度 T_v に逆比例する $(\rho=p/(RT_v))$ から，式 (4.7) において温度 T，T' の代わりに仮温度 T_v，T_v' を用いる．

【問題 4.2】 周囲の温度 20℃ の中に，15℃ の空気塊がある．この空気塊に働く加速度 $(\mathrm{m\,s^{-2}})$ を求めよ．
【解答】 単位質量の空気塊についての運動方程式 (4.7) に，数値を代入する．
$$d^2z/dt^2 = g[(T-T')/T'] = 9.8 \times (15-20)/(273+20) = -0.17\,\mathrm{m\,s^{-2}}$$
したがって，空気塊には，下向きに $0.17\,\mathrm{m\,s^{-2}}$ の加速度が働く．この大きさは，重力加速度 $(9.8\,\mathrm{m\,s^{-2}})$ の約 1.7 % に相当する．

4.3 乾燥断熱減率と湿潤断熱減率

前節では，空気塊と周囲との温度差が浮力を生み出すことを示した．この節では，浮力その他の原因によって上昇（下降）する空気塊の温度がどのように変化

するかを説明する[3]。

高度に対する気温の低下する割合($-dT/dz$)を，気温減率(temperature lapse rate)という．気温減率は，大気の鉛直構造を表し，成層の安定度の判定に用いられる．特に，乾燥空気が断熱的に上昇(下降)するときの気温減率を乾燥断熱減率(dry adiabatic lapse rate)という．また，湿潤空気が水蒸気の凝結を伴わないで上昇・下降する場合の気温減率も乾燥断熱減率である．一方，湿潤空気が飽和を保ちながら上昇(下降)するときの気温減率を，湿潤断熱減率(moist-adiabatic lapse rate)または飽和断熱減率(saturation-adiabatic lapse rate)という．

乾燥断熱減率 Γ_d は，断熱過程における熱力学第一法則の式と静力学平衡の式から次のように導出される．断熱過程における熱力学第一法則の式 $c_p dT = \alpha dp = (RT/p)dp$ から，

$$dT/dz = (RT/c_p p)(dp/dz) \qquad (4.9)$$

を得る．ここで，右辺の dp/dz (高度 z に対する空気塊の気圧 p の変化率)は，空気塊の気圧 p は周囲の気圧 p' にすぐに一致するとして静力学平衡の式(4.1)によって，$dp'/dz = -\rho' g = -pg/(RT')$ に等しい．ここで，T' は周囲の気温である．

したがって，式(4.9)は

$$dT/dz = -(g/c_p)(T/T')$$

となる．ここで $T/T' \fallingdotseq 1$ であるから，乾燥断熱減率 Γ_d は

$$-dT/dz = g/c_p \equiv \Gamma_d \qquad (4.10)$$

で与えられる．g と c_p に数値を代入すると，$\Gamma_d = 9.8°C\ km^{-1}$ を得る．

一方，湿潤断熱減率(飽和断熱減率) Γ_s は，気圧と気温とに依存し，表4.1のような値である．飽和した空気塊が断熱的に上昇する場合，温度が下がるにつれて水蒸気の一部が凝結する．このときの凝結熱が空気塊を加熱するため，湿潤断熱減率 Γ_s は乾燥断熱減率 Γ_d より小さな気温減率である．

湿潤断熱減率 Γ_s を次のように導出できる．偽断熱過程を表す式(3.28):

$$dT/T = \kappa dp/p - L_v dw_s/(Tc_p)$$

から出発する．右辺の dw_s へ混合比の式 $w_s \fallingdotseq \varepsilon e_s/p$ から得られる $dw_s = w_s(de_s/e_s - dp/p)$ を代入して整理し，dT/dz の形へ変形する．

$$dT/T = [R/c_p + L_v w_s/(Tc_p)]dp/p - L_v w_s/(Tc_p) \cdot de_s/e_s,$$
$$dT/dz = R/c_p \cdot [1 + L_v w_s/(RT)] \cdot T/p \cdot dp/dz - L_v w_s/c_p \cdot de_s/dT \cdot dT/dz.$$

表 4.1 湿潤断熱減率 (℃/100 m)

気圧 (hPa)	気温 (℃)									
	-50	-40	-30	-20	-10	0	10	20	30	40
100	0.886	0.775	0.615	0.454	0.335	0.262				
200	0.928	0.863	0.746	0.596	0.452	0.345	0.276			
300	0.943	0.896	0.807	0.677	0.532	0.409	0.323			
400	0.951	0.913	0.842	0.730	0.592	0.462	0.362	0.296		
500	0.955	0.925	0.866	0.767	0.637	0.505	0.398	0.322	0.273	
600	0.959	0.934	0.882	0.794	0.672	0.542	0.429	0.346	0.291	
700	0.961	0.939	0.893	0.814	0.701	0.573	0.457	0.368	0.307	0.267
800	0.963	0.944	0.903	0.830	0.725	0.601	0.483	0.389	0.323	0.279
850	0.964	0.945	0.907	0.838	0.735	0.613	0.495	0.398	0.330	0.285
900	0.965	0.947	0.910	0.844	0.745	0.624	0.506	0.408	0.338	0.290
950	0.965	0.948	0.913	0.850	0.755	0.634	0.516	0.417	0.345	0.295
1000	0.966	0.950	0.917	0.855	0.763	0.645	0.527	0.426	0.352	0.301
1050	0.967	0.951	0.918	0.860	0.771	0.655	0.536	0.434	0.358	0.306

スミソニアン気象表(第6版, 1951)[4] から作成.

右辺の T/p を状態方程式 $p=\rho RT$ を用いて, dp/dz を静力学平衡の式 $dp/dz=-\rho g$ を用いて, また de_s/dT をクラウジウス-クラペイロンの式 $de_s/dT=L_v e_s/(R_v T^2)$ を用いて置き換える. 整理して,

$$\Gamma_s \equiv -dT/dz = g/c_p \cdot [1+L_v w_s/(RT)]/[1+L_v^2 \varepsilon w_s/(Rc_p T^2)]$$
$$= \Gamma_d \cdot [1+L_v w_s/(RT)]/[1+L_v^2 \varepsilon w_s/(Rc_p T^2)] \quad (4.11\,\text{a})$$

という湿潤断熱減率 Γ_s を得る. 上式から $w_s \to 0$ のとき, $\Gamma_s \to \Gamma_d$ であることがわかる.

なお, 気圧に対する湿潤断熱減率 dT/dp は,

$$dT/dp = 1/(c_p p) \cdot (RT + L_v w_s)/[1+L_v^2 \varepsilon w_s/(Rc_p T^2)] \quad (4.11\,\text{b})$$

で与えられる.

4.4 安定度

空気塊の上昇(下降)の変位が抑制されるか加速されるかを示す, 大気の安定度(atmospheric stability)について説明する. なお, 低気圧の発達などの大気の運動状態の安定度である動力学的安定度(dynamic stability)と区別して, 静力学的安定度(static stability)ともいう.

上昇(下降)する空気塊がそのまま上昇(下降)して元の高度から離れてしまうとき, 大気は不安定(unstable)であるという. 逆に, 元の高度へ戻るとき, 安定(stable)であるという. 空気塊の鉛直変位がその場所で止まるとき, 中立

(neutral) であるという．

大気の安定度が，乾燥大気の場合と湿潤大気の場合にどのように判定されるかを以下に示す．

4.4.1 乾燥大気の安定度

乾燥大気の安定度は，大気の気温減率と乾燥断熱減率との大小関係に着目して

$$\left.\begin{array}{l} \gamma > \Gamma_d \text{ のとき，不安定,} \\ \gamma = \Gamma_d \text{ のとき，中立,} \\ \gamma < \Gamma_d \text{ のとき，安定} \end{array}\right\} \quad (4.12)$$

で判定される．ここで，γ は周囲の空気の気温減率 $(=-\partial T/\partial z)$，$\Gamma_d$ は乾燥断熱減率 $(=g/c_p=9.8℃\ km^{-1})$ である．

式 (4.12) の安定度の判定条件は，図 4.3 から次のように導出される．空気塊の鉛直運動は断熱的と近似できるため，空気塊の温度は乾燥断熱減率 Γ_d で変化する．空気塊が温度 T の場所から Δz だけ変位すると，空気塊の温度は $T-\Gamma_d\Delta z$ である．一方，Δz の高度における周囲の気温は $T-\gamma\Delta z$ である．式 (4.8) より，空気塊と周囲の空気との温度差 $(=\Delta z(\gamma-\Gamma_d))$ が正のとき，正の浮力が働く．$\Delta z>0$ の場合，$(\gamma-\Gamma_d)$ が正のとき正の浮力が働き，鉛直変位は加速される．つまり，不安定である．逆に $\Delta z<0$ の場合も，$(\gamma-\Gamma_d)$ が正のとき負の浮力が働き，鉛直変位は加速される．したがって，$(\gamma-\Gamma_d)$ が正のとき，Δz の正負に関係なく不安定である．

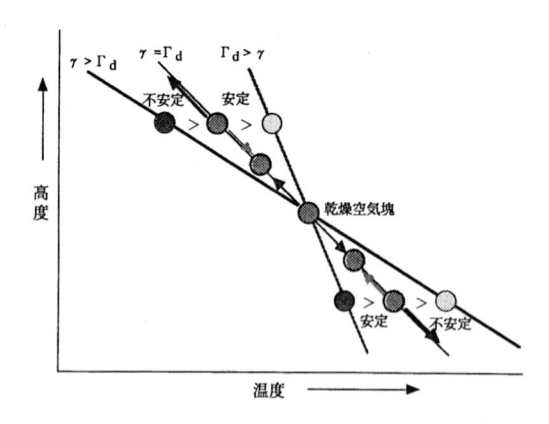

図 4.3 乾燥大気の安定・不安定
γ：周囲の空気の気温減率 $(=-\partial T/\partial z)$，$\Gamma_d$：乾燥断熱減率 $(=g/c_p)$．
不等号 (>) は，空気塊の密度の大小を表す．

4. 大気の鉛直方向の性質

同様の議論によって，$(\gamma - \Gamma_d)$ が負のとき，Δz の正負に関係なく安定である．

4.4.2 湿潤大気の安定度

湿潤大気の安定度も，大気の気温減率に着目して

$$\left.\begin{array}{l}\gamma > \Gamma_d \text{ のとき，絶対不安定,} \\ \gamma = \Gamma_d \text{ のとき，乾燥中立,} \\ \Gamma_d > \gamma > \Gamma_s \text{ のとき，条件付不安定,} \\ \gamma = \Gamma_s \text{ のとき，飽和中立,} \\ \Gamma_s > \gamma \text{ のとき，絶対安定} \end{array}\right\} \quad (4.13)$$

で判定される．ここで，γ は周囲の空気の気温減率 $(=-\partial T/\partial z)$，$\Gamma_d$ は乾燥断熱減率 $(=g/c_p=9.8℃\,\text{km}^{-1})$，$\Gamma_s$ は湿潤断熱減率 (式 (4.11) のように気圧と気温とに依存，表 4.1 参照) である．

式 (4.13) の安定度の判定条件は，図 4.4 から次のように導出される．湿潤大気中で空気塊が鉛直運動する場合には，空気塊が未飽和の場合と飽和している場合とがある．未飽和の場合にはその温度変化は乾燥断熱減率 Γ_d で変化し，飽和している場合には湿潤断熱減率 Γ_s で変化する．したがって，式 (4.13) の第 1, 5 式の条件の γ については，空気塊の飽和・未飽和に関係なく成り立ち，それぞれ絶対不安定，絶対安定である．第 2 式の条件の γ については空気塊が未飽和のとき中立であり，第 4 式の条件の γ については空気塊が飽和のとき中立である．

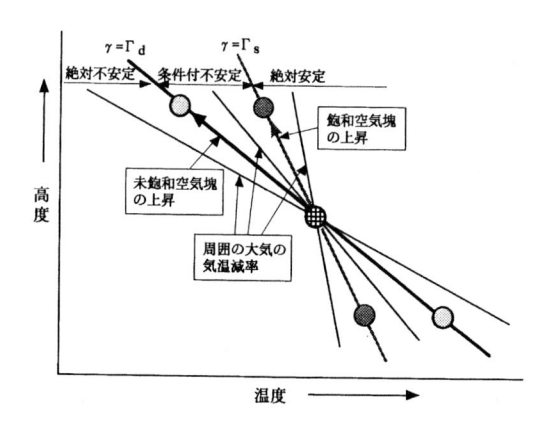

図 4.4 湿潤大気の安定・不安定・条件付不安定
γ：周囲の空気の気温減率 $(=-\partial T/\partial z)$，$\Gamma_d$：乾燥断熱減率 $(=g/c_p)$，Γ_s：湿潤断熱減率.

第3式の条件のγについては，空気塊が未飽和のとき安定，飽和のとき不安定である．これを条件付不安定 (conditional instability) という．

4.5 持ち上げ凝結高度と自由対流高度

条件付不安定の状態にある大気中における未飽和空気塊の上昇運動を，図4.5

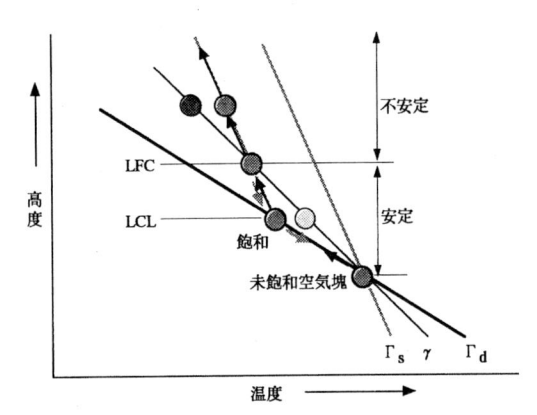

図4.5 持ち上げ凝結高度 LCL と自由対流高度 LFC
γ：周囲の空気の気温減率 $(=-\partial T/\partial z)$，$\Gamma_d$：乾燥断熱減率 $(=g/c_p)$，
Γ_s：湿潤断熱減率．

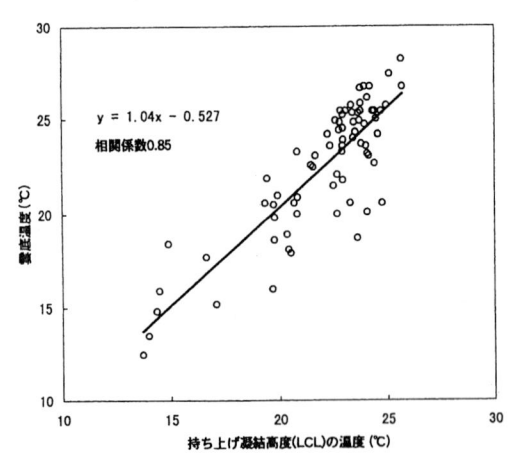

図4.6 持ち上げ凝結高度 LCL の温度と雲底温度との比較（1991年8月～10月，那覇）[5]
地上データによる持ち上げ凝結高度 LCL の温度と，同時刻の高層気象観測データから推定された 1500 m 以下の最下層の雲底温度とを比較している．

によって考える．大気は条件付不安定であるから，大気の気温減率 γ は，乾燥断熱減率 Γ_d と湿潤断熱減率 Γ_s との間にある．未飽和空気塊を持ち上げていくと，上昇に伴って乾燥断熱減率 Γ_d で空気塊の温度が下がり，ある高度で飽和に達する．この高度を，持ち上げ凝結高度 LCL (lifting condensation level) という．このとき，空気塊の温度は周囲の気温よりも低く，途中で上昇が止むと元へ戻る．すなわち，安定である．

飽和に達した空気塊をさらに持ち上げると，空気塊の温度は湿潤断熱減率 Γ_s で低下し，やがて周囲の気温と一致する．この高度を，自由対流高度 LFC (level of free convection) という．自由対流高度 LFC よりもさらに空気塊を持ち上げると，空気塊の温度が周囲の気温よりも暖かくなり，正の浮力を得て上昇する．すなわち，不安定である．

強い日射を受けた地表面近くの大気層では，空気がよく混ざっている混合層 (mixing layer) が発達している．混合層内では，気温減率 γ は乾燥断熱減率 Γ_d に近く，温位と水蒸気混合比はほぼ一定である．このような場合，地表の空気塊の LCL と対流雲の雲底高度とはよく一致する．図 4.6 は，1991 年 8 月～10 月の那覇におけるデータを用いた持ち上げ凝結高度 LCL の温度と雲底温度との比較である[4]．

地表の気温と露点温度との差から，対流雲の雲底を簡単に見積もる方法がある．次の問題で示すヘニングの公式である．

【問題 4.3】 気温を T，露点温度を T_d とするとき，地表面付近の持ち上げ凝結高度が LCL (m) $\fallingdotseq 125(T-T_d)$ で与えられることを示せ．この式はヘニングの公式と呼ばれている．

【解答】 クラウジウス-クラペイロンの式：$de_s/dT = L_v e_s/(R_v T^2) = \varepsilon L_v e_s/(RT^2)$ と $e_s(T_d) = e$ から，$de/e = \varepsilon L_v/(RT_d^2)dT_d$ を得る．

一方，地表面付近の空気は混合比一定で上昇するとし，また静力学平衡の式を用いると，$de/e = dp/p = -\rho g dz/p = \varepsilon L_v/(RT_d^2)dT_d$ を得る．

$$\therefore dT_d/dz = -gT_d/(\varepsilon L_v).$$

断熱的な上昇では，$d(T-T_d)/dz = -\Gamma_d + gT_d/(\varepsilon L_v) = -\Gamma_d[1 - c_p T_d/(\varepsilon L_v)]$ である．$\Gamma_d = 9.8$ K km^{-1}, $c_p = 1005$ J K^{-1} kg^{-1}, $T_d \fallingdotseq 270$ K, $\varepsilon = 0.622$, $L_v = 2.5 \times 10^6$ J kg^{-1} を用いると，$d(T-T_d)/dz \fallingdotseq 8$ K km^{-1} である．したがって，LCL(m) $\fallingdotseq 125(T-T_d)$ を得る．

気温 T (K) と露点温度 T_d (K) または水蒸気圧 e (hPa), 相対湿度 f (%) から，持ち上げ凝結温度 T_L (K) を求める精度の高い式として

$$T_L = 1/[1/(T_d - 56) + \ln(T/T_d)/800] + 56, \qquad (4.14\,\text{a})$$

$$T_L = 2840/[3.5\ln(T) - \ln(e) - 4.805] + 55, \qquad (4.14\,\text{b})$$

$$T_L = 1/[1/(T-55) - \ln(f/100)/2840] + 55 \qquad (4.14\text{ c})$$

がある[6]。

【問題 4.4】 海面気圧を 1012 hPa, 大気の全層で空気密度 ρ を 1 kg m^{-3} と仮定するとき，大気層の厚さ z (m) はどれだけか。

【解答】 MKS 単位にそろえて式 (4.2) を用いて計算する。
$$z = 1012 \times 100/(1 \times 9.8)$$
$$\therefore z = 10.326 \text{ km}.$$

【問題 4.5】 地表面気圧が 1013 hPa であるとき，単位面積の上にある空気の質量 m_{1013} (kg) はどれだけか。

【解答】 地表面気圧は単位面積にかかる力であり，その力は空気質量の重力である。したがって，すべて MKS 単位にそろえて計算すると，
$$1013(\text{hPa}) \times 1(\text{m}^2) = m_{1013}\, g(\text{N}),$$
$$m_{1013} = 1013 \times 100(\text{N})/9.8(\text{m s}^{-2})$$
$$\therefore m_{1013} \fallingdotseq 10340 \text{ kg}.$$

【問題 4.6】 大気中の気圧 500 hPa 面と気圧 850 hPa 面との間にある空気の質量 $m_{850-500}$ (kg) は単位面積当たりどれだけか。

【解答】 求める空気の質量 $m_{850-500}$ (kg) は，850 hPa 面の単位面積の上にある空気質量 m_{850} (kg) と 500 hPa 面の単位面積の上にある空気質量 m_{500} (kg) との差である。
$$m_{850-500} = m_{850} - m_{500}$$
$$= (850 - 500) \times 100/9.8$$
$$\therefore m_{850-500} \fallingdotseq 3570 \text{ kg}.$$

【問題 4.7】 25℃ の乾燥空気が断熱的に 800 m 上昇したときの温度 T_c (℃) を求めよ。

【解答】 乾燥断熱減率 9.8℃ km^{-1} を用いて計算する。
$$T_c = 25\text{℃} - 9.8\text{℃ km}^{-1} \times 0.8 \text{ km}$$
$$\therefore T_c \fallingdotseq 17.2\text{℃}.$$

【問題 4.8】 気温 13℃, 露点温度 5℃ のとき，持ち上げ凝結高度 LCL (m) を求めよ。

【解答】 ヘニングの公式を用いて計算する。
$$LCL(\text{m}) \fallingdotseq 125(T - T_d) = 125 \times 8$$
$$\therefore LCL(\text{m}) \fallingdotseq 1000 \text{ m}.$$

また，式 (4.14a) を用いて持ち上げ凝結温度 T_L (K) を計算すると，
$$T_L(\text{K}) = 1/[1/(T_d - 56) + \ln(T/T_d)/800] + 56$$
$$= 1/[1/(278.15 - 56) + \ln(286.15/278.15)/800] + 56$$
$$= 276.41.$$

持ち上げ凝結高度 LCL(m) までは乾燥断熱減率 9.8℃ km^{-1} で気温が低下するから，
$$LCL(\text{m}) = (286.15 - 276.41)/9.8 \times 1000$$
$$\therefore LCL(\text{m}) \fallingdotseq 993 \text{ m}.$$

【問題 4.9】 T_0 (K) を地上気温，p_0 を地上気圧，z を地上からの高さ，g を重力加速度，γ を大気の気温減率，R を空気の気体定数とするとき，気圧の高度分布が $p(z) = p_0(1 - \gamma z/T_0)^{g/(\gamma R)}$ と表されることを示せ。

【解答】 式 (4.3): $dp/p = -g\, dz/(RT_v)$ に，$T_v = T_0 - \gamma z$ を代入して積分する。
$$dp/p = -g/R \cdot dz/(T_0 - \gamma z),$$
$$\ln(p/p_0) = g/(\gamma R) \cdot \ln(1 - \gamma z/T_0).$$

$$\therefore p(z) = p_0(1-\gamma z/T_0)^{g/(\gamma R)}.$$

【問題 4.10】 前問において ρ_0：地上の空気密度，$\gamma z/T_0 \ll 1$ とするとき，空気密度の高度分布が $\rho(z) \fallingdotseq \rho_0 \exp(-kz)$，$k=$定数（$T_0$, g, γ, R で決まる）と表されることを示せ．

【解答】 前問の解答のように次式が導出される．
$$\ln(p/p_0) = g/(\gamma R) \cdot \ln(1-\gamma z/T_0).$$
ここで，状態方程式：$p = \rho RT$ を用いると，
$$\ln[\rho R(T_0-\gamma z)/\rho_0 RT_0] = \ln(1-\gamma z/T_0)^{g/(\gamma R)},$$
$$\rho = \rho_0(1-\gamma z/T_0)^{(g-\gamma R)/\gamma R},$$
$$\rho \fallingdotseq \rho_0 \exp[(-\gamma z/T_0) \times (g-\gamma R)/\gamma R].$$
$$\therefore \rho \fallingdotseq \rho_0 \exp[-(g-\gamma R)/RT_0 \cdot z] = \rho_0 \exp(-kz).$$

【問題 4.11】 乾燥した大気中の気圧 p_1(hPa) で気温 T_1(K)，気圧 p_2(hPa) で気温 T_2(K) である．この2点 ($p_1 > p_2$) 間の気温減率が乾燥断熱減率よりも大きくなる条件が，$T_1/p_1^\kappa > T_2/p_2^\kappa$，で与えられる[2]ことを示せ．ただし，$\kappa = R/c_p = 0.286$ である．

【解答】 気圧 p_1(hPa) における温位 θ_1 は $\theta_1 = T_1(1000/p_1)^\kappa$ であり，気圧 p_2(hPa) における温位 θ_2 は $\theta_2 = T_2(1000/p_2)^\kappa$ である．この2点間の気温減率が乾燥断熱減率よりも大きくなる条件：$\theta_1 > \theta_2$ から，$T_1(1000/p_1)^\kappa > T_2(1000/p_2)^\kappa$．
$$\therefore T_1/p_1^\kappa > T_2/p_2^\kappa.$$

文献

1) 気象庁, 1995：高層気象観測指針.
2) 気象庁観測部高層課, 1987：高層気象観測の自動化. 測候時報, **54**, 225-262.
3) Rogers, R. R. and M. K. Yau, 1989：*A Short Course in Cloud Physics*. Pergamon Press, 28-59.
4) List, R. J., 1951：Smithsonian Meteorological Tables. 6th ed., The Smithsonian Institution, 323.
5) 林 修吾・水野 量・山本 哲, 1998：沖縄本島渇水期における雲の実態把握とシーディングの検討. 気象庁研究時報, **50**, 29-54.
6) Bolton, D., 1980：The computation of equivalent potential temperature. *Mon. Wea. Rev.*, **108**, 1046-1053.

第3部 微 物 理

5 雲粒の発生と雨粒への成長

　未飽和空気塊が上昇すると，飽和に達し，さらに過飽和になる．過飽和は水蒸気の凝結によって解消されるが，凝結の実体は小さな水滴(雲粒)の発生である．雲粒は，凝結成長と衝突併合成長を経て雨粒になる．このように氷の相が関係しない条件下で形成される雨を，暖かい雨(**warm rain**)という．5章では，暖かい雨の形成に関係する微物理過程を説明する．

● 本章のポイント ●
水滴のニュークリエーション：不均一ニュークリエーション
凝結核：　　　　　　　　　活性化スペクトル
水滴の凝結成長：　　　　　$dm/dt \propto r$, $r \propto t^{1/2}$
水滴の落下速度：　　　　　$U \propto r^2$, r, $r^{1/2}$
水滴の衝突併合成長：　　　加速度的成長

5.1 水滴のニュークリエーション

　大気中における雲粒の形成は，気体である水蒸気の中で液体の水の相ができる過程である．物質の密接していない状態の中でより密接した状態が始まる相変化過程を，ニュークリエーション(nucleation，核形成，または核生成)という[1]．
　ニュークリエーションには，不均一ニュークリエーション(heterogeneous nucleation)と均一ニュークリエーション(homogeneous nucleation)の2種類がある．前者は不純物などの異なる物質の影響を受けたニュークリエーションであり，後者はその影響を受けない状態で生じるニュークリエーションである[1,2]．大気中にはさまざまな微粒子があり，不均一ニュークリエーションによる雲粒の生成に好都合である．
　水蒸気の中でニュークリエーションによってできる液相は，小さな水滴である．曲率をもった水滴である．この水滴が成長するか蒸発するかは，周囲の水蒸

5. 雲粒の発生と雨粒への成長

気圧が水滴-水蒸気間の平衡蒸気圧より大きいか小さいかによって決まる．通常の飽和蒸気圧は，平面の水と水蒸気との間の平衡蒸気圧である．

半径 r の水滴と水蒸気との間の平衡状態における蒸気圧 $e_s(r)$ は，

$$e_s(r) = e_s(\infty) \exp[2\sigma/(rR_v\rho_w T)] \tag{5.1}$$

で与えられる[3]．ここで，$e_s(\infty)$ は平面の水に対する飽和水蒸気圧，σ は水の表面張力（0℃で，$\sigma = 7.6 \times 10^{-2}\,\mathrm{N\,m^{-1}}\,(\mathrm{J\,m^{-2}})$，または $76\,\mathrm{dyn\,cm^{-1}}$），$R_v$ は水蒸気の気体定数（$461\,\mathrm{J\,K^{-1}\,kg^{-1}}$），$\rho_w$ は水の密度（$10^3\,\mathrm{kg\,m^{-3}}$），$T$ は温度（K）である．水滴半径 r が小さい（大きい）ほど，水滴に対する平衡蒸気圧 $e_s(r)$ は大きい（小さい）．$r \to \infty$ のときの $e_s(r)$ は，平面の水に対する飽和水蒸気圧である．

なお，水の表面張力 σ には温度依存性があり，

$$\sigma = 76.10 - 0.155\,T_c \tag{5.2}$$

という式で表される[4]．ここで，表面張力 σ は $\mathrm{dyn\,cm^{-1}}$ 単位（$1\,\mathrm{dyn\,cm^{-1}} = 10^{-3}\,\mathrm{N\,m^{-1}}$），温度 T_c は ℃ 単位である．この式の精度は，0〜40℃ の範囲で $\pm 0.02\,\mathrm{dyn\,cm^{-1}}$ である．

さて，式 (5.1) から，半径 r の水滴に対する平衡蒸気圧の飽和比 S (saturation ratio) は，

$$S \equiv e_s(r)/e_s(\infty) = \exp[2\sigma/(rR_v\rho_w T)] \fallingdotseq \exp(c_1/rT) \tag{5.3}$$

で与えられる．ここで，$c_1 = 3.3 \times 10^{-7}\,\mathrm{K\,m} = 0.33\,\mathrm{K\,\mu m}$ である．水滴半径 r が小さい（大きい）ほど，その平衡蒸気圧の飽和比 S は大きい（小さい）．図 5.1 には，水滴に対する平衡蒸気圧の飽和比 S，過飽和度 $(S-1)\times 100\,(\%)$ と水滴半

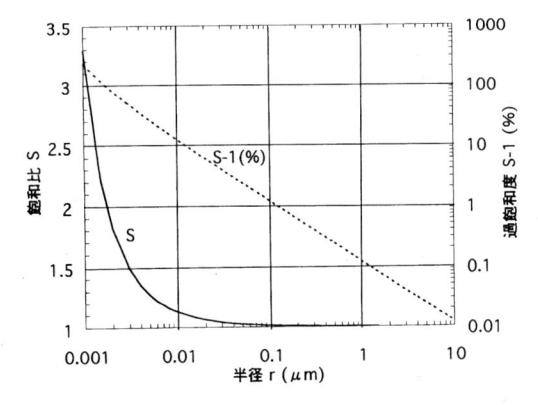

図 5.1 水滴の平衡蒸気圧の飽和比 S と過飽和度 $(S-1)\times 100\,(\%)$
縦軸の飽和比（過飽和度）が与えられたとき，曲線上の半径よりも大きな水滴が成長できる．

径 r との関係が示されている．

逆に，平衡蒸気圧の飽和比が S である水滴半径 r は，

$$r = 2\sigma/(R_v \rho_w T \ln S) \fallingdotseq c_1/(T \ln S) \tag{5.4}$$

で与えられる．周囲の水蒸気圧の飽和比 S が一定の場合，水滴半径が大きいほど平衡蒸気圧は小さいから，式 (5.4) の半径 r よりも大きな水滴に対して周囲の水蒸気圧は過飽和である．したがって，r より大きな水滴は，持続的に成長する．逆に，r より小さな水滴は蒸発する．

【問題 5.1】 ある水滴の平衡蒸気圧は，過飽和度 1% である．この水滴の半径 r を求めよ．ただし，温度 0℃，水の表面張力 $\sigma = 7.6 \times 10^{-2}$ N m^{-1}，水蒸気の気体定数 $R_v = 461$ J K^{-1} kg^{-1}，水の密度 $\rho_w = 10^3$ kg m^{-3} とする．

【解答】 式 (5.4) に数値を代入する．
$$r = 2 \times 7.6 \times 10^{-2}/(461 \times 10^3 \times 273.15 \times \ln 1.01) = 1.2 \times 10^{-7} \text{ m}.$$
したがって，水滴半径 r は 0.12 μm である．過飽和度 1% では，$r > 0.12$ μm の水滴だけが成長する．

均一ニュークリエーションの実験結果[5]によると，1 cm^{-3} s^{-1} の水滴生成率が生じるためには $S = 4$ 程度以上の高い飽和比が必要である．また，大気中で 1～2% の過飽和度が観測されることはまれである[6,7]．したがって，自然の雲や霧は，均一ニュークリエーションによって生じていないことになる．

大気中における水滴の生成には，不均一ニュークリエーションが寄与する．それは，溶解性の物質を含んだ水の平衡蒸気圧が下がるからである．これをラウールの法則 (Raoult's law) という．溶液の平衡蒸気圧 e' は，純水の平衡蒸気圧 $e_s(\infty)$ より小さく，

$$e'/e_s(\infty) = n_0/(n + n_0) \fallingdotseq 1 - n/n_0, \tag{5.5}$$

$$n = i N_0 M/m_s, \tag{5.6}$$

$$n_0 = N_0 m/m_v \tag{5.7}$$

表 5.1 吸湿性物質のファント・ホッフの係数 (25℃，1 気圧)[8]

重量モル濃度	NaCl	(NH$_4$)$_2$SO$_4$	MgSO$_4$	CaCl$_2$
0.1	1.867	2.306	1.213	2.568
0.2	1.856	2.202	1.126	2.598
0.3	1.853	2.133	1.083	2.647
0.5	1.857	2.050	1.049	2.785
0.7	1.874	1.999	1.041	2.942
1.0	1.904	1.954	1.060	3.228
2.0	2.037	1.933	1.364	4.451
3.0	2.213	2.006	1.939	6.186

で表される[3]．ここで，n_0 は水の分子数，n は溶質の分子数 ($n \ll n_0$)，M は溶質の質量，m_s は溶質の分子量，N_0 はアボガドロ数，i はファント・ホッフの係数 (van't Hoff factor)，m は水の質量 $4\pi r^3 \rho_w /3$，m_v は水の分子量 18.016 である．表 5.1 に，おもな溶解性の物質のファント・ホッフ係数を示す[8]．

式 (5.6) と式 (5.7) を式 (5.5) へ代入して整理すると，

$$e'/e_s(\infty) \fallingdotseq 1/(1+b/r^3) \fallingdotseq 1-b/r^3, \tag{5.8}$$
$$b = 3\, i m_v M/(4\pi \rho_w m_s) \tag{5.9}$$

を得る．なお，溶液の濃度は低く，溶液の密度は水の密度に等しいと近似している．

結局，溶液の水滴に対する平衡蒸気圧の飽和比 S は，

$$S = e'(r)/e_s(\infty) \fallingdotseq \exp(a/r)/(1+b/r^3) \fallingdotseq 1+a/r-b/r^3 \tag{5.10}$$

で与えられる．ただし，$a = 2\sigma/(R_v \rho_w T)$ である．この式で，$\exp(a/r)$ は曲率効果 (curvature effect) と呼ばれ，$1/(1+b/r^3)$ は溶質効果 (solute effect) と呼ばれる．曲率効果は水滴の平衡蒸気圧を高め，溶質効果は平衡蒸気圧を低くする．

式 (5.10) の関係を示す図 5.2 のような S-r 曲線を，ケーラー曲線 (Köhler curve) という．液滴半径が小さい場合，溶質効果が卓越し，平衡状態の相対湿度は低い．液滴半径が大きくなると，溶質効果よりも曲率効果が卓越し，純粋の水の水滴の平衡蒸気圧に近づく．平衡蒸気圧の飽和比 S は，ある半径 r^* で最大値 S^* をとる．この半径 r^* を臨界半径 (critical radius)，飽和比 S^* を臨界飽和比 (critical saturation ratio)，過飽和度 $s^* (\equiv (S^*-1) \times 100\%)$ を臨界過飽和度 (critical supersaturation) という．

【問題 5.2】　ある薄い濃度の溶液滴の平衡状態における飽和比 S が，$S \fallingdotseq 1+a/r-b/r^3$ で与えられる．このときの臨界半径 r^* と臨界飽和比 S^* とを，a, b によって表せ．
【解答】　$r = r^*$ で S が極大になるとして $\partial S/\partial r = 0$ とおく．

$$\partial S/\partial r = -ar^{-2} + 3br^{-4} = 0 \text{ より，} ar^2 = 3b.$$
$$\therefore r^* = (3b/a)^{1/2}.$$
$$S^* = 1 + a/r^* - b/r^{*3} = 1 + [a^3/(3b)]^{1/2} - [a^3/(27b)]^{1/2}$$
$$\therefore S^* = 1 + [4a^3/(27b)]^{1/2}$$

図 5.2 のケーラー曲線では，次の三つの性質が重要である．

(a) 吸湿性物質を含む小さな半径の液滴の平衡相対湿度は，100% よりも低い．相対湿度 90% の空気中では，これより低い相対湿度が平衡状態である吸湿性の微粒子は，平衡相対湿度が 90% の大きさまで成長できる．つまり，相対湿

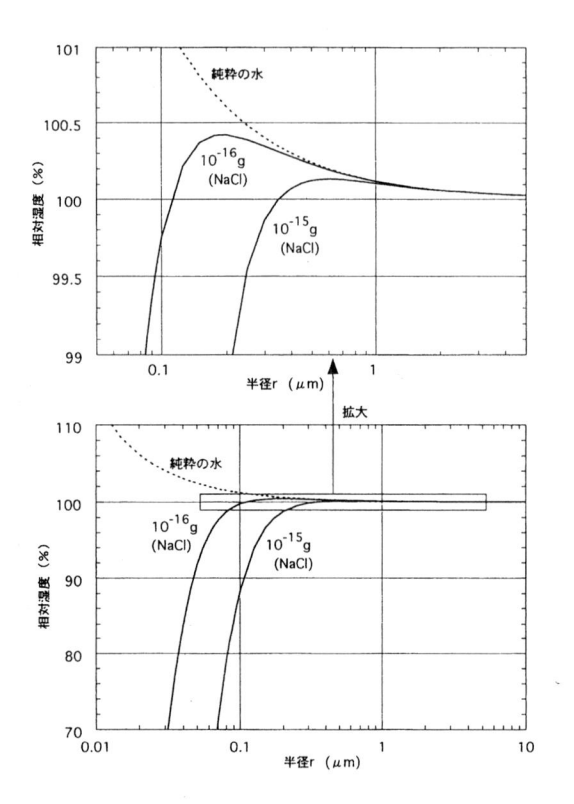

図 5.2 ケーラー曲線
純粋の水の水滴(破線)と塩化ナトリウム溶液滴(実線)の平衡状態の相対湿度を示している．

度が 100% より低い大気中で，小さな水滴が存在する．これは，大気中のもや (mist) の現象を説明する．

(b) 臨界過飽和度を越える水蒸気圧はどの水滴半径の平衡蒸気圧よりも大きいため，このような水蒸気場の中では水滴は持続的に成長する．10^{-16} g の塩化ナトリウムを含む液滴については，過飽和度約 0.4% が臨界過飽和度である．臨界過飽和度以上の水蒸気の中では，すべての半径の液滴は平衡状態に止まることなく持続的に成長する．これは，大気中における過飽和度 1% 程度での雲の形成を説明する．

(c) 吸湿性物質の質量が大きいほど，溶質効果が大きく，低い過飽和度で水滴を形成する．表 5.2 に，おもな吸湿性物質の臨界飽和比を示す[9]．吸湿性物質

表5.2 おもな吸湿性物質の臨界飽和比と臨界半径(20℃)[9]

物質	質量 (g)	半径 (μm)	落下速度 (cm s^{-1})	臨界飽和比	臨界半径 (μm)
塩化ナトリウム NaCl	10^{-15}	0.04795	5.964 E-5	1.001111	0.5884
	10^{-16}	0.02226	1.285 E-5	1.003588	0.2013
硫酸アンモニウム (NH$_4$)$_2$SO$_4$	10^{-15}	0.05129	5.575 E-5	1.001344	0.5610
	10^{-16}	0.02381	1.201 E-5	1.004537	0.1364
硫酸マグネシウム MgSO$_4$	10^{-15}	0.04477	6.387 E-5	1.001694	0.3669
	10^{-16}	0.02078	1.376 E-5	1.006552	0.09968
塩化カルシウム CaCl$_2$	10^{-15}	0.04805	5.952 E-5	1.001258	0.5964
	10^{-16}	0.02230	1.282 E-5	1.004087	0.1620

の質量が大きいほど，臨界飽和比は小さい．

また，表5.2に示されている吸湿性物質の落下速度は，数 cm 日$^{-1}$ と非常に小さい．大気中に浮遊する吸湿性粒子が，過飽和度 2% 程度での水滴の形成に寄与する．

5.2 凝 結 核

前節では，吸湿性粒子が関係する不均一ニュークリエーションによって，低い過飽和度で水滴が形成されることを説明した．この節では，大気中の雲の生成に関与する微粒子の特徴を見る．

大気中には，膨大な数の固体または液体の微粒子が浮かんでいる．これらは大気エーロゾル (atmospheric aerosols) と呼ばれ，その数濃度は，10^8～10^{12} 個 m^{-3} である．粒子の大きさによって，(a) エイトケン粒子 (Aitken particle, 0.001～0.1 μm)，(b) 大粒子 (large particle, 0.1～1 μm)，(c) 巨大粒子 (giant particle, 1～100 μm) に分類される．大気エーロゾルの重要な役割の一つは，降水形成過程の出発点である雲を作ることである[10~15]．

大気中の微粒子にはさまざまな成分と大きさがあり，それぞれ臨界過飽和度が違っている．大気エーロゾルの中で過飽和度 2% 程度以下で雲粒を作る（活性化する）微粒子を，凝結核 (cloud condensation nuclei, CCN) という[16]．海水のしぶきが大気中に残す海塩粒子，燃焼によってできる煙粒子，硫酸アンモニウム粒子などが凝結核である．

一般に，過飽和度 $s(=(S-1)\times 100\%$, S：飽和比) が高くなると，s よりも小さな過飽和度で活性化する凝結核数濃度 N_c が多くなる傾向がある（図5.3）[17]．この傾向は凝結核の活性化スペクトル (CCN activity spectrum) と呼ばれ，

$$N_c = cs^k \qquad (5.11)$$

という式で表現される．ここで，c, k は気団に依存する経験的なパラメータである．特に，c は過飽和度 1% で活性化する凝結核数濃度を表す．世界各地の海洋上における c の値は数 $10\sim1000\ \mathrm{cm}^{-3}$（メジアン約 $200\ \mathrm{cm}^{-3}$）であり，k の値は $0.3\sim1.4$（メジアン約 0.5）で変動する[16]．一方，大陸上では海洋上よりも大きな値を示す傾向があり，$c=300\sim5000\ \mathrm{cm}^{-3}$, $k=0.4\sim0.9$ とまとめられている[18]．

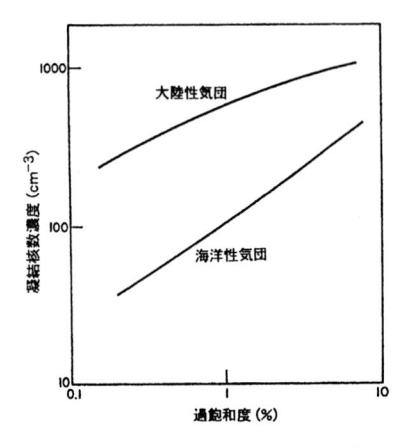

図 5.3 凝結核の活性化スペクトル[17]
大陸性気団と海洋性気団の観測結果のメジアンが示されている．

【問題 5.3】 凝結核の活性化スペクトルの式 (5.11) を用いて，海洋性気団と大陸性気団とについて過飽和度 0.5% で活性化する凝結核数濃度を求めよ．ただし，海洋性気団について $c=100\ \mathrm{cm}^{-3}$, $k=0.5$, 大陸性気団について $c=600\ \mathrm{cm}^{-3}$, $k=0.7$ とする．

【解答】 式 (5.11) から凝結核数濃度 N_c を計算すると，海洋性気団について $N_c=100\times0.5^{0.5}\fallingdotseq71\ \mathrm{cm}^{-3}$, 大陸性気団について $N_c=600\times0.5^{0.7}\fallingdotseq369\ \mathrm{cm}^{-3}$, となる．過飽和度 0.5% で活性化する凝結核数濃度は，大陸性気団の方が大きい．

さて，空気塊が上昇するときの過飽和度 s の変化を考える．上昇により空気塊は飽和に達し，過飽和度は上昇する．一方，過飽和度の上昇により水滴が形成され，水滴が成長するにつれて過飽和度は低下する．最大過飽和度付近で $ds/dt=0$ となることを利用して，上昇する空気塊の最大過飽和度 s_max と最大雲粒数濃度 N_max が凝結核の活性化スペクトルのパラメータ (c, k) と上昇流 w の関数として理論的に導出されている[19,20]．この理論式による雲粒数濃度は観測される雲粒数濃度とよく対応すると報告されている[21]．

5.3 水滴の凝結成長

この節では，過飽和の場の中で雲粒が凝結成長 (diffusional growth) する過程を定式化する[3]．凝結成長による水滴の質量変化率 dm/dt の式と半径変化率 dr/dt の式とを導く．凝結成長とは，水分子が拡散 (diffusion) によって周囲の水蒸気場から水滴表面へ移動して，水滴の質量が増加することである．

まず，次の問題を解くことによって，個々の雲粒間の距離を見積もる．

【問題 5.4】 雲粒数濃度 N_c を 1000 個 cm^{-3} とするとき，雲粒間の距離 d を評価せよ．
【解答】 雲粒 1 個が占める体積 V は，$V=1/N_c=1/10^9$ m^3 $=10^{-9}$ m^3 である．この体積が辺の長さ d の立方体の体積に等しいと考えて，$d=V^{1/3}=(10^{-9})^{1/3}$ m $=10^{-3}$ m.
∴ $d=1000$ μm.

雲粒半径は約 10 μm であるから，雲粒と隣の雲粒とは雲粒半径の約 100 倍の距離だけ離れている．

次に，1 個の水滴が水蒸気場の中で水分子の拡散によって成長するモデル（図 5.4）を考える．このとき水分子の拡散現象は，次の拡散方程式（diffusion equation）：

$$\partial \rho_v / \partial t = D_v \nabla^2 \rho_v \tag{5.12}$$

によって表される．ここで，ρ_v は水蒸気密度，D_v は空気中における水蒸気の拡散係数である．拡散係数 D_v は，$-80 \sim 40$℃ の温度について

$$D_v = 0.211 \, (T/T_0)^{1.94} (p_0/p) \tag{5.13}$$

で与えられる[22]．ここで，$T_0=273.15$ K，$p_0=1013.25$ hPa，D_v は cm^2 s^{-1} 単位である．

式 (5.12) において水蒸気場は定常で等方的と仮定して，$\nabla^2 \rho_v(R) = 1/R^2 \cdot \partial(R^2 \partial \rho_v / \partial R) = 0$ を解くと，

$$\rho_v(R) = \rho_{v\infty} - (\rho_{v\infty} - \rho_{vr}) r / R \tag{5.14}$$

を得る．なお，境界条件として，$R \to \infty$ で $\rho_v \to \rho_{v\infty}$（周囲の水蒸気密度），$R \to r$ で $\rho_v \to \rho_{vr}$（水滴表面の水蒸気密度）を用いている．$\rho_v(R)$ の分布は，図 5.4 上段のように，水滴に近い（R が小さい）ほど水蒸気密度の勾配 $\partial \rho_v / \partial R$ が

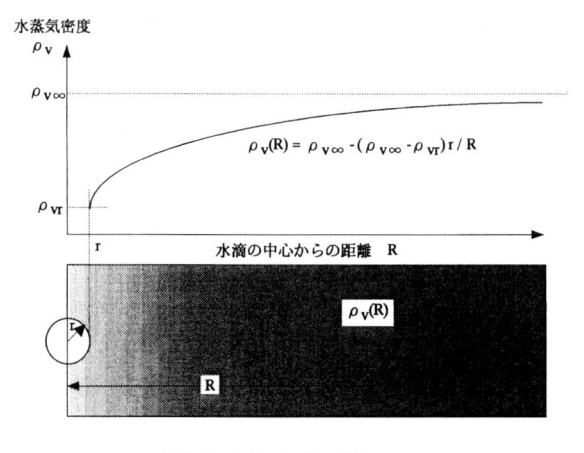

図 5.4 水滴の凝結成長モデル

大きい．また，式(5.14)から，$R=100r$ の距離における水蒸気密度 ρ_v は周囲の値 $\rho_{v\infty}$ に十分近いことがわかる．

さて，拡散によって水滴表面へやってくる水蒸気質量は，単位面積当たり単位時間当たり $D_v(\partial\rho_v/\partial R)_{R=r}$ である．これに水滴の表面積 $4\pi r^2$ を掛けると，水滴の質量増加率 dm/dt を表せる．

$$dm/dt = 4\pi r^2 \cdot D_v(\partial\rho_v/\partial R)_{R=r}. \tag{5.15}$$

すなわち，dm/dt を求めるには，水滴表面における $\partial\rho_v/\partial R$ (水蒸気密度の半径方向の勾配)を知る必要がある．

式(5.15)の ρ_v へ式(5.14)を代入して，

$$dm/dt = 4\pi r D_v(\rho_{v\infty} - \rho_{vr}) \tag{5.16}$$

を得る．この式から，

$\rho_{v\infty} > \rho_{vr}$ のとき，$dm/dt > 0$ (水滴は成長する)，

$\rho_{v\infty} < \rho_{vr}$ のとき，$dm/dt < 0$ (水滴は蒸発する)

となることがわかる．また，水滴の質量増加率 dm/dt が，半径 r に比例することに注目したい．水滴の表面積 $4\pi r^2$ が r^2 に比例し，水滴表面における水蒸気密度勾配 $(\partial\rho_v/\partial R)_{R=r}$ が $1/r$ に比例するためである．

さて，$\rho_{v\infty}$ は，周囲の状態(気圧，温度，相対湿度)によって決まり，既知である．一方，ρ_{vr} は，一般に水滴表面の温度，水滴の大きさ，化学成分に依存し，未知である．

水滴表面の温度を知るため，水滴-周囲間の熱の伝達を考える．水蒸気が水滴表面で凝結するとき，単位時間当たり $L_v dm/dt$ の凝結熱を水滴に与える．L_v は凝結熱であり，

$-20 \leq T_c \leq 40°C$ のとき，$L_v = 597.3 - 0.561 T_c$ \hfill (5.17 a)

$-44 \leq T_c \leq -20°C$ のとき，$L_v = a_1 + a_2 T_c + a_3 T_c^2 + a_4 T_c^3 + a_5 T_c^4 + a_6 T_c^5$

\hfill (5.17 b)

という式で与えられる[23]．ここで，T_c は°C単位，L_v は cal g^{-1} 単位，cal = 4.1868 J，$a_1 = -1412.3$，$a_2 = -338.82$，$a_3 = -122.347$，$a_4 = -0.7256$，$a_5 = -1.1595 \times 10^{-2}$，$a_6 = -7.313 \times 10^{-5}$ である．

さて，水滴に与えられる凝結熱は，水滴表面の温度 T_r を上昇させる．すると，水滴表面の水蒸気密度 ρ_{vr} が大きくなり，水蒸気の拡散は抑制される．水滴表面の温度 T_r と周囲の温度 T との間に温度差ができると，熱の拡散が生じる．熱の拡散は，単位時間当たり dQ/dt の熱で水滴を冷却し，水滴の温度上昇を抑

える.

そこで，式(5.15)と同様な熱についての拡散方程式を解くと，式(5.16)と同様な

$$dQ/dt = 4\pi r k_a (T_r - T) \tag{5.18}$$

を得る．ここで，k_a は湿潤空気の熱伝導率であり，

$$\left.\begin{array}{l} k_a = k_d[1-(1.17-1.02\,k_v/k_d)\rho_v\rho_a^{-1}], \\ k_d = (5.69+0.0168\,T_c)\times 10^{-5}, \\ k_v = (3.73+0.020\,T_c)\times 10^{-5} \end{array}\right\} \tag{5.19}$$

で表される[24]．式(5.19)においては，T_c は ℃ 単位，k_a，k_d（乾燥空気の熱伝導率），k_v（水蒸気の熱伝導率）は cal cm^{-1} s^{-1} ℃$^{-1}$，ρ_a は空気密度である．なお，通常の条件（$\rho_v \ll \rho_a$）では，$k_a \doteqdot k_d$ である．

したがって，水滴表面の温度変化率 dT_r/dt は，$L_v dm/dt - dQ/dt$ に比例する．定常的な水滴の成長過程では，$dT_r/dt = 0$ であるから，

$$L_v dm/dt = dQ/dt \tag{5.20}$$

となる．式(5.20)は，水滴の定常的な成長において水蒸気場（左辺）と温度場（右辺）とが満たすべき条件である．

式(5.20)に式(5.16)と式(5.18)を代入して整理すると，

$$(\rho_v - \rho_{vr})/(T_r - T) = k_a/(L_v D_v) \tag{5.21}$$

を得る．ここで，ρ_v と T は周囲の状態で既知であり，$k_a/(L_v D_v)$ は温度と気圧に弱く依存する定数で，ρ_{vr} と T_r は水滴表面における水蒸気密度と温度でそれぞれ未知である．式(5.21)から，水蒸気密度の差が大きい場合の凝結成長では，水滴表面と周囲との温度差も大きいことがわかる．

一方，ρ_{vr} と T_r との間には，水蒸気の状態方程式

$$\rho_{vr} = e_s'(r)/(R_v T_r) \doteqdot (1 + a/r - b/r^3) e_s(T_r)/(R_v T_r) \tag{5.22}$$

が成り立っている．ここで，$e_s(T_r)$ は温度 T_r における平面の水に対する飽和蒸気圧である．

式(5.21)と式(5.22)は，二つの未知変数 ρ_{vr}，T_r に関する連立方程式であるから，数学的に解くことができる．最終的な水滴の質量増加率 dm/dt は，

$$dm/dt = 4\pi r(S-1)/[\{L_v/(R_v T)-1\}L_v/k_a T + R_v T/\{D_v e_s(T)\}] \tag{5.23 a}$$

で与えられる．半径の小さな水滴について溶質効果と曲率効果とを含めると，

$$dm/dt = 4\pi r(S-1-a/r+b/r^3)/[\{L_v/(R_v T)-1\}L_v/k_a T + R_v T/\{D_v e_s(T)\}] \tag{5.23 b}$$

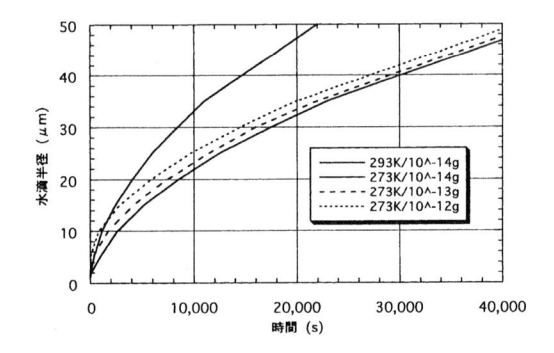

図 5.5 水滴の凝結成長の計算例[25]
気圧 900 hPa，過飽和度 0.05% の条件で，示された質量の NaCl を含んだ水滴が半径 0.75 μm から凝結成長するときの半径と時間との関係を，温度 273 K と 293 K について示している．

となる．

また，$dm = \rho_w 4\pi r^2 dr$ であるから，水滴半径の増加率 dr/dt は，

$$dr/dt = (S-1)/r\rho_w[\{L_v/(R_vT)-1\} \cdot L_v/k_aT + R_vT/\{D_v e_s(T)\}],$$
(5.24 a)

$$dr/dt = (S-1-a/r+b/r^3)/r\rho_w[\{L_v/(R_vT)-1\} \cdot L_v/k_aT + R_vT /\{D_v e_s(T)\}]$$
(5.24 b)

となる．式 (5.24 a) において半径 r 以外のパラメータを一定と仮定すると，$dr/dt \propto 1/r$，すなわち $r \propto t^{1/2}$ である．つまり，水滴半径 r が小さいとき，半径増加率 dr/dt は大きいが，半径 r が大きくなるにつれて dr/dt は小さくなる．図 5.5 の水滴の凝結成長の計算例[25]からもわかる．また，大きな質量の NaCl を含んだ水滴ほどはじめは急速に成長するが，半径 10 μm を越えると NaCl の質量に関係なくほとんど同じ成長率である．

5.4 水滴の落下速度

雲粒が凝結成長を続けると，半径と落下速度が大きくなる．両者の増加が，雲粒から雨粒への成長に重要である．また，地上で観測される降雨強度（単位面積当たり単位時間当たりの雨の質量）にも，水滴の落下速度が関係している．この節では，大気中の水滴の落下速度がどのように表されるかを示す．

地上における水滴の落下速度の実測値は，表 5.3 の通りである[26]．直径 0.2 mm で約 1 m s^{-1}，直径 1 mm で約 4 m s^{-1}，直径 3 mm で約 8 m s^{-1} である．大

5. 雲粒の発生と雨粒への成長

表 5.3 水滴の落下速度[26]

相当半径 (mm)	落下速度 (cm s^{-1})	質量 (μg)	相当半径 (mm)	落下速度 (cm s^{-1})	質量 (μg)
0.05	27	0.524	1.3	757	9200
0.10	72	4.19	1.4	782	11490
0.15	117	14.14	1.5	806	14140
0.20	162	33.5	1.6	826	17160
0.25	206	65.5	1.7	844	20600
0.30	247	113.1	1.8	860	24400
0.35	287	179.6	1.9	872	28700
0.40	327	268	2.0	883	33500
0.45	367	382	2.1	892	38800
0.50	403	524	2.2	898	44600
0.60	464	905	2.3	903	51000
0.70	517	1437	2.4	907	57900
0.80	565	2140	2.5	909	65500
0.90	609	3050	2.6	912	73600
1.0	649	4190	2.7	914	82400
1.1	690	5580	2.8	916	92000
1.2	727	7240	2.9	917	102200

測定条件：気圧 1013 hPa，温度 20℃，相対湿度 50%．

きな水滴ほど，落下速度が大きい．落下速度は，直径約 1 mm までは直径にほぼ比例して増加するが，その後落下速度の増加は鈍くなる．

水滴の落下速度の近似式には，

$$D = 0.06 \sim 0.58 \text{ cm のとき，} U = 965 - 1030 \exp(-6D), \quad (5.25)^{[27]}$$

$$D = 0.05 \sim 0.5 \text{ cm のとき，} U = 1767 \, D^{0.67} \quad (5.26)^{[28]}$$

がある．ここで，落下速度 U (cm s^{-1})，水滴直径 D (cm) の単位で表されている．これらの近似式による落下速度と表 5.3 の実測値とを，図 5.6 に示す．なお，上空（空気密度 ρ_a）における水滴の落下速度は，これらの近似式による落下速度に $(\rho_{a0}/\rho_a)^{0.4}$ を掛けて求められる．ここで，ρ_{a0} は 1013 hPa，20℃ における空気密度である[29]．

ここで，水滴の落下速度を理論的

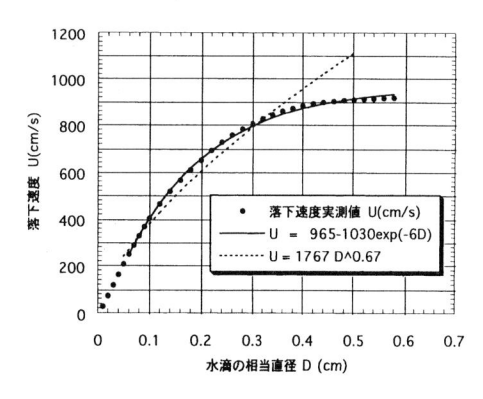

図 5.6 水滴の落下速度の近似式と実測値との比較
近似式：式 (5.25) と式 (5.26)，実測値：表 5.3[26]．

に考えてみる．落下速度の一般的な式が得られれば，実測とは違った条件における水滴の落下速度や実測が困難な粒径 10 μm 程度の雲粒の落下速度を求めることができる．

　いま，大気(密度 ρ_a，重力加速度 g) 中を落下している水滴(半径 r，密度 ρ_w)を考える．水滴に働く鉛直方向の力は，(a) 重力 $4/3 \cdot \pi r^3 \rho_w g$ (下向き)，(b) 浮力 $4/3 \cdot \pi r^3 \rho_a g$，(c) 抵抗力 F_d である．水滴の落下運動が定常状態となっているとき，これらの力は釣り合っており，

$$4/3 \cdot \pi r^3 (\rho_w - \rho_a) g = F_d \tag{5.27}$$

が成り立つ．このときの一定速度の落下速度 U を，終端速度(terminal velocity) という．

　抵抗力 F_d は，抵抗係数 C_d を用いて

$$F_d = 1/2 \cdot \pi r^2 U^2 \rho_a C_d \tag{5.28}$$

で表される．ここで，抵抗係数 C_d は無次元数である．

　一般に，抵抗力 F_d は，水滴周囲の流れのパタンに依存する．そこで，式 (5.28) に無次元数のレイノルズ数 $N_{Re} (= 2\rho_a U r / \eta_a$, η_a：空気の粘性係数) を含めて表現すると，抵抗力 F_d は

$$F_d = 6\pi \eta_a r U \cdot (C_d N_{Re}/24) \tag{5.29}$$

となる．ここで，空気の粘性係数 η_a (poise：g cm^{-1} s^{-1}) の温度依存性は，$\pm 0.002 \times 10^{-4}$ poise の精度で

$$\eta_a = (1.718 + 0.0049\, T_c) \times 10^{-4}, \qquad T_c(\text{℃}) \geqq 0\text{℃}, \tag{5.30 a}$$
$$\eta_a = (1.718 + 0.0049\, T_c - 1.2 \times 10^{-5}\, T_c^2) \times 10^{-4}, \quad T_c(\text{℃}) < 0\text{℃} \tag{5.30 b}$$

によって与えられる[30]．

　式 (5.29) を式 (5.27) へ代入して，

$$4/3 \pi r^3 (\rho_w - \rho_a) g = 6\pi \eta_a r U \cdot (C_d N_{Re}/24) \tag{5.31}$$

を得る．この式で，水滴と空気の物理量 ($r, \rho_w, \rho_a, \eta_a$) は既知である．したがって，抵抗係数 C_d とレイノルズ数 N_{Re} が関係した無次元数 $C_d N_{Re}/24$ が理論的・実験的に与えられれば，終端速度 U が求められる．

　水滴の落下速度式は，水滴周囲の流れのパタンに対応して，次の三つの水滴半径 r について与えられる[31]．

　(a) r : 0.5～10 μm (N_{Re} : 10^{-6}～0.01)，小さな雲粒

　非常に小さなレイノルズ数については，$C_d N_{Re}/24 = 1$ である[32]．つまり，式 (5.29) から水滴に働く抵抗力 F_d は，$6\pi \eta_a r U$ である．これをストークスの法則

(Stokes' law) という. ストークスの法則に従う水滴の落下速度 U_s は, 式(5.31)から

$$U_s = 2r^2 g(\rho_w - \rho_a)/(9\eta_a) \tag{5.32}$$

となる.

なお, 小さな水滴については, 空気分子の平均自由行程 λ_a に関係したカニングハム (Cunningham) 補正係数 $C_{sc}(=1+1.255\lambda_a/r)$ が必要となる. この補正をした終端速度 U は,

$$U = C_{sc} U_s \tag{5.33}$$

で与えられる[31]. 補正係数 C_{sc} は, $r=0.5\ \mu\mathrm{m}$ で1.17, $r=10\ \mu\mathrm{m}$ で1.01である.

図5.7に, $r=0.5\sim 10\ \mu\mathrm{m}$ の水滴の落下速度 U と補正係数 C_{sc} を示す. 落下速度 U は, r^2 に比例して大きくなる. しかし, 落下速度は, $r=10\ \mu\mathrm{m}$ の水滴で $1\ \mathrm{cm\ s^{-1}}$ 程度であり, 雲粒は空気中に浮かんでいると考えることができる.

なお, 平均自由行程 λ_a は,

$$\lambda_a = \lambda_{a0}(\eta_a/\eta_{a0})(p_0/p)(T/T_0)^{1/2} \tag{5.34}$$

から求められる. ここで, $\lambda_{a0} = 6.62 \times 10^{-6}\ \mathrm{cm}$, $\eta_{a0} = 1.818 \times 10^{-4}\ \mathrm{g\ cm^{-1}\ s^{-1}}$, $p_0 = 1013.25\ \mathrm{hPa}$, $T_0 = 293.15\ \mathrm{K}$ である.

(b) r: $10\ \mu\mathrm{m} \sim 0.5\ \mathrm{mm}$ (N_{Re}: $0.01\sim 300$), 大きな雲粒〜小さな雨粒

この範囲の大きさの水滴は, 球形として扱える. 重力と抵抗力との釣り合いを表す式(5.31)の両辺に ρ_a/η_a^2 を掛けて整理すると,

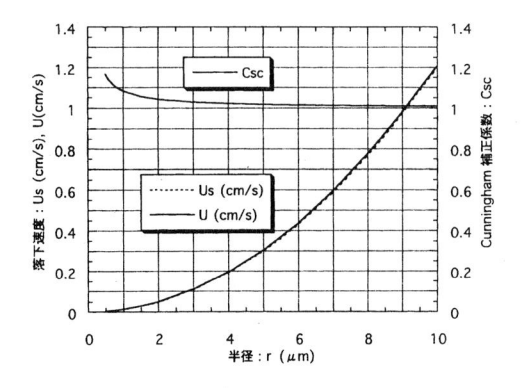

図5.7 半径 $0.5\sim 10\ \mu\mathrm{m}$ の水滴の落下速度 U (1013 hPa, 293.15 K)
U_s: ストークスの法則に従う水滴の落下速度, C_{sc}: 空気分子の平均自由行程 λ_a に関係したカニングハム補正係数.

$$N_{Da} \equiv C_d N_{Re}^2 = 32\rho_a(\rho_w - \rho_a)gr^3/(3\eta_a^2) \tag{5.35}$$

が求められる．この無次元数 $N_{Da} \equiv C_d N_{Re}^2$ は，デービス数またはベスト数と呼ばれる．デービス数 N_{Da} は，水滴と大気の物理量によって表現されている無次元数である．

デービス数 N_{Da} とレイノルズ数 N_{Re} という二つの無次元数の間の関係は，実験データから次式で表されている．$x = \ln(N_{Da})$ として，

$$N_{Re} = C_{sc} \exp(b_0 + b_1 x + b_2 x^2 + b_3 x^3 + b_4 x^4 + b_5 x^5 + b_6 x^6) \tag{5.36}$$

である．ここで，係数 $b_0, b_1, \cdots, b_6$ は，表5.4に示されている．

式(5.36)の関係を，落下速度を求めるのに用いることができる．すなわち，対象とする落下中の水滴についての物理量から，式(5.35)によってデービス数 N_{Da} がわかる．次に，式(5.36)によってレイノルズ数 N_{Re} が求められる．レイノルズ数は $N_{Re} = 2\rho_a U r/\eta_a$ であるから，落下速度 U は

$$U = \eta_a N_{Re}/(2\rho_a r) \tag{5.37}$$

表5.4 水滴の落下速度に関する係数[31]

	半径 10 μm〜0.5 mm	半径 0.5〜3.5 mm
b_0	-3.18657	-5.00015
b_1	0.992696	5.23778
b_2	-0.153193×10^{-2}	-2.04914
b_3	-0.987059×10^{-3}	0.475294
b_4	-0.578878×10^{-3}	-0.542819×10^{-1}
b_5	0.855176×10^{-4}	0.238449×10^{-2}
b_6	-0.327815×10^{-5}	

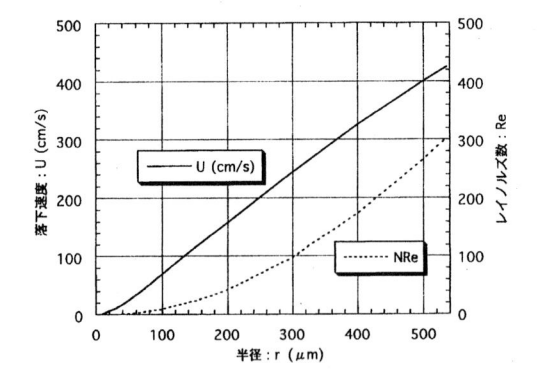

図5.8 半径 10 μm〜0.5 mm の水滴の落下速度 U とレイノルズ数 N_{Re} (1013 hPa, 293.15 K)

によって与えられる．

図 5.8 に，$r=10\,\mu\mathrm{m}\sim0.5\,\mathrm{mm}$ の水滴の落下速度 U を示す．この範囲の大きさの水滴の落下速度は，ほぼ半径 r に比例して大きくなる．

(c) $r:0.5\sim3.5\,\mathrm{mm}$ ($N_{Re}:300\sim4000$)，小さな雨粒～大きな雨粒

この範囲の大きさの水滴は，流体力学的な力を受けて変形し，図 5.9 のように球形ではなくなってくる．水滴の落下速度は，レイノルズ数 N_{Re}，ボンド数 $N_{Bo}=16(\rho_w-\rho_a)gr^2/(3\sigma)$，無名の物理パラメータ $N_P=\sigma^3\rho_a^2/[\eta_a^4(\rho_w-\rho_a)g]$ の三つの無次元数を用いて表現される．これらの無次元数の間の関係は，$x=\ln(N_{Bo}N_P^{1/6})$ として，実験データから

$$N_{Re}=N_P^{1/6}\exp(b_0+b_1x+b_2x^2+b_3x^3+b_4x^4+b_5x^5) \tag{5.38}$$

と表される．ここで，係数 $b_0, b_1, \cdots, b_5$ は，表 5.4 に示されている．

したがって，対象とする落下中の水滴についての物理量から二つの無次元数 N_{Bo}, N_P がわかり，次に式 (5.38) によってレイノルズ数 N_{Re} が計算され，式 (5.37) によって落下速度 U が求められる．図 5.10 に，$r=0.5\sim3.5\,\mathrm{mm}$ の水滴の落下速度 U を示す．この範囲の大きさの水滴の落下速度は，ほぼ $r^{1/2}$ に比例して大きくなる．

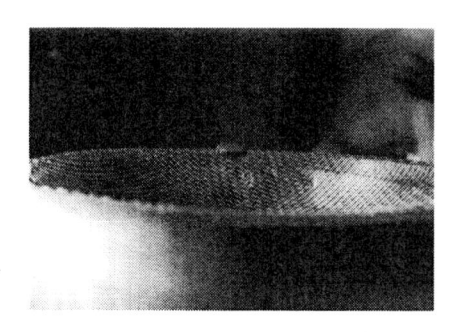

図 5.9 落下中の水滴の形
風速約 $9\,\mathrm{m\,s^{-1}}$ の中で浮遊している相当直径 7 mm の水滴．大きな水滴では，底の部分が平らになっている．

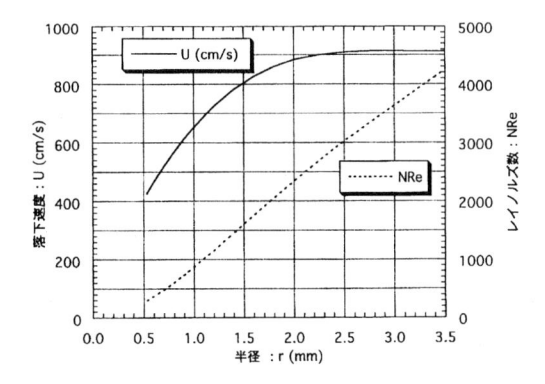

図 5.10 半径 $0.5\sim3.5\,\mathrm{mm}$ の水滴の落下速度 U とレイノルズ数 N_{Re} (1013 hPa，293.15 K)

この粒径範囲の水滴については，レイノルズ数 N_{Re} が十分大きいため，抵抗係数 $C_d \fallingdotseq 0.45$ として式 (5.31) から

$$U = k_2 r^{1/2}, \tag{5.39}$$
$$k_2 = 2.2 \times 10^3 (\rho_0/\rho)^{1/2} \, (\mathrm{cm^{1/2}\,s^{-1}}) \tag{5.40}$$

として落下速度 $U\,(\mathrm{cm\,s^{-1}})$ を求める方法もある[33]．ここで，r は水滴半径 (cm)，ρ_0 は基準空気密度 $1.20\,\mathrm{kg\,m^{-3}}$，$\rho$ は空気密度である．$0.6 \sim 2\,\mathrm{mm}$ の水滴半径についての実測データからは，$k_2 \fallingdotseq 2.01 \times 10^3\,\mathrm{cm^{1/2}\,s^{-1}}$ とした式 (5.39) が近似式である．

なお，水滴半径 $40\,\mu\mathrm{m} \sim 0.6\,\mathrm{mm}$ の落下速度について，実測データから

$$U = k_3 r \tag{5.41}$$

の近似式が示されている[33]．ここで，U は落下速度 $(\mathrm{cm\,s^{-1}})$，$k_3 = 8 \times 10^3\,\mathrm{s^{-1}}$，$r$ は水滴半径 (cm) である．

5.5　水滴の衝突併合成長

雲粒の典型的な大きさは $\sim 10\,\mu\mathrm{m}$，雨粒の典型的な大きさは $\sim 1\,\mathrm{mm}$ である (図5.11)．大きさの比で ~ 100 倍，質量の比で $\sim 10^6$ 倍の違いがある．凝結成長によって雲粒が数 $10\,\mu\mathrm{m}$ の大きさまで成長するが，さらに雨粒の大きさまで成長するためには次のメカニズムが必要である．それは，水滴同士が衝突して併合し，より大きな水滴に成長する衝突併合過程 (collision-coalescence process) である．

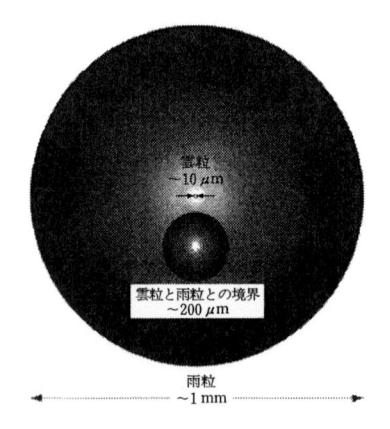

図5.11　雲粒と雨粒との大きさの比較

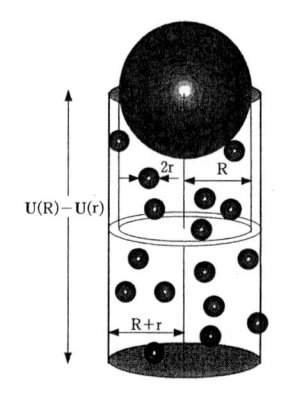

図5.12　衝突の模式図

5. 雲粒の発生と雨粒への成長

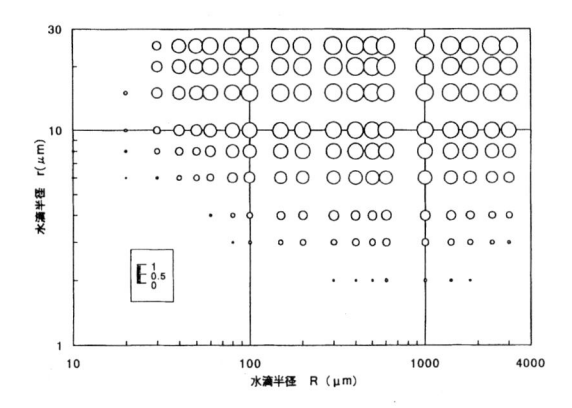

図 5.13 半径 R と半径 r の水滴間の衝突係数[33]

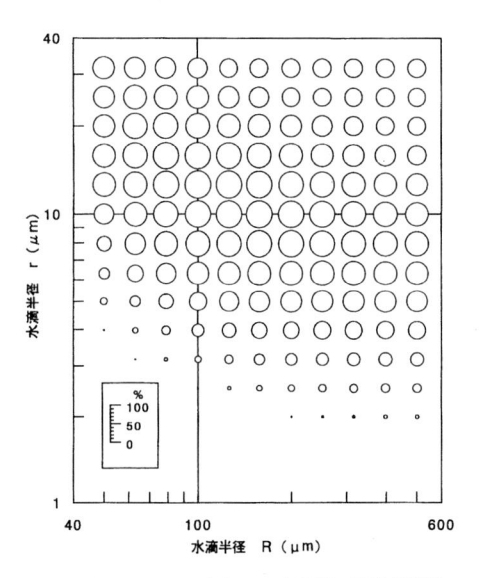

図 5.14 半径 R と半径 r の水滴間の捕捉係数[34]

図 5.12 は，大きな水滴(半径 R)が小さな水滴(半径 r)と連続的に衝突・併合して成長するモデル：連続衝突モデル(continuous collision model)である．衝突には，断面積 $\pi(R+r)^2$ と落下速度差 $U(R)-U(r)$ が関係する．大きな水滴が単位時間に落下する間に，幾何学的には図の体積($V_c=\pi(R+r)^2[U(R)-U(r)]$)内にある小さな水滴が大きな水滴に衝突する．この体積は，衝突体積(sweepout volume)と呼ばれる．

小さな水滴には粒径分布があり，半径が $r \sim r+dr$ 内にある小さな水滴の数濃度は $n(r)dr$ で表される．したがって，単位時間に大きな水滴と衝突する半径 $r \sim r+dr$ 内の小さな水滴の数は，$\pi(R+r)^2[U(R)-U(r)]n(r)dr$ である．

実際には，小さな水滴は空気とともに大きな水滴をまわり込んで流れるため，衝突体積内にある小さな水滴全部が大きな水滴と衝突するわけではない．衝突体積内にある小さな水滴数に衝突係数(collision efficiency) E を掛けた水滴数が，

大きな水滴に衝突する．図 5.13 に，半径 R と半径 r の水滴間の衝突係数を示す[33]．R が約 30 μm 以上で衝突係数が大きくなりはじめ，$R \geqq 100$ μm で $r \geqq 10$ μm のときに衝突係数は 0.8 以上になる．

また，衝突する水滴数に付着係数 (coalescence efficiency) ε を掛けたものが，衝突後大きな水滴に併合する．衝突係数 E と付着係数 ε との積を，捕捉係数 (collection efficiency) $E_c = E\varepsilon$ という．図 5.14 に，半径 R と半径 r の水滴間の捕捉係数を示す[34]．捕捉係数は，$R = 126$ μm，$r = 10$ μm 付近で最大値約 70% である．また，付着係数は，r/R が小さいほど 100% に近い．なお，この図のもとになった衝突係数，付着係数，捕捉係数のデータは，付録 A-4.3 に示した．

さて，捕捉係数を考慮すると，単位時間に大きな水滴と衝突して併合する小さな水滴数は $E_c \pi (R+r)^2 [U(R) - U(r)] n(r) dr$ である．衝突併合する半径 r の小さな水滴 1 個は，大きな水滴の体積 V を $4/3 \cdot \pi r^3$ だけ増加させる．したがって，衝突併合による単位時間当たりの大きな水滴の体積の増加 dV/dt は，

$$dV/dt = \int_0^R 4/3 \cdot \pi r^3 E_c \pi (R+r)^2 [U(R) - U(r)] n(r) dr \tag{5.42}$$

で与えられる[33]．ここで，$dV = 4\pi R^2 dR$ であるから，衝突併合成長をしている大きな水滴の半径の増加 dR/dt は，

$$dR/dt = \pi/3 \cdot \int_0^R E_c [(R+r)/R]^2 [U(R) - U(r)] r^3 n(r) dr \tag{5.43}$$

で与えられる．式 (5.43) において $U(r) \fallingdotseq 0$，$R + r \fallingdotseq R$ と近似すると，

$$dR/dt = E_{cm} M U(R)/(4\rho_w) \tag{5.44}$$

を得る．ここで，E_{cm} は捕捉係数の平均値，M は雲水量 $= \int_0^\infty 4\pi/3 \cdot r^3 \rho_w n(r) dr$ である．雲水量 M が大きいほど，また落下速度 $U(R)$ が大きいほど，半径増加率 dR/dt は大きい．半径 R が増加すると，落下速度 $U(R)$ が増加し，さらに半径増加率 dR/dt が大きくなる．つまり，この成長は加速度的である．衝突併合成長の著しい性質である．

式 (5.44) における落下速度 $U(R)$ に式 (5.41)：$U = k_3 R$ を代入し，$E_{cm} M = $ 一定とおくと，

$$R(t) = R(0) \exp(at) \tag{5.45}$$

を得る．ここで，$a = k_3 E_{cm} M / (4\rho_w)$ である．水滴半径 R が時間とともに指数関数的に増大する傾向が示される．

衝突併合成長している水滴は，半径 R を増加させながら落下している．そこで，水滴半径 R の高度変化率 dR/dz を求める[33]．dR/dz は，半径増加率 dR/dt を用いて

$$dR/dz = dR/dt \cdot (dt/dz) = dR/dt \cdot [1/\{w - U(R)\}] \tag{5.46}$$

として表される．ここで，w は上昇流である．

式 (5.44) の dR/dt を式 (5.46) へ代入すると，

$$dR/dz = E_{cm}M/(4\rho_w) \cdot [U(R)/\{w - U(R)\}] \tag{5.47}$$

を得る．これが衝突成長している水滴の半径 R の高度変化率である．

式 (5.47) から，上昇流が水滴の落下速度よりも大きい $w > U(R)$ の場合には，$dR/dz > 0$，すなわち水滴は高度を上昇させながら衝突成長している．逆に，上昇流が水滴の落下速度よりも小さい $w < U(R)$ の場合には，水滴は下降しながら衝突成長する．

なお，水滴の落下速度に比べて非常に小さい上昇流の場合 ($w \ll U(R)$) には，式 (5.47) は

$$dR/dz = -E_{cm}M/(4\rho_w) \tag{5.48}$$

となる．

【問題 5.5】 水滴の落下速度に比べて非常に小さい上昇流と一定の雲水量：$1\,\mathrm{g\,m^{-3}}$ をもった雲層がある．この雲の中で，半径 $100\,\mu\mathrm{m}$ の水滴が落下しながら衝突成長している．水滴が $1000\,\mathrm{m}$ 落下したとき，その半径はどのくらいになるか．ただし，捕捉係数は 0.7 で一定とする．

【解答】 $w \ll U(R)$ の場合の水滴半径の高度変化率の式 (5.48) に，$E_{cm} = 0.7$，$M = 10^{-3}\,\mathrm{kg\,m^{-3}}$，$\rho_w = 10^3\,\mathrm{kg\,m^{-3}}$ を代入する．$dR/dz = -0.7 \times 10^{-3}\,\mathrm{kg\,m^{-3}}/(4 \times 10^3\,\mathrm{kg\,m^{-3}}) = -1.75 \times 10^{-7}$．積分すると，$R = R_0 - 1.75 \times 10^{-7}\,z$．$R_0 = 100\,\mu\mathrm{m} = 10^{-4}\,\mathrm{m}$，$z = -1000\,\mathrm{m}$ を代入して，$R = 10^{-4}\,\mathrm{m} + 1.75 \times 10^{-4}\,\mathrm{m} = 275\,\mu\mathrm{m}$．つまり，半径 $100\,\mu\mathrm{m}$ の水滴が衝突成長しながら $1000\,\mathrm{m}$ 落下したとき，半径は $275\,\mu\mathrm{m}$ に増加する．

【問題 5.6】 雲水量 LWC が $0.4\,\mathrm{g\,m^{-3}}$ の雲について，雲粒数濃度 N_c が $1000\,\mathrm{cm^{-3}}$ と $100\,\mathrm{cm^{-3}}$ の場合の雲粒半径 r_{1000} と r_{100} を計算せよ．ただし，雲水量はすべて同じ大きさの雲粒質量の合計に等しいとする．

【解答】 雲水量 LWC は，単位体積当たりの全雲粒の質量であるから，

$$LWC(\mathrm{g\,m^{-3}}) \times 10^{-6} = N_c(\mathrm{cm^{-3}}) \times 4\pi r^3/3 \times \rho_w(\mathrm{g\,cm^{-3}}),$$
$$r = [3 \times LWC \times 10^{-6}/(4\pi \rho_w N_c)]^{1/3}\,(\mathrm{cm}).$$

上式に $LWC = 0.4\,\mathrm{g\,m^{-3}}$，$\rho_w = 1\,\mathrm{g\,cm^{-3}}$，$N_c = 1000\,\mathrm{cm^{-3}}$ を代入して，

$$r_{1000} = [3 \times 0.4 \times 10^{-6}/(4\pi \times 1 \times 1000)]^{1/3}\,(\mathrm{cm}).$$
$$\therefore r_{1000} = 4.6 \times 10^{-4}\,\mathrm{cm} = 4.6\,\mu\mathrm{m}.$$

$N_c = 100\,\mathrm{cm^{-3}}$ を代入して，

$$r_{100} = [3 \times 0.4 \times 10^{-6}/(4\pi \times 1 \times 100)]^{1/3}\,\mathrm{cm}.$$
$$\therefore r_{100} = 9.8 \times 10^{-3}\,\mathrm{cm} = 9.8\,\mu\mathrm{m}.$$

【問題 5.7】 前問で求められた半径 r_{1000} と r_{100} の水滴の落下速度 U_{1000} と U_{100} を，式 (5.33) を

用いて計算せよ．ただし，気圧 1013.25 hPa，気温 20℃ とする．

【解答】 最初に，式 (5.33)：$U=C_{sc}U_s$ における C_{sc} を計算する．

$$C_{sc}(r_{1000})=(1+1.255\lambda_a/r_{1000})$$
$$=[1+1.255\times 6.62\times 10^{-6}(\text{cm})/4.6\times 10^{-4}(\text{cm})]$$
$$\therefore C_{sc}(r_{1000})\fallingdotseq 1.018.$$
$$C_{sc}(r_{100})=(1+1.255\lambda_a/r_{10000})$$
$$=[1+1.255\times 6.62\times 10^{-6}(\text{cm})/9.8\times 10^{-4}(\text{cm})]$$
$$\therefore C_{sc}(r_{100})\fallingdotseq 1.008.$$

次に，式 (5.33)：$U=C_{sc}U_s$ における U_s を計算する．

$$U_s(r_{1000})=2(r_{1000})^2 g(\rho_w-\rho_a)/(9\eta_a)$$
$$\fallingdotseq 2\times [4.6\times 10^{-4}\text{ (cm)}]^2 \times 980(\text{cm s}^{-2})\times 1(\text{g cm}^{-3})$$
$$/[9\times (1.718+0.0049\times 20)\times 10^{-4}(\text{g cm}^{-1}\text{ s}^{-1})]$$
$$=4.15\times 10^{-4}\text{ (g s}^{-2})/[1.63\times 10^{-3}(\text{g cm}^{-1}\text{ s}^{-1})]$$
$$=0.25\text{ cm s}^{-1},$$
$$\therefore U_s(r_{1000})=0.25\text{ cm s}^{-1}.$$
$$U_s(r_{100})=2(r_{100})^2 g(\rho_w-\rho_a)/(9\eta_a)$$
$$\fallingdotseq 2\times [9.8\times 10^{-4}\text{ (cm)}]^2 \times 980(\text{cm s}^{-2})\times 1(\text{g cm}^{-3})$$
$$/[9\times (1.718+0.0049\times 20)\times 10^{-4}(\text{g cm}^{-1}\text{ s}^{-1})]$$
$$=1.88\times 10^{-3}\text{ (g s}^{-2})/[1.63\times 10^{-3}(\text{g cm}^{-1}\text{ s}^{-1})]$$
$$=1.15\text{ cm s}^{-1},$$
$$\therefore U_s(r_{100})=1.15\text{ cm s}^{-1}.$$

したがって，式 (5.33)：$U=C_{sc}U_s$ から，

$$U_{1000}=C_{sc}(r_{1000})U_s(r_{1000})\fallingdotseq 1.018\times 0.25\text{ cm s}^{-1},$$
$$\therefore U_{1000}\fallingdotseq 0.26\text{ cm s}^{-1}.$$
$$U_{100}=C_{sc}(r_{100})U_s(r_{100})\fallingdotseq 1.008\times 1.15\text{ cm s}^{-1},$$
$$\therefore U_{100}\fallingdotseq 1.16\text{ cm s}^{-1}.$$

文 献

1) Huschke, R. E. ed., 1959 : *Glossary of Meteorology*. Amer. Meteor. Soc., 638pp.
2) 西永 頌編著，1997：結晶成長の基礎．培風館，38-61.
3) Rogers, R. R. and M. K. Yau, 1989 : *A Short Course in Cloud Physics*. 3rd ed., Pergamon Press, 81-120.
4) Pruppacher, H. R. and J. D. Klett, 1980 : *Microphysics of Clouds and Precipitation*. Reidel Publishing Company, 104.
5) Miller, R. C., R. J. Anderson, J. L. Kassner, Jr. and D. E. Hagen, 1983 : Homogeneous nucleation rate measurements for water over a wide range of temperature and nucleation rate. *J. Chem. Phys.*, **78**, 3204-3211.
6) Politovich, M. K. and W. A. Cooper, 1988 : Variability of the supersaturation in cumulus clouds. *J. Atmos. Sci.*, **45**, 1651-1664.
7) Gerber, H., 1991 : Supersaturation and droplet spectral evolution in fog. *J. Atmos. Sci.*, **48**, 2569-2588.
8) Low, R. D. H., 1969a : A generalized equation for the solution effect in droplet growth. *J. Atmos. Sci.*, **26**, 608-611.
9) Low, R. D. H., 1969b : A theoretical study of nineteen condensation nuclei. *J. Rech. Atmos.*, **4**,

65-78.
10) Twomey, S., 1977 : *Atmospheric Aerosols*. Elsevier, 302pp.
11) Pruppacher, H. R. and J. D. Klett, 1997 : *Microphysics of Clouds and Precipitation*. 2nd rev. and enl. ed., Kluwer Academic Publishers, 216-286.
12) 高橋幹二, 1982：改著 基礎エアロゾル工学. 養賢堂, 236pp.
13) 三崎方郎, 1981：エアロゾルの挙動. 気象研究ノート, **142**, 1-88.
14) 伊藤朋之, 1988：対流圏エーロゾル. 南極の科学3 気象, 国立極地研究所編, 古今書院, 221-255.
15) 三崎方郎, 1992：微粒子が気候を変える. 中央公論社, 202pp.
16) Hegg, D. A. and P. V. Hobbs, 1992 : Cloud condensation nuclei in the marine atmosphere : A review. *Nucleation and Atmospheric Aerosols*, N. Fukuta and P. E. Wagner, Eds., A. Deepak Publishing, 181-192.
17) Twomey, S. and T. A. Wojciechowski, 1969 : Observations of the geographical variation of cloud nuclei. *J. Atmos. Sci.*, **26**, 684-688.
18) Pruppacher, H. R. and J. D. Klett, 1997 : *Microphysics of Clouds and Precipitation*. 2nd rev. and enl. ed., Kluwer Academic Publishers, 287-360.
19) Twomey, S., 1959 : The nuclei of natural cloud formation. part 2 : The supersaturation in natural clouds and the variation of cloud droplet concentration. *Geofis. Pure Appl.*, **43**,243-249.
20) Pruppacher, H. R. and J. D. Klett, 1997 : Microphysics of clouds and precipitation. 2nd rev. and enl. ed., Kluwer Academic Publishers, 512-531.
21) Twomey, S. and J. Warner, 1967 : Comparison of measurements of cloud droplets and cloud nuclei. *J. Atmos. Sci.*, **24**, 702.
22) Hall, W. D. and H. R. Pruppacher, 1976 : The survival of ice particles falling from cirrus clouds in subsaturated air. *J. Atmos. Sci.*, **33**, 1995-2006.
23) Pruppacher, H. R. and J. D. Klett, 1997 : *Microphysics of Clouds and Precipitation*. 2nd rev. and enl. ed., Kluwer Academic Publishers, 97.
24) Beard, K. V. and H. R. Pruppacher, 1971 : A wind tunnel investigation of the rate of evaporation of small water drops falling at terminal velocity in air. *J. Atmos. Sci.*, **28**, 1455-1464.
25) Best, A. C., 1951 : The size of cloud droplets in layer cloud. *Quart. J. Roy. Meteor. Soc.*, **77**, 241-248.
26) Gunn, R. and G. D. Kinzer, 1949 : The terminal velocity of fall for water droplets in stagnant air. *J. Meteor.*, **6**, 243-248.
27) Atlas, D., R. C. Srivastava and R. S. Sekon, 1973 : Doppler radar characteristics of precipitation at vertical incidence. *Rev. Geophysics. Space Physics.*, **11**, 1-35.
28) Atlas, D. and C. W. Ulbrich, 1977 : Path-and Aera-Integrated rainfall measurement by microwave attenuation in the 1-3cm band. *J. Appl. Meteor.*, **16**, 1322-1331.
29) Foote, G. B. and P. S. du Toit, 1969 : Terminal velocity of raindrops aloft. *J. Appl. Meteor.*, **8**, 249-253.
30) Pruppacher, H. R. and J. D. Klett, 1997 : *Microphysics of Clouds and Precipitation*. 2nd rev. and enl. ed., Kluwer Academic Publishers, 417.
31) Beard, K. V., 1976 : Terminal velocity and shape of cloud and precipitation drops aloft. *J. Atmos. Soc.*, **33**, 851-864.
32) 今井 功, 1973：流体力学前編. 裳華房, 313-322.
33) Rogers, R. R. and M. K. Yau, 1989 : *A Short Course in Cloud Physics*. 3rd ed., Pergamon Press, 121-149.
34) Beard, K. V. and H. T. Ochs III, 1984 : Collection and coalescence efficiencies for accretion. *J. Geophys. Res.*, **89**, D5, 7165-7169.

第 3 部 微 物 理

6

氷晶の発生と降雪粒子への成長

　氷粒子が関係した過程によって作られる降水を冷たい雨 (cold rain) という．日本列島における降水の大部分は冷たい雨である．6章では，冷たい雨の形成に関する微物理過程を説明する．

● 本章のポイント ●

氷晶のニュークリエーション：多様な不均一ニュークリエーション
氷晶核：　　　　　　　　おもに粘土鉱物粒子
氷粒子の昇華成長：　　　－15℃付近で成長最大
氷粒子の雲粒捕捉成長：　あられ形成へ加速度的成長
氷粒子の併合成長：　　　氷晶数濃度が重要
氷粒子の落下速度：　　　N_{Da}-N_{Re}関係式

6.1　氷晶のニュークリエーション

　水蒸気または液体の水から氷晶が生成されることを，氷晶のニュークリエーション (nucleation, 核形成または核生成) という．ニュークリエーションに

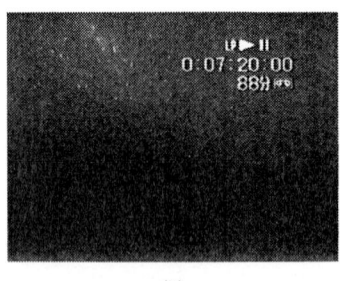

(a)　　　　　　　　　　　　　　(b)

図 6.1　均一ニュークリエーションによる氷晶生成実験
(a) 気泡シート (エアパッキン) をつぶす直前の過冷却水滴で充満したアイスボックス (約 －20℃)．観察しやすくするため，左から画面上半分に光を照らしている．(b) 均一ニュークリエーションの約1分後，発生した氷晶がキラキラ輝いて見える．

よって，水分子が自由に運動・配置している状態から規則正しく並んでいる状態へ変わる．ニュークリエーションには，不純物の影響を受けた不均一ニュークリエーション (heterogeneous nucleation) とその影響を受けない均一ニュークリエーション (homogeneous nucleation) がある．

均一ニュークリエーションによる氷晶発生は，過冷却水滴が $-40°C$ 程度に強く冷却されたときに現れる[1]．図 6.1 は，アイスボックスの中で均一ニュークリエーションによって発生した多数の氷晶である．アイスボックスの中で気泡シート（エアパッキン）をつぶすことによって，空気の断熱膨張に伴う温度低下によって微水滴が生成され，引き続いて均一ニュークリエーションによる氷晶が発生したものである．大気中においても，地形性の波状雲 (orographic wave clouds) のライダー観測や航空機観測などから，$-40°C$ に近い低温の雲内で均一ニュークリエーションによる氷晶発生があると考えられている[2,3]．

不均一ニュークリエーションによる氷晶発生は，約 $-40°C$ よりも暖かい温度において現れる．不均一ニュークリエーションでは，雲粒形成における凝結核と同様に，氷晶核 (ice nuclei, ice forming nuclei) と呼ばれる微粒子が氷晶形成を助ける．不均一ニュークリエーションには，以下の四つのモードがある[4~7]．

(a) 昇華凝結 (deposition)：氷過飽和の水蒸気密度の環境で，氷晶を形成する（図 6.2 a）．

(b) 凝結凍結 (condensation freezing)：水飽和以上の水蒸気密度の環境で，凝結に引き続いて凝結水滴が凍結する（図 6.2 b）．

(c) 接触凍結 (contact freezing)：微粒子と過冷却水滴とが接触して，水滴が

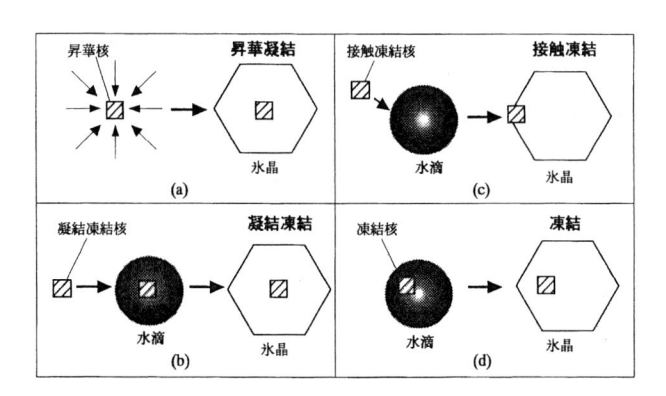

図 6.2 不均一ニュークリエーションのモードと氷晶核の種類（文献 5）の図を改変）
(a) 昇華凝結, (b) 凝結凍結, (c) 接触凍結, (d) 凍結.

凍結する(図6.2c).

(d) 凍結(immersion freezing): 水滴の内部にある微粒子によって,十分低温になったとき過冷却水滴が凍結する(図6.2d).

各モードの氷晶核は,それぞれ昇華核(deposition or sorption-nuclei),凝結凍結核(condensation freezing nuclei),接触凍結核(contact nuclei),凍結核(immersion nuclei)と呼ばれている.

6.2 氷 晶 核

この節では,氷晶核の数濃度,成分,二次氷晶について説明する.

6.2.1 氷晶核数濃度

氷晶核数濃度には,温度依存性と湿度依存性があることが知られている.

図6.3は,氷晶核数濃度の温度依存性を示している.氷晶核数濃度は,-20℃で1個 L^{-1} のオーダーであり,温度の低下とともに急増する傾向が見られる[8].氷晶核数濃度の測定値に見られる約2桁の変動幅は,測定方法や場所,気象条件などの違いのためと考えられている.

温度 T より暖かい温度で活性化する氷晶核数濃度 N_{IN} (L^{-1}) は,

$$N_{IN}=A\exp(\beta\varDelta T) \quad (6.1)$$

という式で表される[9].ここで,A は 10^{-5}(L^{-1}),β は 0.6 (℃$^{-1}$),$\varDelta T=T_0-T$(℃),$T_0=0$℃ である.米国モンタナ州の対流圏下層における航空機による氷晶核の観測では,$A=2\times10^{-4}$(L^{-1}),$\beta=0.3$(℃$^{-1}$)という結果が示されている[10].

また,氷晶核数濃度 N_{IN} (L^{-1}) の湿度依存性は,

$$N_{IN}=Cs_i{}^a \quad (6.2)$$

で表現されている[11].ここで,s_i は氷飽和に対する過飽和度(%),C は定数,a:各地の空気によって 3～8(都市域ほど大きい)である.

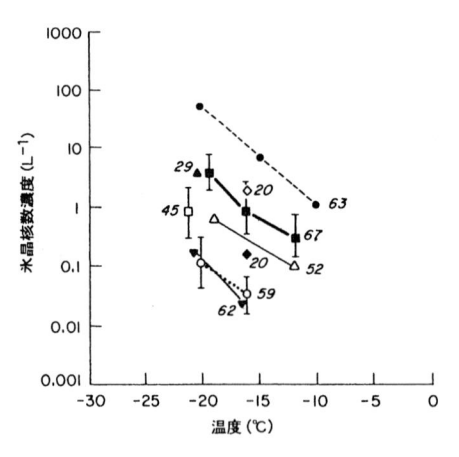

図6.3 氷晶核数濃度の温度依存性[8]
数字は文献を示す.20:Hussain and Saunders, 1984;29:Berteand et al., 1973;45:Zamurs and Jiusto, 1982;52:Stein and Georgii, 1981;59:Hobbs et al., 1978;62:Dye and Breed, 1979;63:Admirat, 1978;67:Vali et al., 1984.

なお，式(6.2)は水飽和未満の湿度における昇華核についての式である．

【問題 6.1】 $-10℃$，$-20℃$，$-30℃$ における氷晶核数濃度 N_{IN} を，式(6.1)によって計算せよ．

【解答】 $N_{IN}(-10℃)=10^{-5}\exp(0.6×10)=4×10^{-3}\,(\mathrm{L}^{-1})$，
$N_{IN}(-20℃)=10^{-5}\exp(0.6×20)=1.6\,(\mathrm{L}^{-1})$，
$N_{IN}(-30℃)=10^{-5}\exp(0.6×30)=6.57×10^{2}\,(\mathrm{L}^{-1})$．

凝結核数濃度の〜$100\,\mathrm{cm}^{-3}$ に比べると，$-20℃$ よりも暖かい温度では氷晶核数濃度 N_{IN} は非常に小さい．

6.2.2 氷晶核の成分

図 6.4 は，北海道，本州，米国ミシガン州ホートンで観測された氷晶核物質の内訳を示している．氷晶核の成分は，おもにカオリナイト (kaolinite)，モンモリロナイト (montmorillonite) など粘土鉱物粒子 (clay-mineral particles) である．実験によると，カオリナイトなどの各種鉱物物質が $-10℃$ 前後の温度で氷晶を形成する[12,13]．また，野外観測で採集された雪結晶の中心部分に粘土鉱物粒子があることが電子顕微鏡を用いて特定されている[14]．さらに，氷晶核の空間的時間的変動の気象解析によって，大気中のおもな氷晶核は乾燥地帯から吹き上げられる土壌鉱物および火山灰であると考えられている[15]．地表面から大気中へ運ばれた粘土鉱物粒子が氷晶を生成し，冷たい雨の形成に関わっている．

このほか，ある種の微生物（氷核活性細菌）や有機物質にも氷晶核の能力があることが知られている[16〜18]．

人工的に作られた物質で氷晶核として有効なものには，ヨウ化銀 (AgI)，ヨウ化鉛 (PbI)，メタアルデヒド (metaldehyde, $(CH_3CHO)_4$)，1,5-ジヒドロキシナ

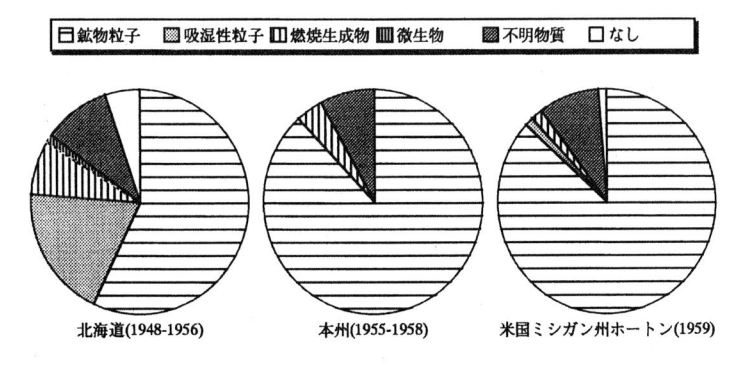

図 6.4 氷晶核の成分[14,15]

フタリン (1,5-dihydroxynaphthalene, $C_{10}H_6(OH)_2$) などがある．ヨウ化銀は，その著しい氷晶生成能力のため人工降雨 (artificial rainfall) の作業物質として用いられてきている．

6.2.3 二次氷晶

氷晶はおもに氷晶核が関係したニュークリエーションによって作られるが，氷晶数濃度が氷晶核数濃度の数桁以上大きな氷晶数濃度にもなる雲がある[19~21]．

この高い氷晶数濃度を説明するため，(a) ハレット-モソップのスプリンターメカニズム (Hallett-Mossop splinter mechanism)（$-3 \sim -8$℃ の温度で直径 23 μm より大きな過冷却水滴が氷粒子に $1.4 \mathrm{~m~s}^{-1}$ 以上の速さで衝突するときに，小さな氷晶が生成される）[22~24]，(b) 氷晶同士の衝突による氷晶の破片[25~27]，(c) 水滴が凍結するときに放出される氷晶の破片[28] などの二次氷晶 (secondary ice particles) の生成メカニズムが提出されている．しかし，これらのメカニズムによってある種の雲における高い氷晶数濃度を説明することは，まだ十分ではない．

6.3 昇 華 成 長

ニュークリエーションによって発生した氷晶は，昇華成長 (depositional growth) によって雪結晶へと成長する．雪結晶は，落下しつつ雲粒捕捉成長や衝突併合成長によってあられ (graupel) や雪片 (snowflake) へと成長していく．昇華成長は冷たい雨の出発点として重要である．

6.3.1 雪結晶の形

昇華成長では，水分子が拡散 (diffusion) によって周囲の水蒸気場から氷粒子表面へ移動する．氷晶の質量が増えて大きくなるにつれて特徴的な形が現れてくる．

図 6.5 は，温度約 $-3 \sim -24$℃ の水飽和の環境で約 2 分間成長した雪結晶である．温度による雪結晶の形の変化が著しい．-3℃ 付近で角板状で，温度の低下とともに角柱状，角板状，角柱状へと変化する．このような結晶面の相対的な大きさによって生ずる外形の変化を晶癖変化 (crystal habit changes) という[29]．雪結晶には，0℃ から温度の低下とともに角板→角柱→角板→角柱と 3 回の晶癖変化がある．

6. 氷晶の発生と降雪粒子への成長　　　　　75

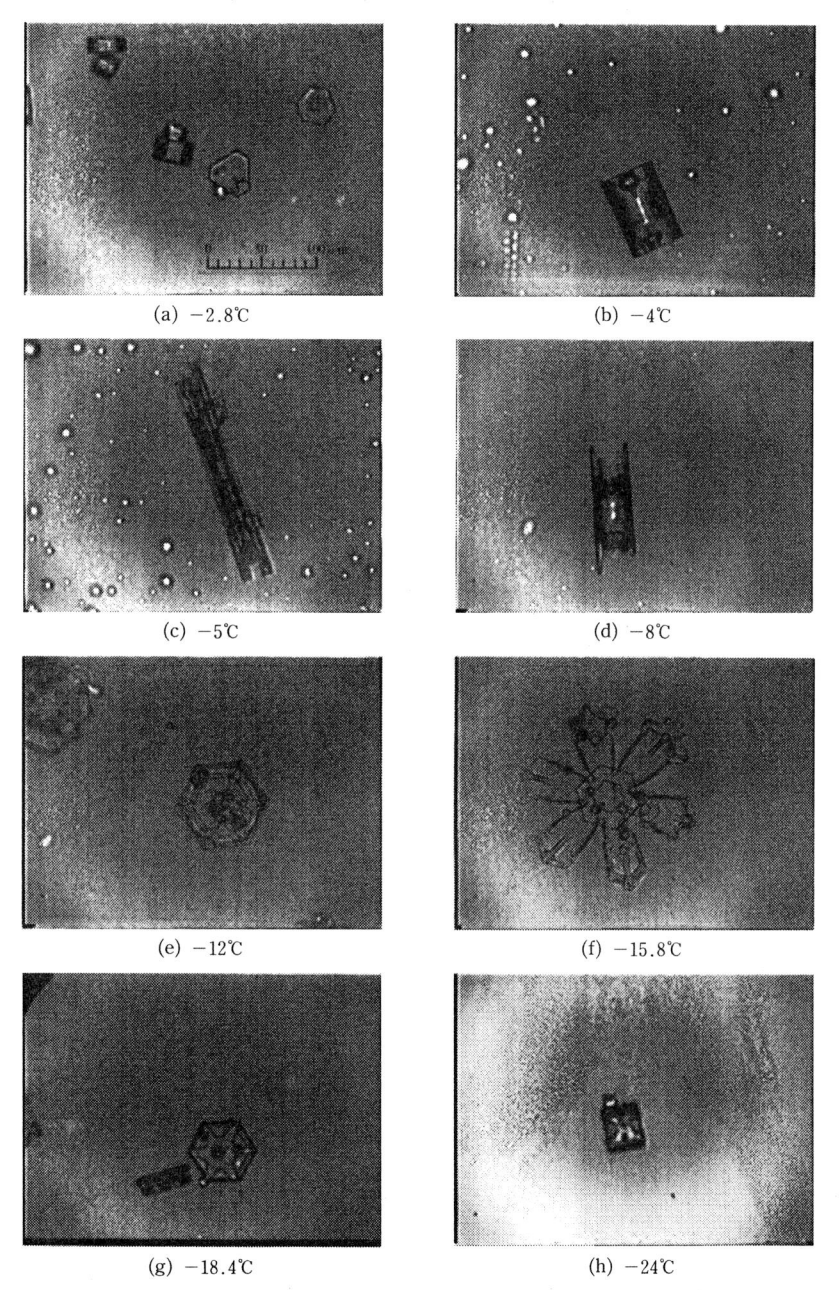

(a) $-2.8℃$

(b) $-4℃$

(c) $-5℃$

(d) $-8℃$

(e) $-12℃$

(f) $-15.8℃$

(g) $-18.4℃$

(h) $-24℃$

図 6.5 温度による雪結晶の形の変化
水飽和の環境で約 2 分間成長した雪結晶である.

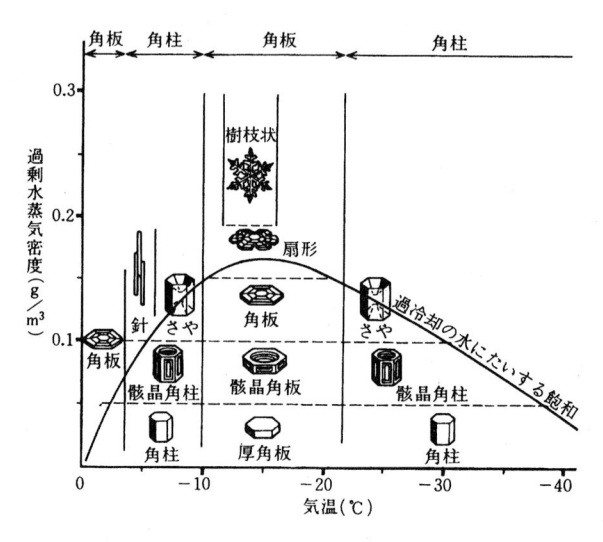

図6.6 温度と氷飽和を越える水蒸気密度(過剰水蒸気密度)に依存した雪結晶の形の変化

図中の過冷却の水に対する飽和の曲線が示す過剰水蒸気密度は, 環境温度における水飽和の水蒸気密度と昇華成長中の氷晶表面の温度における氷飽和の水蒸気密度(>環境温度における氷飽和の水蒸気密度)との差である. 文献32)の原図をもとにした文献33)の図による.

温度による雪結晶の形の変化は, 野外観測からも示されている[30]. 0～−3.5℃で角板状, −3.5～−9.5℃で角柱状, −9.5～−22℃で角板状, −22～−32℃では角板状と角柱状の雪結晶が観測されている. −3.5℃付近の角板から角柱への変化と−9.5℃付近の角柱から角板への形の変化は明瞭であるが, −22℃付近の角板から角柱への変化は不明瞭で両方が観測されている. 鉛直風洞内で氷晶を浮遊させた状態における雪結晶の成長実験でも, ほぼ同じ晶癖変化が示されている[31].

図6.6は, 雪結晶の形の変化を示す図である. 雪結晶の形の変化が, 温度に依存した晶癖変化と氷飽和を越える水蒸気密度に依存した成長の型とによって決まることを示している[32,33]. 低い過飽和度では角板状または角柱状の結晶が安定に成長し, 高い過飽和度では結晶の角が優先的に成長した骸晶, 樹枝状結晶などが現れる[29].

なお, 雪の結晶の気象学的分類[33]による名称を, 付録 A-4.4 に示す. この分類には, 昇華成長による雪結晶のほかに雲粒捕捉成長した雪結晶なども含まれている.

6. 氷晶の発生と降雪粒子への成長

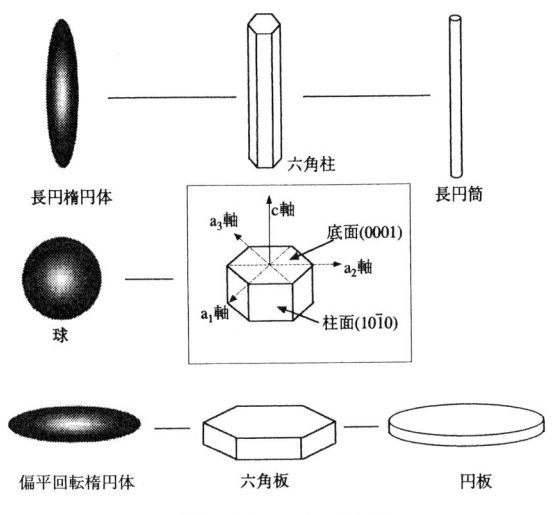

図 6.7 氷粒子の形と近似形

【問題 6.2】 雪結晶の基本形は，図 6.7 のような六角柱である．この雪結晶の質量 m を求めよ．底面の六角形の中心から各辺までの垂線の長さを a，六角柱の高さを $2c$，バルク密度を ρ_x として，雪結晶の基本形の質量を求めよ（注意：底面の最大長を a，六角柱の高さを c とする場合もある）．

【解答】 底面の六角形の面積 $=2(3)^{1/2}a^2$，六角柱の体積 $V=2c \times 2(3)^{1/2}a^2 = 4(3)^{1/2}a^2c$．アスペクト比 $\Gamma = c/a$ を用いて表すと，$V = 4(3)^{1/2}\Gamma a^3$．

$$\therefore m = 4(3)^{1/2}a^2 c\rho_x = 4(3)^{1/2}\Gamma a^3 \rho_x. \tag{6.3}$$

6.3.2 昇華成長による氷粒子の質量増加率

氷粒子の昇華成長の特徴は，(a) 氷飽和を越える水蒸気密度の環境で成長すること，(b) 雪結晶の形が六角板や六角柱，樹枝状，針状などさまざまな形があることである．

昇華成長による氷粒子の質量増加率 dm/dt は，

$$dm/dt = 4\pi C D_v (\rho_{v\infty} - \rho_{vr}) \tag{6.4}$$

で与えられる[5]．ここで，$\rho_{v\infty}$：周囲の水蒸気密度，ρ_{vr}：氷粒子表面の水蒸気密度，D_v：空気中の水蒸気の拡散係数である．C は，氷粒子と同じ形をした導体の電気容量（ガウス単位系）である．なお，水滴の凝結成長の場合には，式 (5.16)：$dm/dt = 4\pi r D_v(\rho_{v\infty} - \rho_{vr})$ で質量増加率が表現されていた．これは，式 (6.4) で $C = r$ とした場合に相当する．

昇華成長する氷粒子の基本形は六角柱である．六角柱は，図6.7の中央の図に示すように，c軸に垂直な二つの底面と，c軸とa軸とが作る六つの柱面から成る．六角柱は，次のように近似形で表される．すなわち，a軸方向の成長よりもc軸方向の成長が卓越した細長い六角柱は，長円楕円体または長円筒に近似される．逆に，c軸方向の成長よりもa軸方向の成長が卓越した六角板は，偏平楕円体または円板で近似される．

球形，長回転楕円体，長円筒，偏平回転楕円体，円板の電気容量Cは，表6.1のように与えられる[35,36]．

表6.1 各種形状をした導体の電気容量C（ガウス単位系）[35,36]

形　状	電気容量
球形（半径：r）	$C=r$
長回転楕円体 　（長半径：c，短半径：a）	$C=A/\ln[(c+A)/a]$ ただし，$A=(c^2-a^2)^{1/2}$ 特に，$c \gg a$の場合，長円筒の静電容量に近づく．
長円筒 　（長さ：$2c$，半径：a）	$C=c/\ln(2c/a)$
偏平回転楕円体 　（長半径：a，短半径：c）	$C=ae/\sin^{-1} e$ ただし，$e=(1-c^2/a^2)^{1/2}$　（e：離心率） 特に，$a \gg b$の場合，円板の電気容量に近づく．
円板（半径：a）	$C=2a/\pi$

【問題6.3】 式(6.4)を導出せよ．

【解答】 氷粒子の昇華成長の式(6.4)は，静電気におけるガウスの定理を応用して次のように導かれる．帯電した導体の外側における電位ϕは，ラプラスの方程式：

$$\nabla^2 \phi = 0 \tag{6.5}$$

と境界条件：$\phi = \phi_s$（導体表面），$\phi = \phi_\infty$（無限遠）を満たしている．

一方，導体と同じ形をした氷粒子の定常的な昇華成長も，水蒸気ρ_vの場はラプラスの方程式：

$$\nabla^2 \rho_v = 0 \tag{6.6}$$

と境界条件：$\rho_v = \rho_{vs}$（氷粒子表面），$\rho_v = \rho_{v\infty}$（無限遠）を満たしている．

式(6.5)と式(6.6)とは形式的に全く同じ形であるから，静電気における解を氷粒子の昇華成長に用いることができる．静電気におけるガウスの定理（ガウス単位系）から，次式が成り立つ．

$$\int_S \nabla \phi \cdot n dS = -4\pi Q = -4\pi C(\phi_s - \phi_\infty). \tag{6.7}$$

ここで，Qは導体の全電荷，Cは電気容量である．式(6.7)のϕをρ_vに置き換え，D_v倍すると，

$$\int_S D_v \nabla \rho_v \cdot n dS = 4\pi C D_v (\rho_{v\infty} - \rho_{vr}) \tag{6.8}$$

を得る．式(6.8)の左辺は，氷粒子表面の水蒸気フラックスであり，氷粒子の質量増加率 dm/dt に等しい．したがって，式(6.4)が得られる．

氷粒子表面に水蒸気が昇華するときの加熱と氷粒子表面からの熱伝導による放熱とが釣り合うとして，

$$(\rho_v - \rho_{vr})/(T_r - T) = k_a/(L_s D_v) \tag{6.9}$$

が成り立つ．ここで，L_s は昇華熱である．式(6.9)の右辺は定数であるから，氷粒子表面と周囲との水蒸気密度差が大きいほど両者の温度差も大きいことがわかる．

水滴の凝結成長の式と同様な導出によって，最終的な氷粒子の質量増加率 dm/dt は，

$$dm/dt = 4\pi C(S_i - 1)/[\{L_s/(R_v T) - 1\} \cdot L_s/k_a T + R_v T/\{D_v e_i(T)\}] \tag{6.10}$$

で与えられる[5]．上式のように質量増加率 dm/dt は，氷飽和に対する過飽和度 $(S_i - 1)$ に比例する．$(S_i - 1)$ は，水飽和に対する過飽和度 $(S-1)$ よりも大きな値をとることができる．なお，厳密には，水分子の平均自由行程が関係する運動学的影響 (kinetic effects) や氷粒子の落下に伴う通風効果 (ventilation effects) などを考慮する必要がある．

氷晶の形は，昇華成長による初期の氷晶質量 (m) の時間 (t) 発達に対して大きく影響する．すなわち，

(a) アスペクト比 Γ 一定の三次元的成長の場合，$m \propto t^{3/2}$,
(b) 厚さ一定の二次元的成長の場合，$m \propto t^2$,
(c) 直径一定の一次元的成長の場合，$m \propto \exp(t^{1/2})$

である．これを次の問題を解くことによって示そう．

【問題 6.4】 直径 $2a$，厚さ $2c$，バルク密度 ρ_x 一定の氷晶が昇華成長するとき，氷晶質量 m の時間変化は，

(a) アスペクト比 Γ 一定の三次元的成長の場合，
$$m = 4.6794 [\{D_v(\rho_{v\infty} - \rho_{vr})\}^3/(\Gamma \rho_x)]^{1/2} t^{3/2}, \tag{6.11}$$

(b) 厚さ一定の二次元的成長の場合，
$$m = 4D_v^2(\rho_{v\infty} - \rho_{vr})^2/(3^{1/2} c \rho_x) t^2, \tag{6.12}$$

(c) 直径一定の一次元的成長の場合，
$$m = 2(3^{1/2})a^3 \rho_x \exp[2\pi D_v(\rho_{v\infty} - \rho_{vr})/(3^{1/2} \rho_x a^2) t]^{1/2} \tag{6.13}$$

のように与えられる[37]ことを示せ．

【解答】 (a) 氷粒子の質量増加率の式(6.4)：$dm/dt = 4\pi C D_v(\rho_{v\infty} - \rho_{vr})$ に円板の静電容量：$C = 2a/\pi$ を代入して，

$$dm = 8a D_v(\rho_{v\infty} - \rho_{vr}) dt$$

を得る．一方，六角柱の氷晶の質量の式(6.3)から，

$$dm = 12(3)^{1/2}\Gamma\rho_x a^2 da$$

を得る．したがって，

$$d(a^2) = 4D_v(\rho_{v\infty}-\rho_{vr})/[3(3)^{1/2}\Gamma\rho_x]dt.$$

積分すると，

$$a = [a_0^2 + 4D_v(\rho_{v\infty}-\rho_{vr})/\{3(3)^{1/2}\Gamma\rho_x\}t]^{1/2}.$$

$a_0^2 \fallingdotseq 0$ として，

$$m = 4(3)^{1/2}\Gamma\rho_x[4D_v\{\rho_{v\infty}-\rho_{vr}\}/\{3(3)^{1/2}\Gamma\rho_x\}t]^{3/2}$$

を得る．

$$\therefore m = 4.6794\,[\{D_v(\rho_{v\infty}-\rho_{vr})\}^3/(\Gamma\rho_x)]^{1/2}t^{3/2}.$$

この式から，アスペクト比 $\Gamma(=c/a)$ が小さいほど，またバルク密度 ρ_x が小さいほど，氷晶の質量 m が時間とともに増大することがわかる．$m \propto t^{3/2}$ は，水滴の凝結成長と同じ傾向である．

(b) 二次元的成長の場合には，同様に，式 (6.4) と式 (6.3) とから次式を得る．

$$dm = 8(3)^{1/2}ac\rho_x da = 8aD_v(\rho_{v\infty}-\rho_{vr})dt.$$

積分すると，

$$a = a_0 + D_v(\rho_{v\infty}-\rho_{vr})/(3^{1/2}c\rho_x)\cdot t.$$

$a_0 \fallingdotseq 0$ として，

$$\therefore m = 4D_v^2(\rho_{v\infty}-\rho_{vr})^2/(3^{1/2}c\rho_x)\cdot t^2$$

を得る．この式から，厚さが薄い (c が小さい) ほど，またバルク密度 ρ_x が小さいほど，氷晶の質量 m が時間とともに増大することがわかる．厚さ c 一定の二次元的成長は，三次元的成長よりも質量の増加が大きい．

(c) 一次元的成長の場合には，式 (6.3) と長い円筒の静電容量: $C = c/\ln(2c/a)$ を用いた式 (6.4) とから

$$dm = 4(3)^{1/2}a^2\rho_x dc = 4\pi cD_v(\rho_{v\infty}-\rho_{vr})/\ln(2c/a)\cdot dt$$

を得る．

$$1/2d\,[\ln(2c/a)]^2 = \pi/3^{1/2}\cdot D_v(\rho_{v\infty}-\rho_{vr})/(a^2\rho_x)\cdot dt.$$

積分して，

$$c = a/2\cdot\exp[\ln^2(2c_0/a) + 2\pi D_v(\rho_{v\infty}-\rho_{vr})/(3^{1/2}c\rho_x a^2)\cdot t]^{1/2}$$

を得る．$c_0 \fallingdotseq 0$ として，

$$m = 2(3)^{1/2}a^3\rho_x\exp[2\pi D_v(\rho_{v\infty}-\rho_{vr})/(3^{1/2}c\rho_x a^2)\cdot t]^{1/2}$$

を得る．直径一定の一次元的成長の場合には，質量 m は時間とともに指数関数的に増加する．

昇華成長する雪結晶の時間変化は，実験でも求められている．表 6.2 は，水飽和・自由落下状態で実験室で昇華成長させた雪結晶の質量，a 軸方向の大きさ，c 軸方向の大きさと成長時間 t との関係をまとめたものである[31]．また，図 6.8 は，表 6.2 の実験式を用いて各温度における質量とアスペクト比 (c 軸方向の長さ/a 軸方向の大きさ) の時間変化を表したものである．

図 6.8 a から，次の特徴がわかる．

(a) -15℃ 付近に質量増加のピークがある，

(b) 成長時間が経過するにつれて，-5℃ 付近に副次的な質量増加があること

表 6.2 昇華成長した雪結晶の質量 m, 底面の長さ L_a, 柱面の長さ L_c と成長時間 t との関係

温度 (℃)	時間 t (分)	質量 m (g)[*1]	L_a (mm)[*2]	L_c (mm)[*3]	雪結晶の形
-3.7	<20	$1.3\times10^{-8}t^{1.40}$	$3.1\times10^{-2}t^{0.46}$	$3.3\times10^{-2}t^{0.42}$	無垢厚板 (C1g)
-5.3	<6	$8.4\times10^{-9}t^{2.00}$	$4.0\times10^{-2}t^{0.36}$	$9.7\times10^{-3}t^{1.95}$	中空角柱 (C1f)
	$6<t<30$	同上	同上	$3.6\times10^{-2}t^{1.16}$	束状鞘 (N1d)〜単針 (N1a)
-8.6	<15	$2.5\times10^{-8}t^{1.52}$	$3.7\times10^{-2}t^{0.54}$	$2.9\times10^{-2}t^{0.59}$	骸晶 (C1h)
-10.6	<12	$3.3\times10^{-8}t^{1.51}$	$6.1\times10^{-2}t^{0.48}$	$2.3\times10^{-2}t^{0.53}$	骸晶 (C1h)
-12.2	<7	$6.3\times10^{-8}t^{1.28}$	$1.2\times10^{-1}t^{0.37}$	$8.5\times10^{-3}t^{0.44}$	角板 (P1a)
	$7<t<20$	$1.1\times10^{-8}t^{2.16}$	$4.1\times10^{-2}t^{0.92}$	同上	扇形 (P1b)
-14.4	<4	$6.4\times10^{-8}t^{1.63}$	$1.4\times10^{-1}t^{0.95}$	$4.4\times10^{-3}t^{0.52}$	広幅六花 (P1c)
	$4<t<30$	$2.3\times10^{-8}t^{2.37}$	$1.3\times10^{-1}t^{1.02}$	同上	普通樹枝 (P1e)
-16.5	<5	$8.1\times10^{-8}t^{1.36}$	$1.3\times10^{-1}t^{0.54}$	$5.8\times10^{-3}t^{0.48}$	扇形 (P1b)
	$5<t<20$	$3.5\times10^{-8}t^{1.91}$	$1.0\times10^{-1}t^{0.74}$	同上	同上
-18.2	<15	$4.2\times10^{-8}t^{1.49}$	$6.7\times10^{-2}t^{0.64}$	$1.7\times10^{-2}t^{0.21}$	角板 (P1a)〜枝付角板 (P2e)
-20.1	<12	$3.8\times10^{-8}t^{1.44}$	$5.4\times10^{-2}t^{0.54}$	$2.6\times10^{-2}t^{0.44}$	骸晶 (C1h)
-22.0	<12	$3.4\times10^{-8}t^{1.42}$	$4.0\times10^{-2}t^{0.49}$	$3.6\times10^{-2}t^{0.48}$	骸晶 (C1h)

水飽和・自由落下状態で昇華成長した雪結晶についての実験結果[31]である. *1) 相関係数の平均：0.98, *2) 相関係数の平均：0.95, *3) 相関係数の平均：0.94. 雪結晶の形の分類は，文献 34) による.

がわかる. -15℃付近は二次元的成長をする角板の温度領域であり, -5℃付近は一次元的成長をする角柱の温度領域である. これらの成長は, 時間とともに三次元的成長よりも卓越してくる.

図 6.8 b からは,

(c) -5℃ 付近では, アスペクト比は時間とともに大きくなる. これは, 雪結晶の c 軸方向の成長が a 軸方向の成長よりも卓越することを示している.

(d) -15℃ 付近では, アスペクト比が時間とともに小さくなる. これは, 雪結晶の a 軸方向の成長が c 軸方向の成長よりも卓越することを示している.

(e) -10℃ 付近と -20℃ 付近では, アスペクト比は成長時間が経過してもほぼ一定である. これは, アスペクト比一定の三次元的成長を示している. アスペクト比一定の三次元的成長では式 (6.11) から $m\propto t^{1.5}$ が期待されるが, 表 6.1 の -10℃ 付近と -20℃ 付近ではこれに近い.

6.4 氷粒子の雲粒捕捉成長

昇華によって成長した雪結晶などの氷粒子は, 雲の中を落下する. 氷粒子と過冷却水滴の両方が共存する混合雲の中では, 氷粒子は落下する途中で過冷却雲粒と衝突する. 氷粒子と衝突した過冷却雲粒は, 凍結して氷粒子の質量を増加させる. これが氷粒子の雲粒捕捉成長 (riming growth) である. 雲粒捕捉成長は, 水

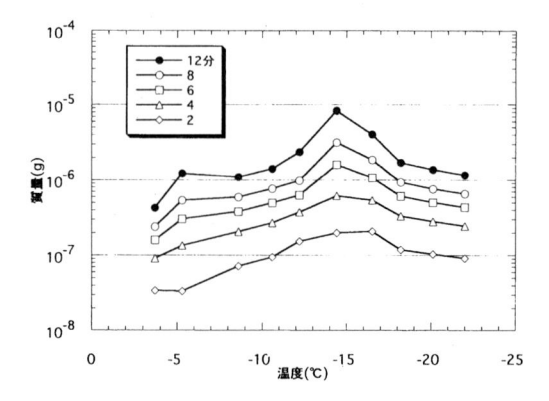

(a) 昇華成長する雪結晶の質量の温度依存性の時間変化
表 6.1[31]による水飽和・自由落下状態で測定された雪結晶の質量-時間の実験式から作図.

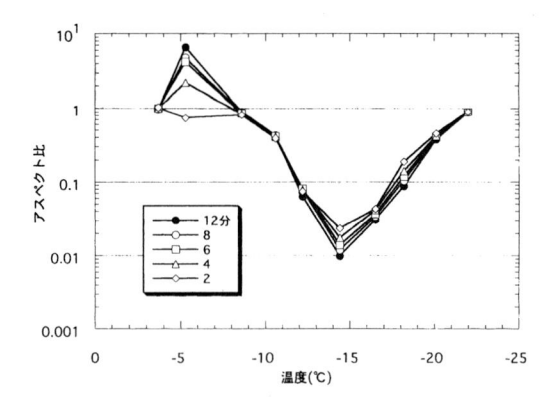

(b) 昇華成長する雪結晶のアスペクト比の温度依存性の時間変化
表 6.1[31]による水飽和・自由落下状態で測定された雪結晶の a 軸方向の長さ-時間, c 軸方向の長さ-時間の実験式から作図.

図 6.8

物質を地上へ輸送する降水の形成に寄与する.

図 6.9 は，雲粒捕捉をした雪結晶を示している. 角板状結晶(左)と角柱状結晶(右)についての雲粒捕捉の程度に応じた 5 段階の写真である[38]. 角板状結晶の縁辺部に雲粒が付着する傾向があるのがわかる.

雲粒捕捉成長による氷粒子の単位時間当たりの質量増加率は，

$$dM_{ip}/dt = E_{ic}m_cA(U_{ip}-U_c) \tag{6.14}$$

6. 氷晶の発生と降雪粒子への成長   83

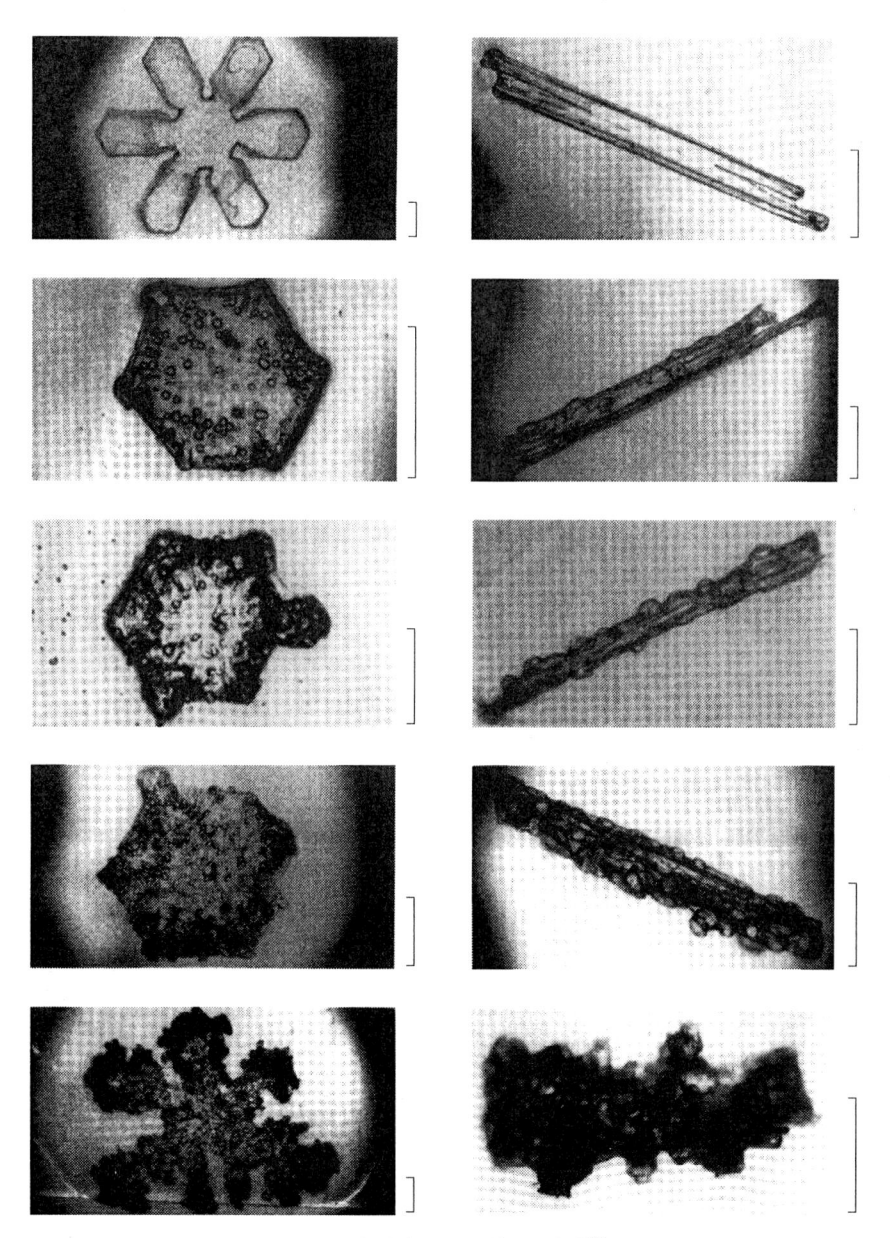

図 6.9 雲粒捕捉をした雪結晶の写真[38]
5段階 ($R=0, 1, 2, 3, 4$) の雲粒捕捉の程度が示されている．これに $R=5$ (あられ) を加えた6段階で，雲粒捕捉の程度が分類される．
左：角板状結晶，右：長い角柱と針状結晶，写真の右側のスケール：300 μm．

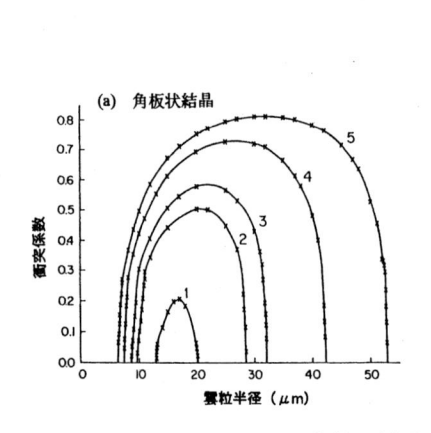

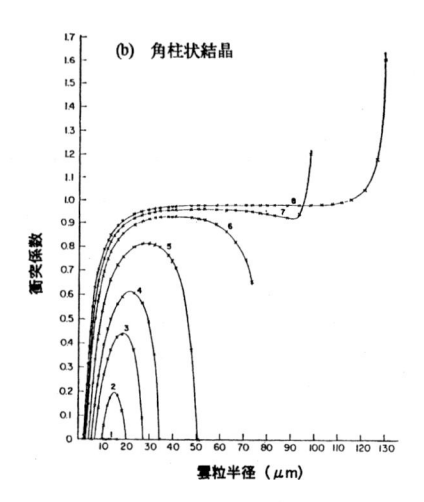

図 6.10 雲結晶と雲粒との衝突係数
(a) 角板状結晶[39]，1：半径160 μm，2：半径194 μm，3：半径213 μm，4：半径289 μm，5：半径404 μm.
(b) 角柱状結晶[40]，1：長さ67.1 μm，半径23.5 μm，2：長さ93.3 μm，半径32.7 μm，3：長さ112.6 μm，半径36.6 μm，4：長さ138.3 μm，半径41.5 μm，5：長さ237.4 μm，半径53.4 μm，6：長さ514.9 μm，半径77.2 μm，7：長さ1067 μm，半径106.7 μm，8：長さ2440 μm，半径146.4 μm.

で与えられる．ここで，M_{ip} は氷粒子の質量，m_c は雲水量，A は落下軸に直交する氷粒子の断面積，U_{ip} は氷粒子の落下速度，U_c は雲粒の落下速度，E_{ic} は捕捉係数である．式(6.14)は，氷粒子が単位時間に通過する体積(衝突体積)：$A(U_{ip}-U_c)$ に含まれる雲水量に捕捉係数を掛けたものである．

角板状結晶と雲粒との衝突係数(＝捕捉係数)を図6.10aに，角柱状結晶と雲粒との衝突係数(＝捕捉係数)を図6.10bに示す[39,40]．図6.10aから，半径約150 μm以下の角板は雲粒を捕捉せず，これより大きな角板が一定の粒径範囲の雲粒を捕捉することがわかる．このことは，角板(P1a)の雲粒捕捉が半径150 μmから始まるという観測結果[41]を説明する．また，図6.10bから，半径が30 μm以下の角柱は雲粒を捕捉せず，これより大きな角柱が雲粒を捕捉することがわかる．観測でも，角柱の直径50 μm未満では雲粒捕捉がなく，直径50～90 μmで雲粒捕捉が増大することが確認されている[41,42]．

雲水量 m_c が大きいほど，また氷粒子が大きい(したがって，A も U_{ip} も大きい)ほど，質量増加率 dM_{ip}/dt は大きくなる．氷粒子の質量が増えると，断面積と落下速度も増加し，雲粒捕捉成長はさらに加速される．雲粒捕捉過程は，短時

間に降雪粒子を形成できる．雲粒捕捉成長が卓越して地表面に落下する粒子が，あられやひょうである．

氷粒子の質量 M_{ip} に対する雲粒質量 M_c の割合 $f(=M_c/M_{ip})$ を見積もった報告がある[38,43,44]．雲粒捕捉がない氷粒子は $f=0$ であり，あられでは $f≒1$ である．f と図 6.9 の雲粒捕捉の段階 $(R=0, 1, 2, 3, 4, 5)$ との間に，

$$角板状結晶：f(R)=0.020(3.1^R-1)/[1+0.020(3.1^R-1)], \quad (6.15)$$
$$角柱状結晶：f(R)=0.012(3.6^R-1)/[1+0.012(3.6^R-1)] \quad (6.16)$$

の関係があることが観測から見出されている[38]．

6.5 氷粒子の併合成長

氷粒子が他の氷粒子を捕捉して成長することを氷粒子の併合成長(aggregation)という．雪片(snowflake, aggregates)は，雪結晶が併合成長したものである．併合成長によって，大気中の多数の氷粒子の質量が少数の氷粒子(雪片)に集中する．この結果，雪片として，また雪片が融解した雨粒として，下向きの水物質の質量輸送を生じ降水の形成に寄与する．

図 6.11 は，雪結晶の併合成長の観測例である[45]．上空約 1000 m では 1～2 mm の降雪粒子が数多く見られるが，地上に近くなると数 mm 程度の雪片になっている．

氷粒子の落下運動中の併合成長による単位時間当たりの質量増加は，

$$dM_s/dt = E_{si} m_i A(U_s - U_i) \quad (6.17)$$

で与えられる．ここで，M_s は併合成長する氷粒子の質量，m_i は氷水量(＝氷晶数濃度×氷晶質量)，A は落下軸に直交する氷粒子の断面積，U_s は氷粒子の落下速度，U_i は氷晶の落下速度，E_{si} は捕捉係数である．式(6.17)は，氷粒子が単位時間に通過する体積：$A(U_s-U_i)$ に含まれる氷水量に捕捉係数を掛け

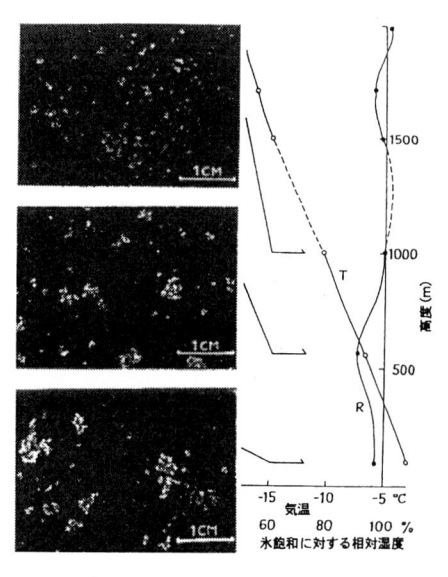

図 6.11 雪結晶の併合成長の観測例[45]
3 高度における降雪粒子の写真，気温と氷飽和に対する相対湿度の高度分布．

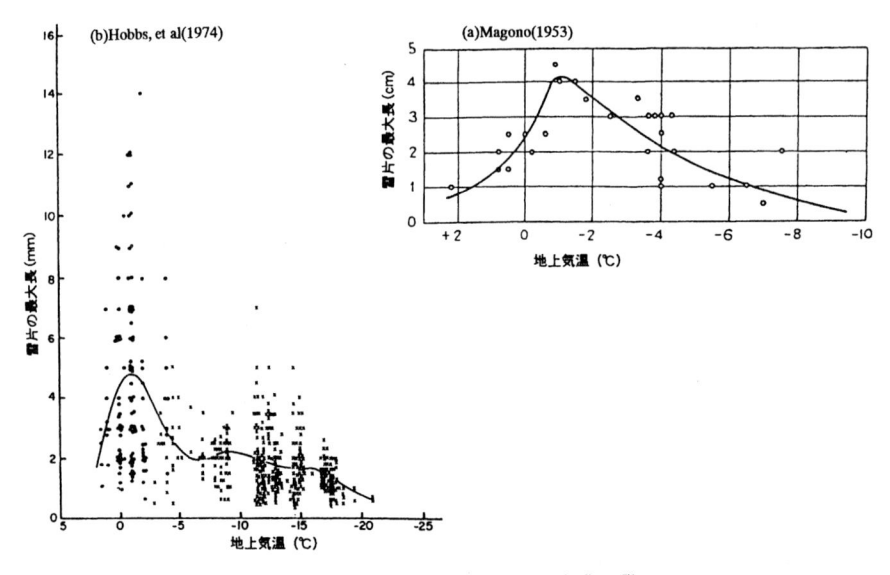

図 6.12 雪片の最大長の温度依存性 ($a^{46)}$, $b^{47)}$)

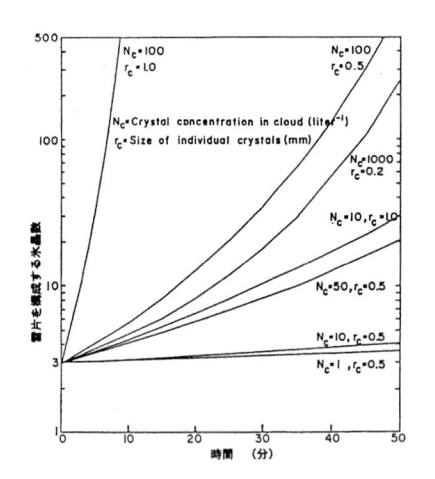

図 6.13 併合成長における雪片を構成する氷晶数[48)]
N_c: 氷晶数濃度(L^{-1}), r_c: 氷晶半径(mm).

たものである．氷晶数濃度が大きいほど，また氷晶の断面積が大きいほど，併合成長が加速される．このほか，氷粒子の水平運動によっても併合成長がある．

図6.12は，観測された雪片の最大長の温度依存性を示している[46,47)]．0℃直下の温度で大きな雪片が観測され，$-12 \sim -15$℃の温度でも大きな雪片が見られる．0℃に近いほど氷粒子同士が衝突したときに付着しやすく，$-12 \sim -15$℃においては樹枝状結晶や枝のある結晶が衝突後併合しやすいためであると説明されている．

図6.13は，雪片を構成する氷晶数の時間変化を併合成長のモデル計算によって示したものである[48)]．図6.13から，併合成長の次の特徴がわかる．

(a) 氷晶数濃度が $1 L^{-1}$ のとき，併合成長はほとんど起こらない．

(b) 氷晶数濃度が $10\,L^{-1}$ のとき,氷晶半径が $1\,mm$ に達するまでは併合成長はほとんど起こらない.

(c) 氷晶数濃度が $50\,L^{-1}$ 以上のとき,併合成長が卓越してくる.

(d) 氷晶数濃度が $1000\,L^{-1}$ のとき,30 分後には観測と対応する雪片を構成する氷晶数(数 10~数 100 個)に達する.

このように併合成長に影響するパラメータは,氷晶数濃度,氷晶半径,経過時間である.特に,氷晶が小さい場合,氷晶数濃度が併合成長に重要である.

【問題 6.5】 氷水量 $m_i=0.5\,\mathrm{g\,m^{-3}}$ の氷晶から成る雲の中で,雪片が落下しながら併合成長している.雪片の直径 D_s が $1\,mm$ から $6\,mm$ になるまでの時間を求めよ.ただし,捕捉係数 E_{si} を 1,雪片の密度 ρ_s を $100\,\mathrm{kg\,m^{-3}}$,雪片の落下速度を $1\,\mathrm{m\,s^{-1}}$,氷晶の落下速度は無視できるとする.

【解答】 式(6.17): $dM_s/dt = E_{si}m_iA(U_s-U_i)$ へ,雪片の質量 M_s-粒径 D_s の関係式: $M_s=\pi/6\cdot D_s^3\rho_s$ を代入して整理すると,

$$dD_s/dt = E_{si}m_iU_s/(2\rho_s)$$

を得る.積分して,

$$D_{s2}-D_{s1}=E_{si}m_iU_s/(2\rho_s)\cdot(t_2-t_1).$$
$$\therefore t_2-t_1=2\rho_s/(E_{si}m_iU_s)\cdot(D_{s2}-D_{s1})$$
$$=2\times 100/(1\times 5\times 10^{-4}\times 1)\cdot(6-1)\times 10^{-3}$$
$$=2\times 10^3\,\mathrm{s}\fallingdotseq 33.3\,\mathrm{min}.$$

6.6 氷粒子の落下速度

昇華成長や雲粒捕捉成長,併合成長した氷粒子の落下速度は,昇華成長に対して通風効果を通して影響し,雲粒捕捉成長と併合成長に対しては衝突体積(sweepout volume)に関係する.また,落下速度は,これらによって成長した降雪粒子の質量とともに,地表面への水物質の質量フラックスに寄与する.この節では,氷粒子の落下速度を説明する.

各種氷粒子の落下速度の測定データは,

$$U=bL^\beta \tag{6.18}$$

のような粒径 L のべき乗の近似式で表される.付録 A-4.1 に,氷粒子の落下速度-粒径の関係式を示す[49].

次に,測定条件とは違う環境での落下速度を求めるため,氷粒子の落下速度を理論的に考えよう.

氷粒子(質量 m,落下軸に直交する断面積 A)が空気中を一定速度 U で落下しているとき,氷粒子に働く重力と流体力学的抵抗力とは釣り合っているため,

$$mg = 1/2 \cdot \rho_a U^2 A C_d \tag{6.19}$$

と表すことができる．ここで，gは重力加速度，ρ_aは空気密度，C_dは抵抗係数である．

落下速度Uは，上式から

$$U = [2mg/(\rho_a A C_d)]^{1/2} \tag{6.20}$$

で与えられる．氷粒子の性質(m, A)と空気密度ρ_a，重力加速度gは与えることができるが，抵抗係数C_dは落下速度Uに独立に決めることはできない．

そこで，式(6.20)からC_dを求め，これにレイノルズ数$(N_{Re} = \rho_a U L/\eta_a$，$L$：粒子の特徴的な長さ，$\eta_a$：空気の粘性係数)の2乗を掛けて，

$$N_{Da} \equiv C_d N_{Re}^2 = 2mg\rho_a L^2/(A\eta_a^2) \tag{6.21}$$

という無次元数N_{Da}(デービス数，ベスト数と呼ぶこともある)を得る．このデービス数N_{Da}は，落下速度Uを含まず，落下速度を決める氷粒子の性質(m, A, L)と大気の環境条件(ρ_a, η_a, g)とによって決定される．

一方，デービス数N_{Da}と落下速度Uを含んだレイノルズ数N_{Re}との間の関係式が，これまでの実験と観測から求められている(付録A-4.2)[49～51]．付録A-4.2のN_{Da}-N_{Re}関係式は，無次元数の間の関係式であるため，与えられた範囲内における任意の粒子の性質と大気の環境条件に対して有効である．

したがって，落下速度Uを求める手順は次のようになる．

(a) 与えられた氷粒子の性質(m, A, L)と大気の環境条件(ρ_a, η_a, g)とから，デービス数$N_{Da} = 2mg\rho_a L^2/(A\eta_a^2)$を計算する．なお，粒子の特徴的な長さ$L$は，角板状結晶では$1.24 A^{1/2}$(断面積$A$と同じ面積をした六角形の最大長)，あられでは落下軸に直交する最大長である[49,50]．

(b) 計算されたデービス数N_{Da}と付録A-4.2のN_{Da}-N_{Re}関係式とから，レイノルズ数N_{Re}を求める．

(c) レイノルズ数は$N_{Re} = \rho_a U L/\eta_a$であるから，

$$U = \eta_a N_{Re}/(\rho_a L) \tag{6.22}$$

によって落下速度Uを求めることができる．

さらに，付録A-4.2のN_{Da}-N_{Re}関係式の代わりに，すべての氷粒子について表現できるN_{Da}-N_{Re}関係式も導出されている[52]．

まず，A_cを粒子の外接円の面積として，$L = 2(A_c/\pi)^{1/2}$を式(6.21)：$N_{Da} \equiv C_d N_{Re}^2 = 2mg\rho_a L^2/(A\eta_a^2)$に代入して，

$$N_{Da} = C_d N_{Re}^2 = 8mg\rho_a/(\pi\eta_a^2) \cdot (A_c/A)^{1/4} \tag{6.23}$$

を得る.

一方，氷粒子周辺の流れに境界層理論を適用して粒子の抵抗係数 C_d は，

$$C_d = C_0(1+\delta_0 N_{Re}^{-1/2})^2 \qquad (6.24)$$

と表される[53]. ここで, C_0 と δ_0 は定数である. これらの定数は, $N_{Re} \ll 1$ のとき $C_d = 24/N_{Re}$, $N_{Re} \geq 10^5$ のとき $C_d \fallingdotseq 0.6$ (ひょうについての抵抗係数を適用)[54] を用いて,

$$C_d = 0.6(1+5.83 N_{Re}^{-1/2})^2 \qquad (6.25)$$

のように決められる. ここで，式 (6.25) の C_d を式 (6.23) へ代入して,

$$N_{Re} = 8.5[(1+0.1519 N_{Da}^{1/2})^{1/2} - 1]^2 \qquad (6.26)$$

を得る.

最終的な氷粒子の落下速度 U は,

$$U = \eta_a N_{Re}/(2\rho_a) \cdot (\pi/A)^{1/2} \qquad (6.27)$$

で与えられる.

以上を要約すると, 大気中の環境条件 (ρ_a, η_a, g) と粒子の性質 (m, A_c, A) とから，式 (6.23) の N_{Da} が計算される. 次に，これを式 (6.26) に代入して，N_{Re} が求められる. そして, この N_{Re} を式 (6.27) に代入して, 氷粒子の落下速度 U が得られる. この方法による落下速度の推定誤差は, 0.5 mm より大きな長い針状結晶で最大 20% であるが, そのほかは ±5〜10% 以下と評価されている.

文 献

1) Schaefer, V. J., 1948 : The production of clouds containing supercooled water droplets or ice crystals under laboratory conditions. *Bull. Amer. Meteor. Soc.*, **29**, 175-182.
2) Sassen, K. and G. C. Dodd, 1988 : Homogeneous nucleation rate for highly supercooled cirrus cloud droplets. *J. Atmos. Sci.*, **45**, 1357-1369.
3) Heymsfield, A. J. and L. M. Miloshevich, 1993 : Homogeneous ice nucleation and supercooled liquid water in orographic wave clouds. *J. Atmos. Sci.*, **50**, 2335-2353.
4) Vali, G., 1985 : Nucleation terminology. *J. Aerosol Sci.*, **16**, 575-576.
5) Rogers, R. R. and M. K. Yau, 1989 : *A Short Course in Cloud Physics*. 3rd ed., Pergamon Press, 150-169.
6) Pruppacher, H. R. and J. D. Klett, 1997 : *Microphysics of Clouds and Precipitation*. 2nd rev. and enl. ed., Kluwer Academic Publishers. 309-360.
7) 高橋 劭, 1987 : 雲の物理. 東京堂出版, 39-51.
8) Vali, G., 1985 : Atmospheric ice nucleation-A review. *J. Rech. Atmos.*, **19**, 105-115.
9) Fletcher, N. H., 1969 : *Physics of Rain Clouds*. Cambridge University Press, 229-258.
10) Bowdle, D. A., P. V. Hobbs and L. F. Radke, 1985 : Particles in the lower troposphere over the High Plains of the United States. Part III : Ice nuclei. *J. Climate Appl. Meteor.*, **24**, 1370-1376.
11) Huffman, P. J., 1973 : Supersaturation spectra of AgI and natural ice nuclei. *J. Appl. Meteor.*, **12**, 1080-1082.

12) Mason, B. J., 1971 : *The Physics of Clouds*. Oxford Univ. Press, 155-235.
13) Tanaka, T., 1980 : Ice nucleating activity and the mode of action of volcanic ash ejected from Mt. Usu in Hokkaido —An improved method to remove hydroscopic materials collected on a membrane filter—. *Papers in Meteor. and Geophys.*, **31**, 153-171.
14) Kumai, M., 1961 : Snow crystals and the identification of the nuclei in the northern United States of America. *J. Meteor.*, **18**, 138-150.
15) Isono, K., M. Komabayashi and A. Ono, 1959 : The nature and the origin of ice nuclei in the atmosphere. *J. Meteor. Soc. Japan*, **37**, 211-233.
16) Schnell, R. C., 1976 : Bacteria acting as natural ice nucleants at temperatures approaching -1 ℃. *Bull Amer. Meteor. Soc.*, **57**, 1356-1357.
17) Fukuta, N., 1966 : Experimental studies of organic ice nuclei. *J. Atmos. Sci.*, **23**, 191-196.
18) 福田矩彦, 1988：気象工学—新しい気象制御の方法—. 気象研究ノート, **164**, 213pp.
19) Hobbs, P. V., 1969 : Ice multiplication in clouds. *J. Atmos. Sci.*, **26**, 315-318.
20) Mossop, C., 1985 : The origin and concentration of ice crystals in clouds. *Bull. Amer. Meteor. Soc.*, **66**, 264-273.
21) Hobbs, P. V. and A. L. Rangno, 1985 : Ice particle concentrations in clouds. *J. Atmos. Sci.*, **42**, 2523-2549.
22) Hallett, J. and C. Mossop, 1974 : Production of secondary particles during the riming process. *Nature*, **249**, 26-28.
23) Mossop, C. and J. Hallett, 1974 : Ice crystal concentration in cumulus clouds : influence of the drop spectrum. *Science*, **186**, 632-634.
24) Mossop, C., 1976 : Production of secondary ice particles during the growth of graupel by riming. *Quart. J. Roy. Meteor. Soc.*, **102**, 45-57.
25) Hobbs, P. V. and R. J. Farber, 1972 : Fragmentation of ice particles in clouds. *J. Rech. Atmos.*, **6**, 245-258.
26) Vardiman, L., 1978 : The generation of secondary ice particles in clouds by crystal-crystal collision. *J. Atmos. Sci.*, **35**, 2168-2180.
27) Griggs, D. J. and T. W. Choularton, 1986 : A laboratory study of secondary ice particle production by the fragmentation of rime and vapour-grown ice crystals. *Quart. J. Roy. Meteor. Soc.*, **112**, 149-163.
28) Hobbs, P. V. and A. J. Alkezweeny, 1968 : The fragmentation of freezing water droplets in free fall. *J. Atmos. Sci.*, **25**, 881-888.
29) 黒田登志雄, 1984：結晶は生きている. サイエンス社, 205-255.
30) Ono, A., 1970 : Growth mode of ice crystals in natural clouds. *J. Atmos. Sci.*, **27**, 649-658.
31) Takahashi, T., T. Endoh, G. Wakahama and N. Fukuta, 1991 : Vapor diffusional growth of free-falling snow crystals between -3 and -23℃. *J. Meteor. Soc. Japan*, **69**, 15-30.
32) Kobayashi, T., 1961 : The growth of snow crystals at low supersaturations. *Philos. Mag.*, **6**, 1363-1370.
33) 小林禎作, 1984：雪はなぜ六角か. 筑摩書房, 76-114.
34) Magono, C. and C. W. Lee, 1966 : Meteorological classification of natural snow crystals. *J. Fac. Sci., Hokkaido Univ. Ser. 7*, **2**, 321, 27 pl.
35) Byers, H. R., 1965 : *Elements of Cloud Physics*. The University of Chicago Press, 109-140.
36) 竹山説三, 1950：電磁気学現象理論. 丸善, 164-193, 451-476.
37) Young, K. C., 1993 : *Microphysical Processes in Clouds*. Oxford Univ. Press, 131-167.
38) Mosimann, L., E. Weingartner and A. Waldvogel, 1994 : An analysis of accreted drop sizes and mass on rimed snow crystals. *J. Atmos. Sci.*, **51**, 1548-1558.
39) Pitter R. L. and H. R. Pruppacher, 1974 : A numerical investigation of collision efficiencies of simple ice plates colliding with supercooled water drops. *J. Atmos. Sci.*, **31**, 551-559.
40) Sclamp, R. J. and H. R. Pruppacher, 1975 : A numerical investigation of the efficiency with

which simple columnar ice crystals collide with supercooled water drops. *J. Atmos. Sci.*, **32**, 2330-2337.
41) Harimaya, T., 1975 : The riming properties of snow crystals. *J. Meteor. Soc. Japan*, **53**, 384-392.
42) Ono, A., 1969 : The shape and riming properties of ice crystals in natural clouds. *J. Atmos. Sci.*, **26**, 138-147.
43) Harimaya, T. and M. Sato, 1989 : Measurement of the riming amount on snowflakes. *J. Fac. Sci., Hokkaido Univ., Ser. 7*, **8**, 355-366.
44) Harimaya, T. and M. Sato, 1992 : The riming proportion in snow particles on coastal area. *J. Meteor. Soc. Japan*, **70**, 57-65.
45) Magono, C. and colleagues, 1959 : Preliminary investigation on the growth of natural snow crystals by the use of observation points distributed vertically. *J. Fac. Sci., Hokkaido Univ. Ser. 7*, **1**, 195-211.
46) Magono, C., 1953 : On growth of snow flake and graupel. *Sci. Rep. Yokohama Nat. Univ. Sec I*, **2**, 18-40.
47) Hobbs, P. V., S. Chang and D. Locatelli, 1974 : The dimensions and aggregation of ice crystals in natural clouds. *J. Geophys. Res.*, **79**, 2199-2206.
48) Jiusto, J. E., 1971 : Crystal development and glaciation of a supercooled cloud. *J. Rech. Atmos.*, **5**, 69-85.
49) Heymsfield, A. J. and M. Kajikawa, 1987 : An improved approach to calculating terminal velocities of plate-like crystals and graupel. *J. Atmos. Sci.*, **44**, 1088-1099.
50) Young, K. C., 1993 : *Microphysical Processes in Clouds*. Oxford Univ. Press, 197-225.
51) Rasmussen, R. M. and A. J. Heymsfield, 1987 : Melting and shedding of graupel and hail. Part I : Model Physics. *J. Atmos. Sci.*, **44**, 2754.
52) Böhm, H. P., 1989 : A general equation for the terminal fall speed of solid hydrometeors. *J. Atmos. Sci.*, **46**, 2419-2427.
53) Abraham, F. F., 1970 : Functional dependence of drag coefficient of a sphere on Reynolds number. *Phys. Fluid*, **13**, 2194-2195.
54) Macklin, W. C. and F. H. Ludlam, 1961 : The fallspeeds of hailstones. *Quart. J. Roy. Meteor. Soc.*, **87**, 72-81.

第 4 部　観測手段

7 雲と降水の観測

　大気中に浮遊する水または氷の粒子の集団が雲であり，地上に落下する多数の粒子が降水である．7章では，膨大な数の粒子から成る雲と降水を記述するパラメータ（物理量）を説明し，その観測がどのように行われているかをまとめる．

●　本章のポイント　●
雲のパラメータ：　　　　微視的〜巨視的パラメータ
降水粒子のパラメータ：粒径分布を用いて表現される各種パラメータ
地上観測：　　　　　　　簡便で長期間の観測
ゾンデ観測：　　　　　　鉛直分布の把握
航空機観測：　　　　　　迅速な移動観測
気象レーダー：　　　　　降水のリモートセンシング

7.1　雲のパラメータ

　降水と放射伝達に関する過程を詳細に理解するため，雲の各種パラメータがさまざまな方法によって把握される．表7.1は，雲を表すパラメータとその観測手段およびプラットフォームを整理したものである．雲量・雲形などの巨視的なパラメータはおもにリモートセンシング（remote sensing）によって観測され，雲粒子の相・大きさなどの微視的なパラメータは現場観測（in situ observation）によって把握される．リモートセンシングの特徴は，(a) 広範囲の連続・即時観測，(b) 観測対象に対する非干渉性，(c) 自動高速処理に適した観測値，(d) 間接測定の解釈技術の必要性，(e) 相対値のパタン情報である[1]．現場観測とリモートセンシングの長所・短所を総合して，観測対象を把握することが重要である．

　雲のパラメータは，凝結核・氷晶核の性質，海洋性・大陸性気団の性質，上昇流の強度・鉛直範囲・水平範囲・継続時間，擾乱の時間発達などと関係している．

7. 雲と降水の観測

表 7.1 雲を表すパラメータとその観測手段・プラットフォーム

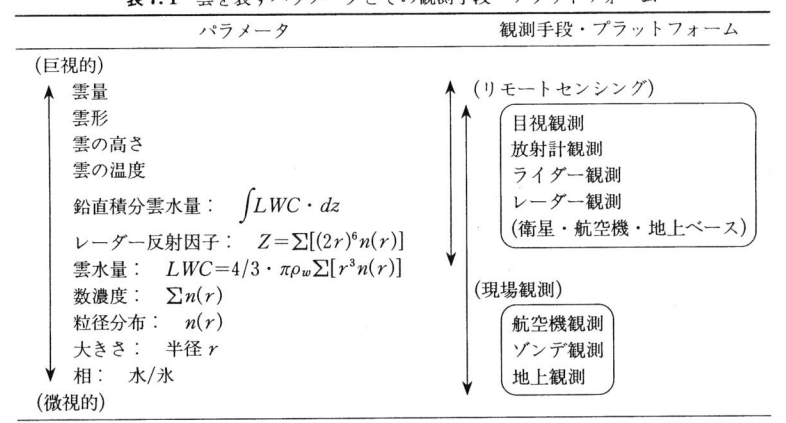

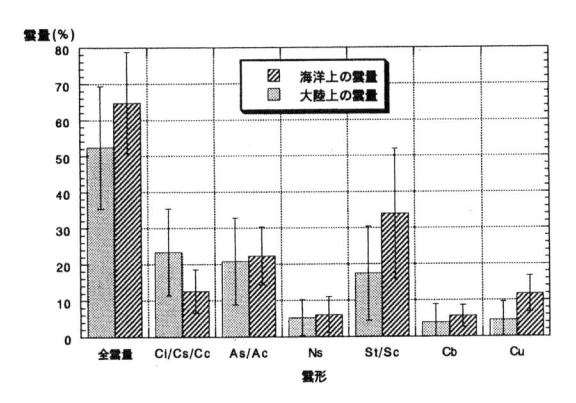

パラメータ	観測手段・プラットフォーム
(巨視的) 雲量 雲形 雲の高さ 雲の温度 鉛直積分雲水量： $\int LWC \cdot dz$ レーダー反射因子： $Z = \sum[(2r)^6 n(r)]$ 雲水量： $LWC = 4/3 \cdot \pi \rho_w \sum[r^3 n(r)]$ 数濃度： $\sum n(r)$ 粒径分布： $n(r)$ 大きさ： 半径 r 相： 水/氷 (微視的)	(リモートセンシング) 目視観測 放射計観測 ライダー観測 レーダー観測 (衛星・航空機・地上ベース) (現場観測) 航空機観測 ゾンデ観測 地上観測

図 7.1 海洋上と大陸上における全雲量と雲形別雲量
1952～1981年の統計データ[2,3]から作図．エラーバーは 5°×5°の格子点値の標準偏差である．雲形の略語(Ciなど)は，表1.4を参照．

ここでは，雲の概略を示す雲量，雲粒子の相，雲水量に関する統計結果を示す．

図 7.1 は，世界中の雲の観測データから求められた海洋上と大陸上における全雲量と雲形別雲量である[2,3]．全球平均の全雲量は約 50～60% であり，全般に層状性の雲形が卓越している．

図 7.2 は，氷点下の温度で現れる雲における水雲・混合雲・氷雲(氷晶雲)の割合を示している[4]．1960 年代初期の旧ソ連邦におけるデータである．0～−10℃ では水雲(過冷却雲)の割合が多く，−15℃ 以下の温度では氷雲が多くなる．図 7.2 のデータにおける水雲の頻度に混合雲の頻度の 1/2 を加えた割合は，

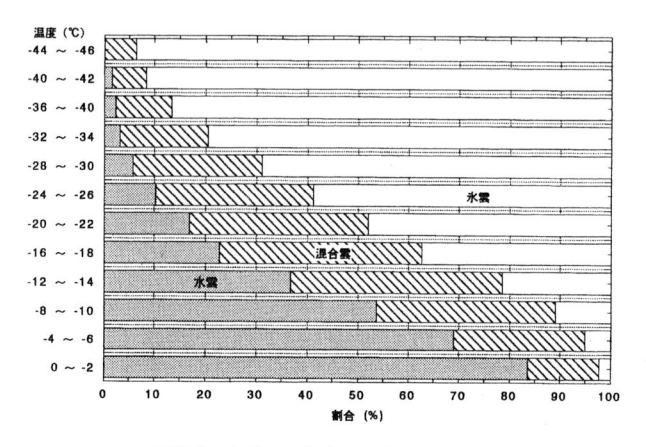

図7.2 水雲・混合雲・氷雲の観測割合
旧ソ連邦上空41500個の雲における61580回の観測からの統計データ[4]から作図.

$$f_1 = 0.0059 + 0.8784 \exp(-0.00545|T_c|^{1.7}) \qquad (7.1)$$

で近似される[5]. ここで, T_c は℃単位の温度である. また, 大陸性気団内と海洋性気団内における125μmを越える雲粒子の質量に占める水滴の割合は,

$$f_1 = 0.105 T_c + 0.954 \quad (大陸性気団), \qquad (7.2\,\mathrm{a})$$
$$f_1 = 0.092 T_c + 0.805 \quad (海洋性気団) \qquad (7.2\,\mathrm{b})$$

で近似されるという報告もある[6]. 雲粒子の相は, 温度と雲粒子の粒径分布のほか凝結核, 氷晶核, 雲形, 雲の発達段階などにも依存する. 今後さらに, 詳細な観測データの蓄積が重要である.

雲水量の統計的な特徴が, 航空機観測によるデータから得られてきている[7~9]. 図7.3は, 雲形別の雲水量の累積頻度分布を示している. 対流性のCu, Cbにおける雲水量が大きく, 層状性の雲では雲水量が小さい傾向がある. 式(3.33)から予想されるように, 鉛直方向の広がりが大きい雲ほど, 断熱的雲水量が大きい. また, 図7.4は, 各温度における氷も含む雲水量の累積頻度分布である[8]. 雲水量の頻度分布は温度と密接に関係し, 温度が高いほど雲水量は著しく増加する. 各温度における雲水量 LWC が出現する確率密度 $f(LWC)$ は,

$$f(LWC) = \log e / [(2\pi)^{1/2} \sigma LWC] \cdot \exp[-(\log LWC - \log LWC_m)^2 / (2\sigma^2)] \quad (7.3)$$

という対数正規分布関数で近似されている. ここで, logは常用対数, $\log LWC_m$ は $\log LWC$ の平均, σ は $\log LWC$ の標準偏差である. LWC_m と σ は, 表7.2の係数 a_0, a_1 を用いて

7. 雲と降水の観測

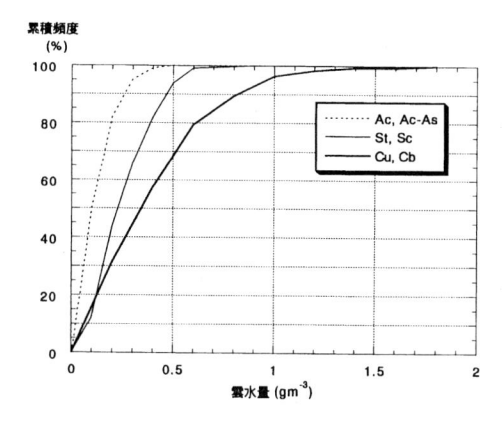

図 7.3 雲水量の累積頻度分布 (雲形別)[7]

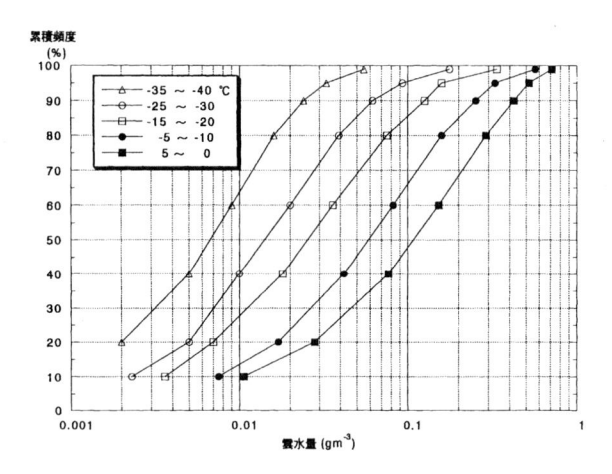

図 7.4 雲水量累積頻度分布 (温度別)[8]
雲水量は，5秒間 (0.6〜0.7 km の距離) についての平均値である．

表 7.2 雲水量を対数正規分布で表すときの係数[8]

温度範囲 (℃)	−40 −35	−35 −30	−30 −25	−25 −20	−20 −15	−15 −10	−10 −5	−5 0	0 +5
a_0	5.519	3.623	3.920	4.003	2.838	2.657	2.447	1.853	1.658
a_1	2.603	1.755	2.141	2.262	1.780	1.821	1.890	1.737	1.609
w_{50}	0.008	0.009	0.015	0.017	0.025	0.035	0.051	0.086	0.093
w_{99}	0.031	0.070	0.091	0.086	0.200	0.260	0.360	0.840	0.910
$|\Delta F_{max}|$	0.006	0.006	0.016	0.017	0.021	0.032	0.062	0.065	0.063

w_{50}：雲水量の 50% 点， w_{99}：雲水量の 99% 点，単位：g m^{-3}．
$|\Delta F_{max}|$：対数正規分布で表した雲水量累積頻度の 0.01 g m^{-3}〜w_{99} における最大誤差．

$$LWC_m = 10^{-a_0/a_1}, \qquad (7.4\text{a})$$
$$\sigma = \sigma_{\log LWC} = a_1^{-1} \qquad (7.4\text{b})$$

によって計算される.なお,この雲水量データは,5秒間(0.6~0.7kmの距離)についての平均値である.観測データの平均時間(平均空間スケール)が長くなるほど,雲水量は小さくなる.

過冷却の雲水は,航空機への着氷を引き起こすため,特に小型機やヘリコプターにとって重要である[10,11].雲水量 LWC (g m^{-3}) の雲の中で対気速度 (true airspeed) V (m s^{-1}) で移動する物体に捕捉される単位時間・単位面積当たりの水滴の質量すなわち着氷率 dm/dt (g m^{-2} s^{-1}) は,

$$dm/dt = E \cdot LWC \cdot V \qquad (7.5)$$

で計算される[12].ここで,E はバルクの衝突捕捉係数 (bulk collision-collection efficiency) である.衝突捕捉係数 E は,水滴が大きいほど大きい.つまり,雲水量 LWC が大きいほど,また水滴が大きいほど,着氷率 dm/dt は大きい.

図7.5は,米国における航空機着氷の温度別出現頻度を示している[13].約1年間の航空機着氷を報じたパイロット報告(PIREP)の統計結果である.航空機着氷のメジアン温度は $-10°C$,$0~-20°C$ の温度範囲に全データの 87% が,$-2~-15°C$ に 71% が,$-5.3~-13.6°C$ に 50% が分布している.日本付近においても着氷は一般に $0~-20°C$ で起こり,特に $-2~-10°C$ の範囲で多発し強い着氷もこの範囲で最も多い[14].図7.2の水雲の観測割合と図7.4の雲水量の温度依存性とに対応する結果である.

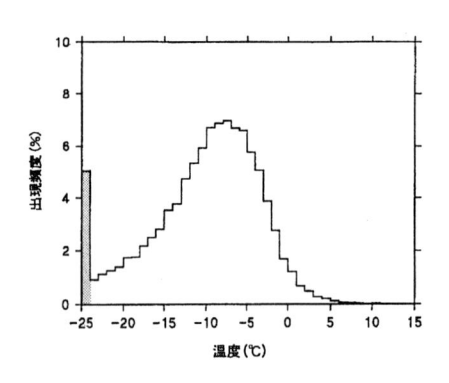

図7.5 航空機着氷の温度別出現頻度[13]
着氷データ:NOAA FSL (Forecast Systems Laboratory) で受けた米国内で航空機着氷を報じたパイロット報告(PIREP),温度データ:PIREP地点におけるNGM (Nested-Grid Model) 格子点からの内挿値,統計期間:1990年3月13日~1991年3月25日.

7.2 降水のパラメータ

この節では,雨粒や雪片,あられなどの降水粒子の粒径分布と雨水量・雪水量,降水強度,レーダー反射因子,鉛直積算雨水量の各種パラメータ(物理量)について説明する.

7.2.1 粒径分布

単位体積当たりの粒子の粒径ごとの数濃度を表したものを，粒径分布(size distribution)という．降水粒子(雨粒，雪片，あられなど)の粒径 $D \sim D+dD$ の単位体積当たりの粒子数を $n(D)dD$ (m^{-3}) で表すとき，

$$n(D) = n_0 \exp(-\lambda D) \tag{7.6}$$

の形の逆指数分布が広く用いられている[15~23]．式(7.6)は，縦軸：$\log[n(D)]$，横軸：D の片対数グラフで直線となる．ここで，n_0 は intercept parameter (m^{-4})，λ は slope parameter (m^{-1}) と呼ばれる．λ が大きいとき，大きな粒径 D に対する数濃度 $n(D)dD$ は急激に小さくなる．単位体積当たりの粒子の粒径ごとの数が，2個のパラメータ (n_0, λ) を用いた逆指数分布で表現されている．

また，3個のパラメータを用いた粒径分布の式の

$$n(D) = n_0 D^\mu \exp(-\lambda D), \tag{7.7}$$

$$n(D) = n_T / [(2\pi)^{1/2} D \ln\sigma] \cdot \exp[-\ln^2(D/D_g)/(2\ln^2\sigma)] \tag{7.8}$$

も用いられる[24,25]．式(7.7)は，ガンマ分布(gamma distribution)と呼ばれ，n_0, λ, μ のパラメータで粒径分布を表現する．$\mu=0$ のときには，逆指数分布になる．式(7.8)は，対数正規分布(lognormal distribution)であり，D_g, σ, n_T のパラメータを用いている．

雨粒についての式(7.6)の n_0 と λ が

$$n_0 = 8 \times 10^6 \, \mathrm{m}^{-4} = 8 \times 10^3 \, \mathrm{mm}^{-1} \, \mathrm{m}^{-3}, \tag{7.9a}$$

$$\lambda = 4.1 \times 10^3 R^{-0.21} \, (\mathrm{m}^{-1}) = 4.1 R^{-0.21} \, (\mathrm{mm}^{-1}) \tag{7.9b}$$

で与えられる粒径分布をマーシャル-パルマー(Marshall-Palmer)分布という．ここで，R は降水強度 $(\mathrm{mm\,h^{-1}})$ である．n_0 は一定値であるが，λ は降水強度 R が大きいほど小さな値となる．

雪片についての式(7.6)の n_0 と λ が

$$n_0 = 3.8 \times 10^6 R^{-0.87} \, (\mathrm{m}^{-4}), \tag{7.10a}$$

$$\lambda = 2.55 \times 10^3 R^{-0.48} \, (\mathrm{m}^{-1}) \tag{7.10b}$$

で与えられる粒径分布をガン-マーシャル(Gunn-Marshall)分布という．ただし，R は降水強度 $(\mathrm{mm\,h^{-1}})$ である．n_0 は降水強度 R に依存し，降水強度 R が小さいほど大きな値となる．一方，λ は，雨粒の粒径分布と同様に，降水強度 R が大きいほど小さな値となる．なお，この分布は雪片の融解直径についても成り立つ．

【問題7.1】 逆指数分布をした降水粒子の総個数濃度 n_T (m^{-3}) と平均直径 D_m (m) を求めよ.

【解答】 $n_T = \int_0^\infty n(D)dD = \int_0^\infty n_0 \exp(-\lambda D)dD.$

$$\therefore n_T = n_0/\lambda \text{ (m}^{-3}). \tag{7.11}$$

$D_m = 1/n_T \cdot \int_0^\infty D \cdot n(D)dD = \lambda/n_0 \cdot \int_0^\infty D \cdot n_0 \exp(-\lambda D)dD = \lambda\Gamma(2)/\lambda^2.$

$$\therefore D_m = 1/\lambda \text{ (m)}. \tag{7.12}$$

ここで, $\Gamma(n+1) \equiv \int_0^\infty t^n \exp(-t)dt = n!$ (ガンマ関数) を用いている.

なお, 粒子の全体的な大きさを示すものとして, メジアン体積直径 (median volume diameter) D_0 がある. これは, 直径 D_0 より小さな粒子の体積の合計と直径 D_0 より大きな粒子の体積の合計とが等しい直径のことである. 式 (7.6) の粒径分布ではメジアン体積直径 D_0 と平均直径 D_m との間には,

$$D_0 = 3.67 D_m \tag{7.13}$$

の関係が成り立つ.

したがって, 雨粒の粒径分布にマーシャル-パルマー分布を適用した総個数濃度 n_T(M-P) (m^{-3}) とメジアン体積直径 D_0(M-P) (m) は, それぞれ,

$$n_T(\text{M-P}) = 2.0 \times 10^3 R^{0.21}, \tag{7.14 a}$$

$$D_0(\text{M-P}) = 9.0 \times 10^{-4} R^{-0.21} \tag{7.14 b}$$

で与えられる.

一方, 雪片の粒径分布にガンマ-マーシャル分布を適用した総個数濃度 n_T(G-M) (m^{-3}) とメジアン体積直径 D_0(G-M) (m) は, それぞれ,

$$n_T(\text{G-M}) = 1.5 \times 10^3 R^{-0.39}, \tag{7.15 a}$$

$$D_0(\text{G-M}) = 9.0 \times 10^{-4} R^{0.48} \tag{7.15 b}$$

で与えられる. 図7.6に, 各降水強度に対する雨と雪の総個数濃度 n_T を示す.

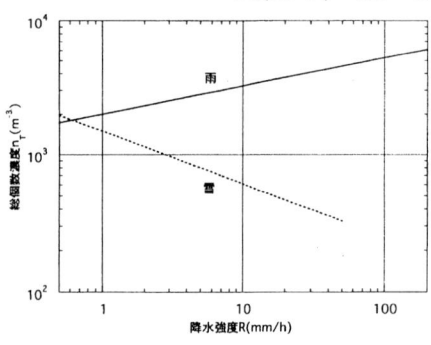

図7.6 各降水強度に対する雨と雪の総個数濃度 N_T
雨についてはマーシャル-パルマー分布, 雪についてはガンマ-マーシャル分布を仮定している.

【問題7.2】 時間 Δt の間に水平面積 S に, 直径 $D_i \sim D_i + \Delta D$ の降水粒子が N_i 個落下している. 直径 $D_i \sim D_i + \Delta D$ の降水粒子の単位体積当たり単位長さ当たりの個数 $n(D_i)$ を求めよ. ただし, 直径 $D_i \sim D_i + \Delta D$ の降水粒子の落下速度を V_i とする.

【解答】 $n(D_i)\Delta D = N_i/(\text{サンプリング体積}) = N_i/(SV_i\Delta t)$

$$\therefore n(D_i) = N_i/(SV_i\Delta t\Delta D). \tag{7.16}$$

7.2.2 雨水量・雪水量

単位体積当たりの雨または雪の質量を雨水量(rain water content)または雪水量(snow water content)という．粒径分布 $n(D)$ を用いると，雨水量 M は，

$$M = \int_0^\infty \pi/6 \cdot D^3 \rho_w n(D) dD \text{ (kg m}^{-3}\text{)} \tag{7.17}$$

で与えられる．ここで，ρ_w は水の密度である．

【問題 7.3】 逆指数分布をした降水粒子の雨水量を求めよ．
【解答】 式(7.17)へ式(7.6)を代入する．

$$\begin{aligned}
M &= \int_0^\infty \pi/6 \cdot D^3 \rho_w n_0 \exp(-\lambda D) dD \\
&= \pi/6 \cdot \rho_w n_0 \int_0^\infty D^3 \exp(-\lambda D) dD \\
&= \pi/6 \cdot \rho_w n_0 \Gamma(4)/\lambda^4 \\
\therefore M &= \pi \rho_w n_0/\lambda^4.
\end{aligned} \tag{7.18}$$

したがって，雨粒についてマーシャル-パルマー分布，雪片についてガン-マーシャル分布を適用した雨水量 $M(\text{M-P})$，雪水量 $M(\text{G-M})$ は，

$$M(\text{M-P}) = 8.9 \times 10^{-5} R^{0.84} \text{ (kg m}^{-3}\text{)}, \tag{7.19}$$

$$M(\text{G-M}) = 2.8 \times 10^{-4} R^{1.05} \text{ (kg m}^{-3}\text{)} \tag{7.20}$$

という式で与えられる．図7.7に，各降水強度に対する雨水量・雪水量を示す．降水強度 R が大きいほど，雨水量・雪水量 M は大きい．同じ降水強度で雪水量が雨水量より大きいのは，雪粒子の落下速度が雨粒よりも小さいため，同じ降水強度をもたらすには大きな雪水量が必要だからである．

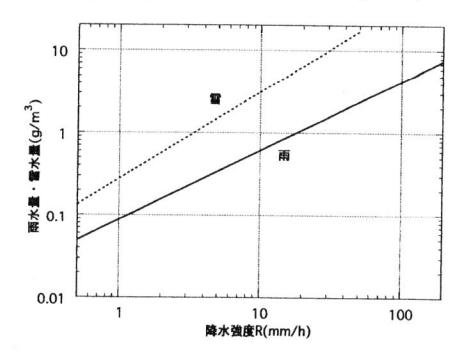

図7.7 各降水強度に対する雨水量・雪水量 雨についてはマーシャル-パルマー分布，雪についてはガン-マーシャル分布を仮定している．

7.2.3 降水量と降水強度

地表に落下した降水の量が，降水量(amount of precipitation)である．一般に，降水量は水の深さで表され，単位は mm である．雪やあられなど固形降水の場合には，これらを融解した水の深さをいう．

図7.8は，転倒ます型雨量計(tipping-bucket rain recorder)を示したものである．(a)は気象官署の地上気象観測装置とアメダスの有線ロボット気象計で用

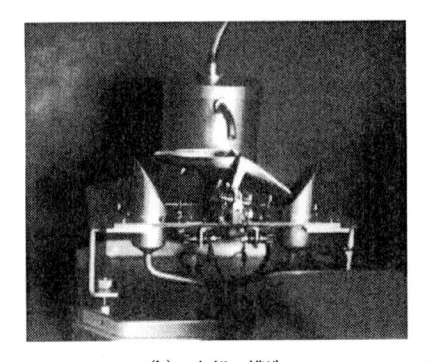

(a) 外観　　　　　　　(b) 内部の構造

図7.8　転倒ます型雨量計

いられる．(b)はアメダスの無線ロボット雨量計で用いられるものである．どちらも受水器に受けた雨水が左右に転倒するますの片方に入り，一定量に達するとますが転倒してますの中の雨水が排出される．この後，もう一方のますに雨水が入り，同様に繰り返す．降水量0.5 mmに相当する量に達すると，転倒ますが転倒する[26]．

水の深さである降水量は，単位面積当たりの降水の質量でもある．降水量1 mmは1 kg m^{-2}に相当する．円筒型雨雪量計では，受水口で受ける降水の質量を降水はかりによって測定する．固形降水を融解する必要がなく，円筒型雨雪量計ごと降水はかりにのせて降水量を直接測定できる．

【問題7.4】　降水量1 mmのとき，口径20 cmの受水口で受ける降水の質量mを求めよ．
【解答】　$m = \pi/4 \cdot 20^2 \cdot 0.1 \cdot 1 = 31.4$ g．

単位時間当たりの降水量を，降水強度(precipitation intensity)という．mm h^{-1}の単位で表すことが多い．降水量は単位面積当たりに落下する降水粒子の質量でもあるから，降水強度は，単位面積当たり単位時間に落下する降水粒子の質量，すなわち降水粒子の質量フラックスでもある．

降水粒子の粒径分布$n(D)$と落下速度$U(D)$が与えられている場合，降水強度Rは

$$R = \int_0^\infty \pi/6 \cdot D^3 n(D) U(D) dD \tag{7.21}$$

で表される．

【問題 7.5】 粒径分布：$n(D) = n_0 \exp(-\lambda D)$, 落下速度：$U(D) = aD^b$ で与えられる降水粒子の降水強度の式を求めよ．
【解答】 式 (7.21) へ粒径分布の式と落下速度の式を代入する．

$$R = \int_0^\infty \pi/6 \cdot D^3 n_0 \exp(-\lambda D) aD^b dD = \pi/6 \cdot n_0 a \int_0^\infty D^{3+b} \exp(-\lambda D) dD$$
$$= \pi/6 \cdot n_0 a \Gamma(4+b)/\lambda^{4+b}.$$
$$\therefore R = \pi n_0 a \Gamma(4+b)/(6\lambda^{4+b}). \tag{7.22}$$

上式のように，降水強度は降水粒子の粒径分布パラメータ (n_0, λ) と落下速度のパラメータ (a, b) によって表現される．

7.2.4 レーダー反射因子

レーダー電波の降水粒子からの反射は，

$$Z = \int_0^\infty D^6 n(D) dD \tag{7.23}$$

で表されるレーダー反射因子 (radar reflectivity factor) に比例する．レーダー反射因子の単位は m³ であるが，通常 mm⁶ m⁻³ 単位に換算し $10 \log Z$ を dBZ で表している．

【問題 7.6】 粒径分布が $n(D) = n_0 \exp(-\lambda D)$ で与えられる降水粒子のレーダー反射因子 Z を求めよ．
【解答】 式 (7.23) へ粒径分布の式 $n(D) = n_0 \exp(-\lambda D)$ を代入する．

$$Z = \int_0^\infty D^6 n_0 \exp(-\lambda D) dD = n_0 \Gamma(7)/\lambda^7. \tag{7.24}$$

上のように，レーダー反射因子は降水粒子の粒径分布パラメータ (n_0, λ) によって表現される．降水強度も降水粒子の粒径分布と落下速度のパラメータによって表現されるから，レーダー反射因子 Z と降水強度 R との間には一定の関係 (Z-R 関係) が存在する．

【問題 7.7】 マーシャル-パルマー分布をした雨粒の Z-R 関係を求めよ．
【解答】 前問の結果を利用する．$Z = n_0 \Gamma(7)/\lambda^7 = 720 n_0/\lambda^7$ に，$n_0 = 8 \times 10^6$ m⁻⁴，$\lambda = 4.1 \times 10^3 R^{-0.21}$ (m⁻¹) を代入する．

$$Z = 720 \times 8 \times 10^6/(4.1 \times 10^3 R^{-0.21})^7 = 3.0 \times 10^{-16} R^{1.47} \text{ (m}^3\text{)}.$$
$$\therefore Z = 300 R^{1.47} \text{ (mm}^6 \text{ m}^{-3}\text{)}.$$

統計的には，$Z = BR^\beta$, $B = 100 \sim 700$, $\beta = 1.2 \sim 1.8$ の Z-R 関係が用いられている．一般に，$B = 200$, $\beta = 1.6$ が用いられている．図 7.9 に $Z = 200 R^{1.6}$ の関係を示す．

同様に，レーダー反射因子 Z と雨水量 M との間にも，一定の関係が存在する．

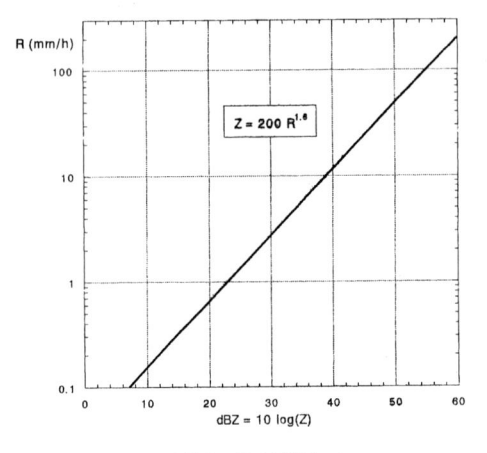

図7.9 Z-R 関係

【問題7.8】 マーシャル-パルマー分布をした雨粒の雨水量 M とレーダー反射因子 Z との関係を求めよ．

【解答】 粒径分布 $n(D)=n_0\exp(-\lambda D)$ のパラメータを用いて，雨水量は式 (7.18)： $M=\pi\rho_w n_0/\lambda^4$，レーダー反射因子は式 (7.24)： $Z=n_0\Gamma(7)/\lambda^7=720 n_0/\lambda^7$ と表現される．式 (7.24) から λ を求めて式 (7.18) へ代入すると，

$$M=\pi\rho_w n_0/(720 n_0)^{4/7}\cdot Z^{4/7} \tag{7.25 a}$$

が得られる．ここで，雨水量 M を $\mathrm{g\,m^{-3}}$ 単位，レーダー反射因子 Z を $\mathrm{mm^6\,m^{-3}}$ 単位で表し，$\rho_w=10^6\,\mathrm{g\,m^{-3}}$, $n_0=8\times 10^6\,\mathrm{m^{-4}}$ を代入する．

$$M(\mathrm{g\,m^{-3}})=\pi\times 10^6\times 8\times 10^6/(720\times 8\times 10^6\times 10^{18})^{4/7}\cdot Z\,(\mathrm{mm^6\,m^{-3}})^{4/7}.$$

$$\therefore\ M\,(\mathrm{g\,m^{-3}})=3.44\times 10^{-3} Z\,(\mathrm{mm^6\,m^{-3}})^{4/7}. \tag{7.25 b}$$

7.2.5 鉛直積算雨水量

雨水量 M をレーダーエコーのある下端 z_b から上端 z_t まで鉛直方向に積分した，

$$VIL=\int_{z_b}^{z_t} M dz\,(\mathrm{kg\,m^{-2}}) \tag{7.26 a}$$

という量を鉛直積算雨水量 VIL (vertically integrated liquid-water content) という[27]．鉛直積算雨水量 VIL は上空の雨水量がすべて地上に落下すると仮定した場合の降水量に相当し，$1\,\mathrm{kg\,m^{-2}}$ は降水量 1 mm である．米国では，VIL と VIL に関連したパラメータが，ひょうや雷，強風，竜巻など激しい擾乱の探知に用いられている[28~30]．また，国内における空港気象レーダーと一般気象レーダーでも鉛直積算雨水量 VIL が算出されるようになってきている[31,32]．

【問題 7.9】 マーシャル-パルマー分布をした雨粒の雨水量 M とレーダー反射因子 Z との関係を用いて，鉛直積算雨水量 VIL $(\mathrm{kg\ m^{-2}})$ をレーダー反射因子 Z $(\mathrm{mm^6\ m^{-3}})$ を用いて表せ．
【解答】 式 (7.26 a) へ式 (7.25 b) を代入する．

$$VIL\,(\mathrm{kg\ m^{-2}}) = \int_{z_b}^{z_t} M dz = \int_{z_b}^{z_t} 3.44 \times 10^{-3} Z\,(\mathrm{mm^6\ m^{-3}})^{4/7} \times 10^{-3} dz$$

$$\therefore VIL\,(\mathrm{kg\ m^{-2}}) = 3.44 \times 10^{-6} \int_{z_b}^{z_t} Z\,(\mathrm{mm^6\ m^{-3}})^{4/7} dz \qquad (7.26\,\mathrm{b})$$

7.3 地上観測

最も身近な地表面で行われる地上観測は，海上や宇宙空間における観測に比べて簡便で一般的であり，長期間のデータがある．しかし，衛星観測に比べると広範囲を観測できない，観測点がおもに陸上に限られる，などの限界がある．この節では，雲の地上観測を衛星観測と比較しながら，地上観測の特徴を見る．

図 7.10 は，地上から撮影した雲の写真である．青森市上空のほぼ南半分を覆う高積雲の雲層があり，北側に広がる青空とのコントラストが顕著である．雲の地上観測から，雲量・雲形などがわかる．

さて，このような高積雲の水平的な広がりを地上観測によって知るには，他の地点における地上観測のデータが必要である．図 7.11 は，各地の地上気象観測

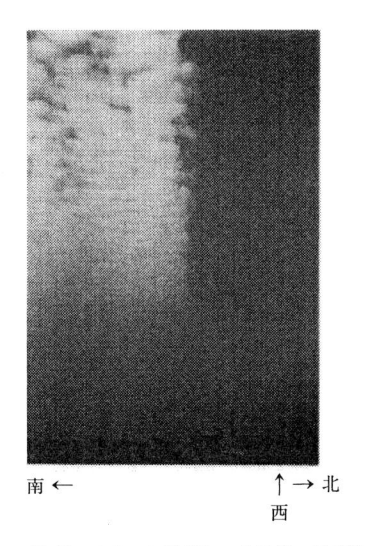

図 7.10 地上から撮影した高積雲の写真[33]
1980 年 9 月 20 日 8 時 30 分頃，青森市で撮影．

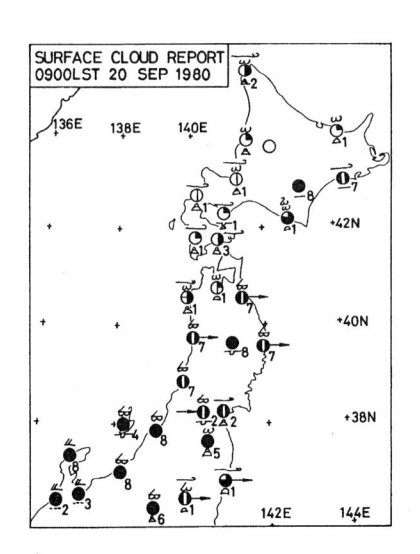

図 7.11 各地の雲の観測結果[33]
1980 年 9 月 20 日 9 時の地上気象観測による．全雲量と雲の状態の天気図記号の見方は，付録 A-4.5 に示されている．

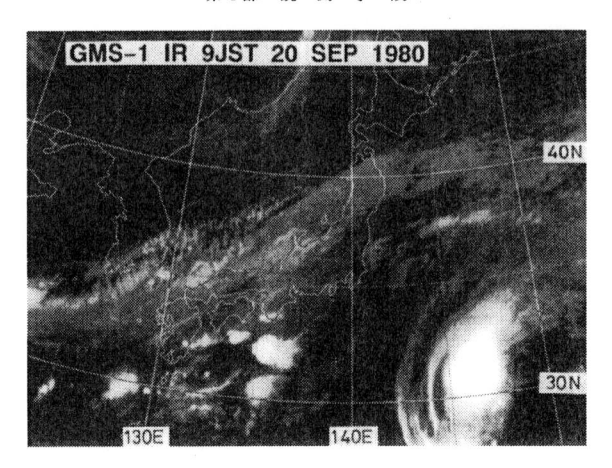

図7.12 赤外画像 (1980年9月20日9時, GMS1)[33]

による雲の観測結果を示している[33]．図7.11によると，下層雲による一部の曇天を除いて北海道から青森県にかけて晴天（全雲量6/8以下）域が分布し，その南側に高積雲または高積雲・高層雲主体の曇天域が広がっている．つまり，図7.10で見られた青空と高積雲の雲層とのコントラストは，少なくとも数100km以上のスケールで広がる雲層の北側の縁の一部である．

このときの雲の広がりを衛星画像で見てみよう．図7.12は，図7.10とほぼ同時刻における静止気象衛星（GMS1）による赤外画像である．主要な雲システムが西日本から東北地方を覆い，東北地方には中層雲と上層雲が広がっている．また，朝鮮半島から日本海中部にかけて，ジェット気流と対応するシーラスストリークとトランスバースラインの雲特徴が見られ，東北地方北部の中・上層雲の北側の明瞭な縁へと連なっている．

このように衛星観測は雲を含む大気を上方から大局的に観測するが，地上観測は大気を地上から局所的に観測する．地上観測は，航空機の離着陸に必要な局所的な地上付近の気象実況と短時間予測，長期間のデータに基づく気候変化の把握などに有効である．

7.4 ゾンデ観測

大気は三次元的に広がり，気温や水蒸気などの気象要素は水平方向にも鉛直方向にも変化している．特に，水蒸気含有量は，鉛直方向に著しく変化する．

大気の各種状態変数の鉛直分布の把握に有効な観測手段が，ゾンデ観測であ

7. 雲と降水の観測

る．ゴム気球に吊り下げられて上昇するラジオゾンデ(radiosonde)によって，各高度における気温，気圧，湿度が測定されて無線によって送信される．気温，気圧，湿度と一緒に風も測定するものをレーウィンゾンデ(rawinsonde)といい，風だけを測定する観測器械をレーウィン(rawin)という．図7.13aは，1999年現在高層気象観測で用いられているRS2-91型レーウィンゾンデの構造を示したものである[34]．

高層の大気観測にはラジオゾンデに加えて，係留ゾンデ(tethered sonde)[35]，ロケットゾンデ(rocket sonde)[36]，航空機から落下させて観測するドロップゾンデ(dropsonde)が用いられる．高層大気の特定の観測要素を対象にしたゾンデには，オゾンゾンデ(ozone sonde)[37]，雲粒子ゾンデ(hydrometeor videosonde)[38,39]，エーロゾルゾンデ(balloon-borne sampler collecting aerosol particles)[40]，放射ゾンデ(radiometersonde)[41]などがある．

図7.13bは，雲粒子ゾンデの外観である[38]．雲粒子ゾンデが気球に吊り下げられて上昇するとき，大気中の雲粒子・降水粒子が透明なフィルム上に捕捉される．フィルム上に捕捉された粒子が，顕微鏡カメラと接写カメラの2台のテレビカメラによって撮影される．フィルムは約6秒間静止後，約4秒間巻き取られて移動し，新しいフィルムで静止する．このような静止・巻き取り移動のサイクルを繰り返して，雲粒子と降水粒子の画像が地上に伝送される．画像の解析から，雲粒子・降水粒子の相，形状，大きさがわかり，粒径分布・雲水量・雨水量(雪水

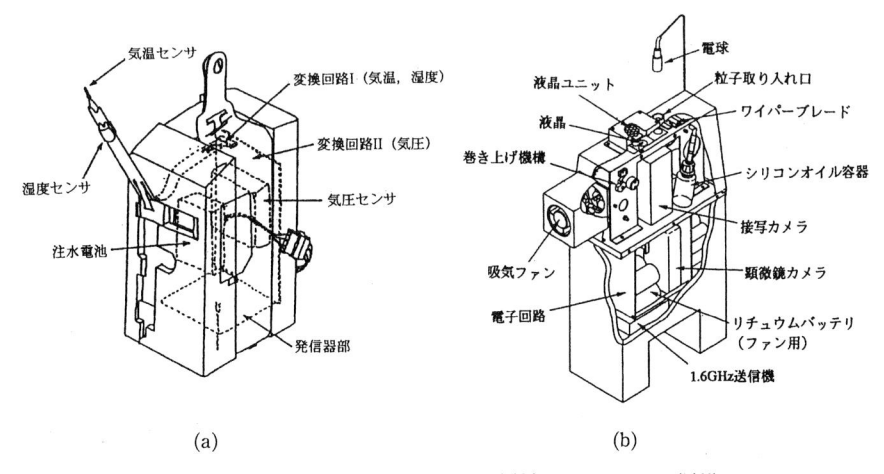

図7.13 RS2-91型レーウィンゾンデ(a)[34]と雲粒子ゾンデ(b)[38]

量)の鉛直分布が推定できる．

7.5 航空機観測

　航空機は，数 100 km h^{-1} の速度で移動する．航空機観測の長所は，この機動性である．目標とする雲の場所へ迅速に移動し，雲を追跡しながら現場観測を行うことができる．

　航空機観測で用いられる測器には，KING 雲水量計，FSSP (forward scattering spectrometer probe)，雲粒子イメージセンサーの 2 D-C プローブ，降水粒子イメージセンサーの 2 D-P プローブなどがある[42~44]．

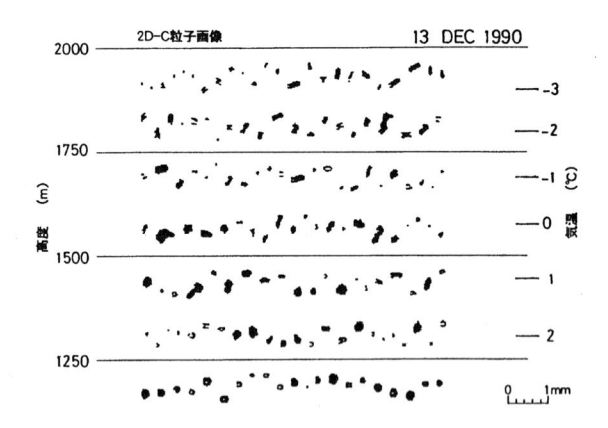

　KING 雲水量計は，熱線に付着する水滴を雲水量として観測する．FSSP は，レーザー光の雲粒子による前方散乱を利用して雲粒の粒径別の数濃度を観測する．2 D-C プローブと 2 D-P プローブは，32 素子の受光面で雲粒子と降水粒子がレーザー光線を遮って作る影を記録し，粒子画像を得る．画像データ上の粒子の形状から，水滴か氷粒子かを識別することができる．これらの画像データの解析から，雲粒子，降水粒子の相，大きさ，粒径分布，雲水量，雨水量(雪水量)の鉛直分布と水平分布がわかる．図 7.14 に 2 D-C プローブで得られる粒子画像の例を示す[45]．上部に針状と角柱状の氷晶が見られる．また，0℃ 高度以下で氷粒子と水滴とが混在している．

図 7.14 2 D-C プローブで得られる粒子画像の例[45]
1990 年 12 月 13 日，八丈島南方海上で観測された層積雲内の粒子画像を高度別に並べている．

7.6 気象レーダー

　図7.15は東京管区気象台の気象レーダーの外観である。レーダー(RADAR: radio detection and ranging)は，電波を目標物に当て，その電波の反射波を受けて，その往復時間やアンテナの指向特性などの関係から目標物の位置を決定できる[46]．表7.3に示されたレーダーで使われる電波の周波数と波長[47]の中で，降水粒子を観測対象とする気象レーダーはおもに

図7.15　千葉県柏市に設置されている東京レーダーの外観

表7.3　レーダーの周波数と波長[47]

レーダーバンド名	周波数	波長
HF	3～30 MHz	100～10 m
VHF	30～300 MHz	10～1 m
UHF	300～1000 MHz	1～0.3 m
L	1～2 GHz	30～15 cm
S	2～4 GHz	15～8 cm
C	4～8 GHz	8～4 cm
X	8～12 GHz	4～2.5 cm
Ku	12～18 GHz	2.5～1.7 cm
K	18～27 GHz	1.7～1.2 cm
Ka	27～40 GHz	1.2～0.75 cm
mm or W	40～300 GHz	7.5～1 mm

表7.4　気象レーダー(気象庁)の主要諸元表[49]

項目	一般気象レーダー	空港気象ドップラーレーダー	空港気象レーダー
周波数	5280～5340 MHz	5280～5340 MHz	5280～5340 MHz
波長	5.62～5.77 cm	5.62～5.77 cm	5.62～5.77 cm
送信電力	250 kW	200 kW	250 kW
パルス幅	2.5 μs	1.0 μs	1.0 μs
パルス繰り返し周波数	260 Hz	400～2000 Hz	1040 Hz
空中線直径	3 m, 4 m	7 m	2 m
ビーム幅	1.4°	0.7°	2.2°
観測範囲	500 km×500 km	200 km×200 km	200 km×200 km
分解能(極座標)	距離 250 m 方位 1.5°	距離 150 m 方位 0.7°	距離 250 m 方位 1.5°

Sバンド，Cバンド，Xバンドである[48]．降水粒子によって散乱される電波を受信して，降水域の性質(大きさ，高度，形状，移動，降水強度など)を遠隔測定する．また，波長1～8 mmのレーダーは雲粒子の観測に用いられ，UHFとVHFバンドの波長を用いたレーダーは晴天大気の観測に有効である．表7.4は気象庁の気象レーダーの諸元を示している[49]．

以下に，気象レーダーによって降水の各種情報が得られる原理を説明する[47,50～52]．

いま，レーダーから送信電力P_tで電波が放射されるとする．すべての方向に一様に電力を放射する等方性アンテナの場合，レーダーからの距離rにおいて面積A_tで受ける電力P_σは，

$$P_\sigma = P_t A_t / (4\pi r^2) \tag{7.27}$$

で与えられる．

指向性のあるアンテナから電力が放射される場合には，

$$P_\sigma = G P_t A_t / (4\pi r^2) \tag{7.28}$$

となる．ここで，Gはアンテナの絶対利得と定義されるものである．

次に，レーダーからの距離rにおいてP_σの電力で電波が等方的に放射され，レーダーのある地点で面積A_eで受ける電波の電力P_rは，

$$P_r = P_\sigma A_e / (4\pi r)^2 = G P_t A_t A_e / (4\pi r^2)^2 = P_t \cdot G^2 \lambda^2 / [(4\pi)^3 r^4] \cdot A_t \tag{7.29}$$

で与えられる．ここで，$G = 4\pi A_e / \lambda^2$の関係を用いている[53]．

気象レーダーの観測対象は，時間的に変化する大気中の降水粒子(雨粒，氷粒子)である．したがって，気象レーダーが測定する平均受信電力は，

$$P_r = P_t \cdot G^2 \lambda^2 / [(4\pi)^3 r^4] \cdot \sum \sigma \tag{7.30}$$

で表される．ここで，$\sum \sigma$はレーダーが解像できる体積内における全粒子の散乱断面積の合計である．レーダーの解像できる体積Vは，

$$V = \pi \cdot (r\theta)^2 \cdot h/2 \tag{7.31}$$

で表される．ここで，θはアンテナのビーム幅，hはパルス長$=c\tau$，cは電波の伝搬速度，τはパルス幅である．

さらに，単位体積当たりのレーダー反射因子をηとして，式(7.30)は

$$P_r = P_t \cdot G^2 \lambda^2 / [(4\pi)^3 r^4] \cdot \pi (r\theta)^2 h/2 \cdot \eta \tag{7.32}$$

と表現される．上式はアンテナの利得がビーム幅内で一定とした場合であるが，アンテナの利得がビーム幅内でガウシアンビームパタンである場合には

$$P_r = P_t \cdot G^2 \lambda^2 \theta^2 h / (1024 \pi^2 \ln 2) \cdot \eta / r^2 \tag{7.33}$$

となる．式(7.30)では平均受信電力 P_r が $1/r^4$ に比例しているが，レーダーの解像体積 V が r^2 に比例して大きくなるため，式(7.33)では平均受信電力 P_r が $1/r^2$ に比例する．

さて，レーダーから放射される波長 λ の電波が大気中の水滴によって散乱する場合，水滴半径 $\leq 0.1\lambda$ のときにはレーリー散乱がよい近似である．このときの散乱断面積 σ は，

$$\sigma = \pi^5 D^6 |K|^2/\lambda^4 \tag{7.34}$$

で与えられる．ここで，D は水滴直径，$K=(m^2-1)/(m^2+2)$，$m=n-ik$，n は屈折率，k は吸収係数である．$|K|^2$ は，水について 0.93，氷について 0.17 である．したがって，氷粒子の散乱断面積は水滴の約 2/9 である．

式(7.34)を式(7.30)に代入して，

$$P_r = P_t \cdot G^2\pi/[(4\pi)^3 r^4 \lambda^2] \cdot |K|^2 \sum D^6 \tag{7.35}$$

を得る．ここで，P_t, G, λ はレーダーパラメータ，r は距離，$|K|^2, \sum D^6$ は散乱パラメータである．特に，$\sum D^6$ は，レーダー反射因子 (radar reflectivity) と呼ばれ，粒径分布 $n(D)$ を用いて次式で表される．

$$Z = \sum D^6 = \int_0^\infty n(D) D^6 dD. \tag{7.36}$$

したがって，ビームパタンを考慮した平均受信電力は，

$$P_r = \pi^3 c/(1024 \ln 2) \cdot (P_t \tau G^2 \theta^2/\lambda^2) \cdot (|K|^2 Z/r^2), \tag{7.37}$$

$$10 \log P_r = 10 \log Z - 20 \log r + C \tag{7.38}$$

となる．レーダー反射因子 Z の単位が $mm^6\,m^{-3}$ のとき，$10 \log Z$ は dBZ と表現される．

【問題 7.10】 統計的に得られている Z-R 関係 ($Z=BR^\beta$, $B=200$, $\beta=1.6$) を用いて，レーダー反射因子 $45 dBZ$ のときの降水強度 R を求めよ．

【解答】 $Z=200R^{1.6}$ より，$R=(Z/200)^{1/1.6}$ を得る．また，$dBZ=10\log Z$ から，$Z=10^{dBZ/10}$ を得る．両式を組み合わせて，

$$R = (10^{dBZ/10}/200)^{1/1.6} = 3.65 \times 10^{-2} \times 10^{0.0625 dBZ}.$$

$dBZ=45$ を代入して，

$$\therefore R = 23.7 \text{ mm h}^{-1}.$$

図7.9に，$Z=200R^{1.6}$ の関係を示した．

文 献

1) 門脇俊一郎，1978：気象観測の新しい方法 大気のリモートセンシングについて．天気，**25**，57-68.
2) Warren, S. G., C. J. Hahn, J. London, R. M. Chervin and R. L. Jenne, 1986: Global distribution

of total cloud cover and cloud type amounts over land. NCAR Tech. Note, NCAR/TN-273 +STR, 229pp.
3) Warren, S. G., C. J. Hahn, J. London, R. M. Chervin and R. L. Jenne, 1988 : Global distribution of total cloud cover and cloud type amounts over ocean. NCAR Tech. Note, NCAR/TN-317 +STR, 212pp.
4) Matveev, L. T., 1984 : *Cloud Dynamics*. D. Reidel Publishing Company, 231-256.
5) Sun, Z., 1995 : Comparison of observed and modelled radiation budget over the Tibetan Plateau using satellite data. *Int. J. Climatol*., **15**, 423-445.
6) Moss, S. J. and D. W. Johnson, 1994 : Aircraft measurements to validate and improve numerical model parameterisations of ice to water ratios in clouds. *Atmos. Res*., **34**, 1-25.
7) Lewis, W., 1951 : Meteorological aspects of aircraft icing. *Compendium of Meteorology*, American Meteorological Society, 1197-1203.
8) Mazin, I. P., 1995 : Cloud water content in continental clouds of middle latitudes. *Atmos. Res*., **35**, 283-297.
9) Gultepe, L. and G. A. Isaac, 1997 : Liquid water content and temperature relationship from aircraft observations and its applicability to GCMs. *J. Climate*, **10**, 446-452.
10) 中山 章, 1989：航空気象 ─ 主として Briefing のために ─. 気象研究ノート, **165**, 76-84.
11) 中山 章, 1996：航空気象 ─ 悪天のナウキャストのために ─. 東京堂出版, 73-87.
12) Cober, S. G., G. A. Isaac and J. W. Strapp, 1995 : Aircraft icing measurements in East Coast winter storms. *J. Appl. Meteor*., **34**, 88-100.
13) Schultz, P. and M. K. Politovich, 1992 : Toward the improvement of aircraft-icing forecasts for the continental United States. *Wea. Forecasting*, **7**, 491-500.
14) 内田正昭, 1981：航空機着氷の予報. 管区予報研修テキスト航空気象, 気象庁予報部, 60-66.
15) Marshall, J. S. and W. M. Palmer, 1948 : The distribution of raindrops with size. *J. Meteor*., **5**, 165-166.
16) Imai, I., M. Fujiwara, I. Ichimura and Y. Toyama, 1955 : Radar reflectivity of falling snow. *Pap. Meteor. Geophys*., **6**, 130-139.
17) Gunn, K. L. S. and J. S. Marshall, 1958 : The distribution with size of aggregate snowflakes. *J. Meteor*., **15**, 452-461.
18) Passarelli, R. R. Jr., 1978 : Theoretical and observational study of snow-size spectra and snowflake aggregation efficiency. *J. Atmos. Sci*., **35**, 882-889.
19) Harimaya, T., 1978 : Observation of size distribution of graupel and snow flake. *J. Fac. Sci., Hokkaido Univ., Ser. 7*, **5**, 67-77.
20) Houze, R. A. Jr., P. V. Hobbs, P. H. Herzegh and D. B. Parsons, 1979 : Size distributions of precipitation particles in frontal clouds. *J. Atmos. Sci*., **36**, 156-162.
21) Federer, B. and A. Waldvogel, 1975 : Hail and raindrop size distributions from a Swiss multicell storm. *J. Atmos. Meteor*., **14**, 91-97.
22) 梶川正弘・木場和子, 1978：霰の粒度分布の観測. 天気, **25**, 390-398.
23) Yagi, T., H. Ueda and H. Seino, 1979 : Size distribution of snowflakes and graupel particles observed in Nagaoka, Niigata prefecture. *J. Fac. Sci., Hokkaido Univ., Ser. 7*, **6**, 79-92.
24) Ulbrich, C. W., 1983 : Natural variations in the analytical form of the raindrop size distribution. *J. Climate Appl. Meteor*., **22**, 1764-1775.
25) Feingold, G. and Z. Levin, 1986 : The lognormal fit to raindrop spectra from frontal convective clouds in Israel. *J. Climate Appl. Meteor*., **25**, 1346-1363.
26) 鈴木宣直, 1996：雨量計, 雪量計. 気象研究ノート, **185**, 53-64.
27) Greene, D. R. and R. A. Clark, 1972 : Vertically integrated liquid water-A new analysis tool. *Mon. Wea. Rev*., **100**, 548-552.
28) Kitzmiller, D. H., W. E. McGovern and R. E. Saffle, 1995 : The WSR-88D severe weather potential algorithm. *Wea. Forecasting*, **10**, 141-159.

29) 田畑 明, 1996：鉛直積算降水強度について．レーダー観測技術資料, **45**, 31-38.
30) Amburn, S. A. and P. L. Wolf, 1997 : VIL density as a hail indicator. *Wea. Forecasting*, **12**, 473-478.
31) 石原正仁, 1997：運用を開始した空港気象ドップラーレーダー (解説編)．レーダー観測技術資料, **46**, 1-25.
32) 横山辰夫, 1998：デジタル化装置の改良更新の経緯と新デジタル化装置の概要．レーダー観測技術資料, **47**, 1-29.
33) 水野 量, 1984：明瞭な境界を有する高積雲．東北技術だより, **2.32**, 84-92.
34) 迫田優一・永沼啓治・荻原裕一・井上長俊・三田昭吉, 1999：RS-91型レーウィンゾンデ．気象研究ノート, **194**, 3-24.
35) 杉村秀夫, 1999：係留ゾンデ．気象研究ノート, **194**, 53-60.
36) 島田俊昭, 1999：ロケットゾンデ．気象研究ノート, **194**, 45-52.
37) 梶原良一, 1999：オゾンゾンデ．気象研究ノート, **194**, 37-44.
38) Murakami, M. and T. Matsuo, 1990 : Development of the Hydrometeor Videosonde. *J. Atmos. Ocean. Tech.*, **7**, 613-620.
39) 村上正隆, 1999：雲粒子ゾンデ．気象研究ノート, **194**, 63-77.
40) 岡田菊夫, 1999：エアロゾルゾンデ．気象研究ノート, **194**, 91-111.
41) 浅野正二, 1999：放射ゾンデ．気象研究ノート, **194**, 91-111.
42) 田中豊顕, 1993：降水の科学と気象の人工調節．気象と環境の科学．山崎道夫・廣岡利彦編, 養賢堂, 178-187.
43) 村上正隆, 1993：航空機及びゾンデによる雲粒子・降水粒子の直接観測．天気, **40**, 29-34.
44) 高橋 劭, 1987：雲の物理．東京堂出版, 89-99.
45) 水野 量・松尾敬世, 1992：水雲の層積雲と氷化した層積雲の雲物理構造．気象研究所技術報告, **29**, 125-139.
46) 電子通信学会ハンドブック委員会, 1973：電子通信学会ハンドブック (増補改訂版), 電子通信学会, 1335-1342.
47) Rinehart, R. E., 1997 : *Radar for Meteorologists*. 3rd. ed., Rinehart Publications, 428pp.
48) Houze, R. A., Jr., 1993 : *Cloud Dynamics*. Academic Press, 107-133.
49) 気象庁航空気象管理課, 1997：航空気象ノート, **51・52**, 101 pp.
50) Battan, L. J., 1973 : *Radar Observation of the Atmosphere*. University of Chicago Press, 324pp.
51) 小平信彦, 1980：気象レーダーの基礎．気象研究ノート, **139**, 1-32.
52) Rogers, R. R. and M. K. Yau, 1989 : *A Short Course in Cloud Physics*. Pergamon Press, 184-195.
53) 電子通信学会ハンドブック委員会, 1973：電子通信学会ハンドブック (増補改訂版), 電子通信学会, 819-877.

第5部 雲の事例

8 層状性の雲と降水

　雲粒が形成される過飽和の場は，ほとんどの場合上昇流によって作られる．8章では，上昇流の原因をまとめ，上昇流によって層状性と対流性の2種類の雲と降水に分類されることを説明する．また，層状性の雲を伴う発達する低気圧の特徴と上昇流を説明し，巻雲（上層雲）と層雲・層積雲の特徴を見る．

● 本章のポイント ●
上昇流の原因：　層状性・対流性の雲と降水の原因
発達する低気圧：中心〜進行前方に層状性の雲
巻雲（上層雲）：　雲量約20%，角柱状氷晶が卓越
層雲・層積雲：　雲粒数濃度ほぼ一定，雲層上部で雲水量最大

8.1　上昇流の原因

　大気は安定な密度成層を成しており，気層が自由に上昇したり下降したりすることはできない．大気中で上昇流が生ずるのは，図8.1のように収束・発散，対流，地形滑昇，前線面滑昇がある場合である[1]．このほか力学的な乱流や山岳波雲などを作る重力波の波動運動などがある．

　上昇流の強さや水平方向・鉛直方向の広がり，時間スケールを反映して，降水は層状性 (stratiform) と対流性 (convective) の2種類に分類される．層状性の降水は広範囲で持続性があり，対流性の降水は局所的で一時的である．前者の典型は低気圧の進行前方に広がる乱層雲からの降水であり，後者の代表は寒冷前線付近の発達した積雲や積乱雲からの降水である．

　層状性降水を生み出す上昇流は氷晶・雪粒子の落下速度（約 $1\text{-}3\,\mathrm{m\,s^{-1}}$）よりも小さく，対流性降水を生み出す上昇流（$\sim 1\text{-}10\,\mathrm{m\,s^{-1}}$）は氷晶・雪粒子の落下速度よりも大きい[2]．

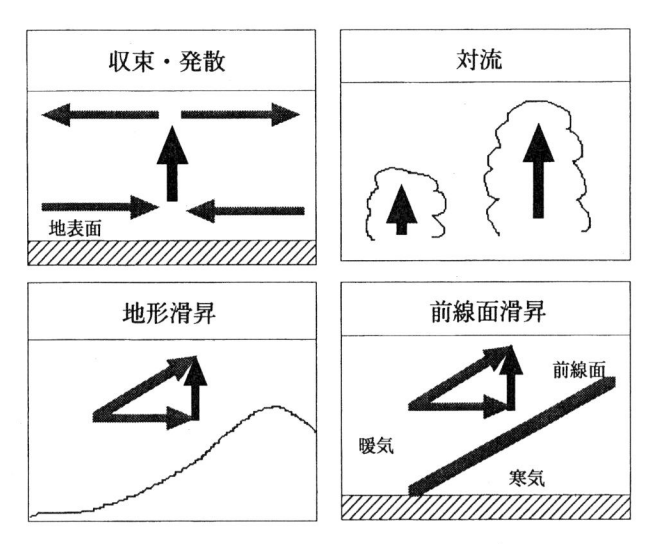

図 8.1 上昇流の原因(文献 1)の図を改変)

8.2 発達する低気圧

　中・高緯度における日々の天気変化は，高気圧・低気圧の通過の影響を受けている．低気圧は傾圧不安定(baroclinic instability)と呼ばれる不安定によって発達し，その中心付近〜進行前方に広範囲の層状性の上昇流，したがって層状性の雲がある．この節では，発達する低気圧の特徴と上昇流をまとめる．

8.2.1 発達する低気圧の特徴

　図 8.2 は，北半球における典型的な傾圧不安定による低気圧の発達段階を示している．図中の細線は海面気圧，太線は 500 hPa 等高度線，破線は 1000 hPa-500 hPa 層厚(シックネス，thickness)である．細線と太線は，それぞれ地表付近と 500 hPa 高度における地衡風(geostrophic wind)の流れを表すことになる[3]．その理由は，高度場(気圧場)と地衡風速 V_g が

$$V_g = 1/f \cdot \partial \Phi/\partial n = g_0/f \cdot \partial H/\partial n = 1/(\rho f) \cdot \partial p/\partial n \tag{8.1}$$

という関係式で結びついているからである．ここで，Φ はジオポテンシャル，H はジオポテンシャル高度，p は気圧，n は高度場(気圧場)に直交し高度場(気圧場)の大きな方向を向く方向，g_0 は平均重力加速度，f はコリオリパラメータ，ρ は空気の密度である．すなわち，地衡風は，低い等高度線(等圧線)を左

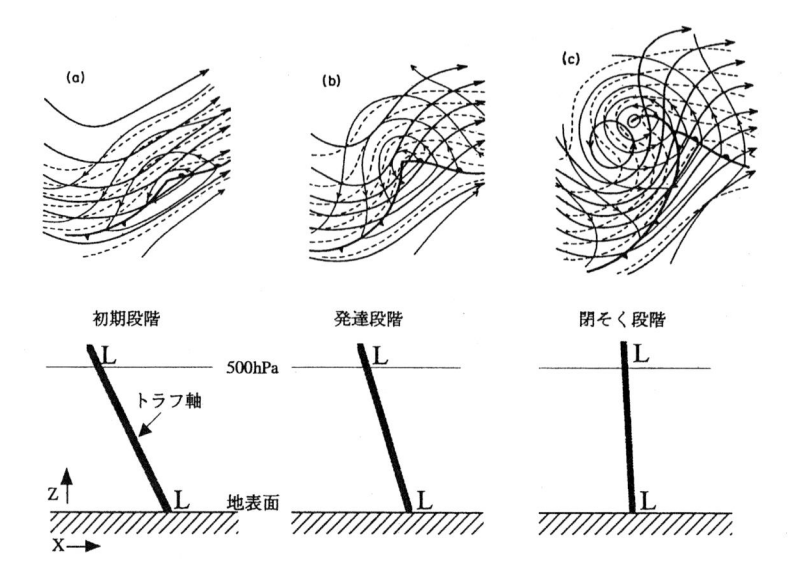

図 8.2 中緯度低気圧モデルの発達段階(上段)[3]と対応するトラフ軸の傾き(下段)
(a)初期段階, (b)発達段階, (c)閉そく段階. 細線:海面気圧の等圧線, 太線:500 hPa 等高度線, 破線:1000 hPa-500 hPa 層厚の等値線.

側に見て等高度線(等圧線)に平行な向きに吹き,その大きさは等高度線(等圧線)の間隔に逆比例している.

また,図8.2の破線は,1000 hPa-500 hPa 層厚 $H_{500}-H_{1000}$ であるが,1000 hPa-500 hPa 層における平均温度 $\langle T \rangle$ の場も表している.その理由は,層厚 $H_{500}-H_{1000}$ が

$$H_{500}-H_{1000}=R/g_0 \cdot \langle T \rangle \ln(p_{1000}/p_{500}) \tag{8.2}$$

という関係式によって平均温度 $\langle T \rangle$ に比例しているからである[3,4].つまり,図8.2の破線(層厚の等値線)は,平均温度 $\langle T \rangle$ の等温線に相当する.

発達段階にある低気圧(図8.2b)の特徴の一つは,低気圧の進行前面で暖気移流(warm advection),後面で寒気移流(cold advection)が卓越していることである.地上低気圧の前面(東側)に暖気,後面(西側)に寒気がある.前面では,南よりの風が暖気側から寒気側へ吹いており,暖気移流の場である.一方,後面では,北よりの風が寒気側から暖気側へ吹いており,寒気移流場である.式(8.2)の関係から,前面の暖気移流は $\langle T \rangle$ を増加させて1000 hPa-500 hPa 層厚を大きくし,後面の寒気移流は1000 hPa-500 hPa 層厚を小さくする.すなわち,図8.2bのような温度移流(thermal advection)は,1000 hPa-500 hPa 層厚

におけるパタンを強化する.

発達段階にある低気圧についてもう一つ注目する特徴は, 500 hPa 高度におけるトラフ(周囲よりも低い高度の場所)が地上低気圧の西側に位置することである. すなわち, トラフの軸は高度とともに西側に傾いている. トラフ軸の傾斜は, 図 8.2 下段のように時間の経過とともに (a から c へ) だんだん垂直になる. 閉そく段階では, トラフ軸はほぼ垂直になり, 温度移流は弱まってくる.

8.2.2 発達する低気圧による上昇流

天気図に示されている風や渦度, 温度を用いて, 低気圧に伴う上昇流域を以下のように知ることができる. ここで, 渦度とは流体内のある点におけるある軸のまわりの回転運動の尺度である[5].

気圧座標で表した鉛直流 $\omega (\equiv dp/dt)$ は, 渦度移流 (vorticity advection) と温度移流とに支配されている[4]. 図 8.3 に示すように, 正の渦度移流 ($V \cdot \nabla \zeta < 0$) と暖気移流 ($V \cdot \nabla T < 0$) が上昇運動 ($\omega < 0$) を引き起こす[6]. ここで, V は水平風速, ζ は地球に対して相対的な渦度の鉛直成分, T は温度である.

図 8.4 は, 1994 年 2 月 12 日 9 時と同 13 日 9 時の各種天気図である. 2 月 12 日 9 時に紀伊半島沖の (N32, E136) 付近にある地上低気圧は, 2 月 13 日 9 時に北海道東方沖の (N41, E150) 付近に進んでいる. この低気圧の特徴:トラフ軸の傾きと温度移流を調べよう.

この低気圧に関連した 500 hPa トラフは, 2 月 12 日 9 時に (N35, E130)-(N28, E127) 付近にあり, 地上低気圧の西側に位置する. つまり, トラフ軸は高

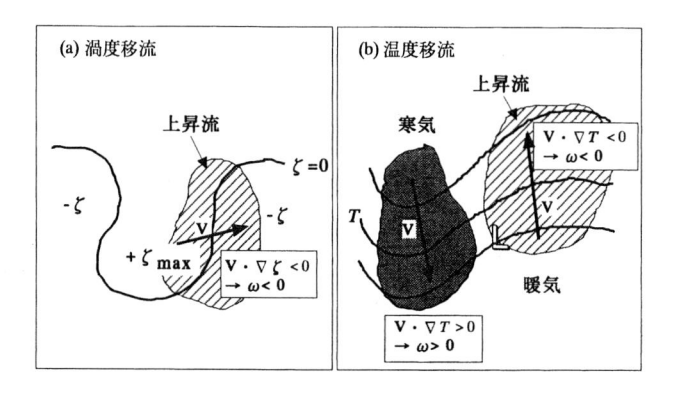

図 8.3 渦度移流と温度移流とによる上昇流 (文献 6) の図を改変)

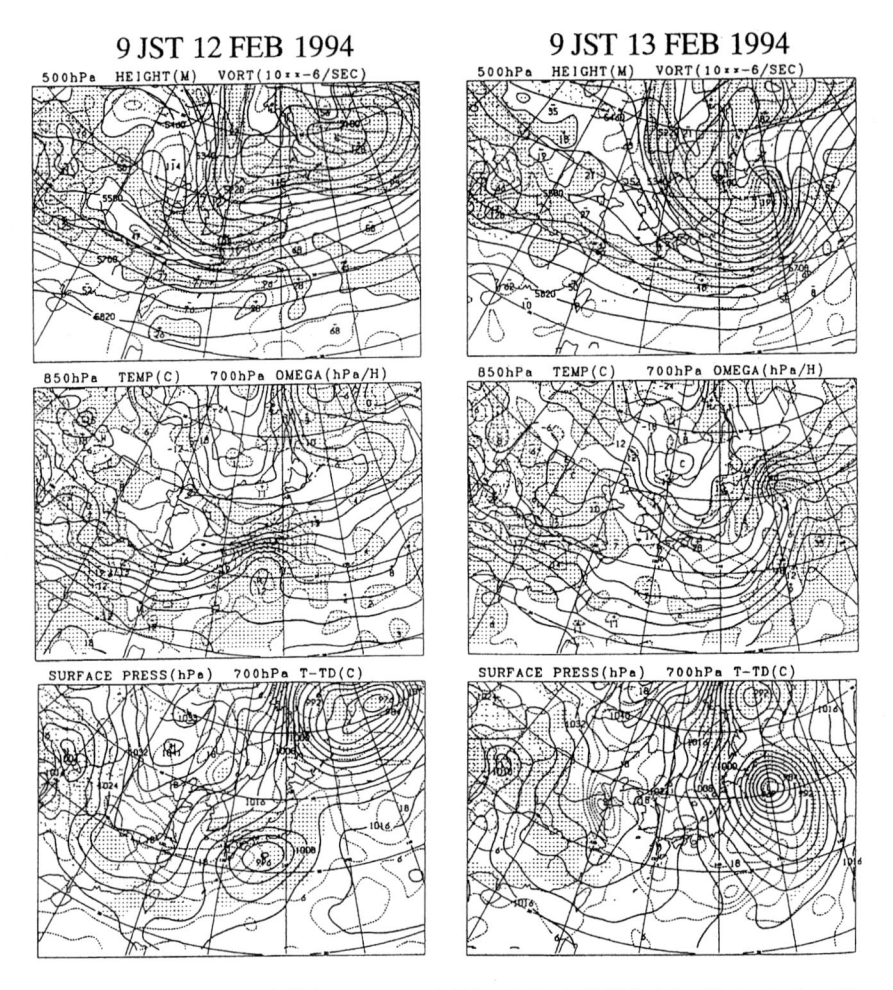

図 8.4 1994年2月12日9時(左)と同13日9時(右)の各種天気図(数値予報印刷天気図, 気象庁)
上段：500 hPa 等高度線(実線, K)と500 hPa 渦度(点線, 10^{-6} s^{-1}, 点域は正の渦度),
中段：850 hPa 等温線(実線, ℃)と700 hPa 鉛直流 ω(点線, hPa h^{-1}),
下段：地上気圧(実線, hPa)と700 hPa 湿数(破線, ℃, 点域は $T-T_d<3$ K).

度とともに西に傾いている. 2月13日9時では, トラフ軸の傾斜はほぼ垂直になりつつある.

また, 850 hPa 天気図上で, 低気圧の周囲の温度パタンを調べると, 太平洋沿岸に沿って 850 hPa 等温線の密集した領域がある. 低気圧の東側で等温線が北上し, 西側で等温線が南下している. 850 hPa 等温線と 500 hPa 等高度線, 地上

天気図等圧線との交差から，低気圧の進行前面に暖気移流($V\cdot\nabla T<0$)場，後面に寒気移流($V\cdot\nabla T>0$)場が見積もられる．

さらに，500 hPa トラフの進行前面で，500 hPa 天気図上で正の渦度移流($V\cdot\nabla\zeta<0$)がある．したがって，地上低気圧の中心付近で上昇流が見積もられる．

以上のようなトラフ軸の傾きと温度移流・渦度移流のパタンは，発達する低気圧の特徴である．実際，この低気圧は発達しながら北東進している．

図8.4 中段に 700 hPa 高度における ω が，また下段に 700 hPa 高度における湿数 $T-T_d$ が示されている．それぞれの点域部分は，上昇流域と $T-T_d<3{\rm K}$ 域であるが，低気圧の中心部分と進行前面に広がっている．この場所は正の渦度移流場と暖気移流場であり，図8.2 の模式的な関係を確認できる．図8.5 の

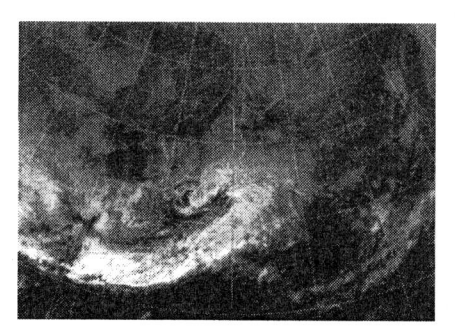

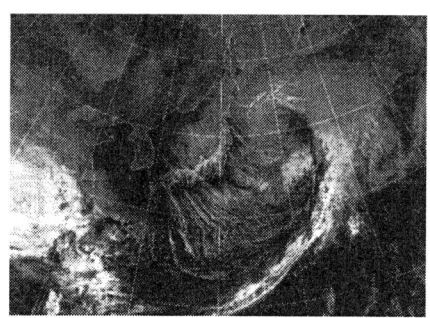

1994年2月12日12時　　　　　　　1994年2月13日12時
図8.5　気象衛星ひまわり可視画像

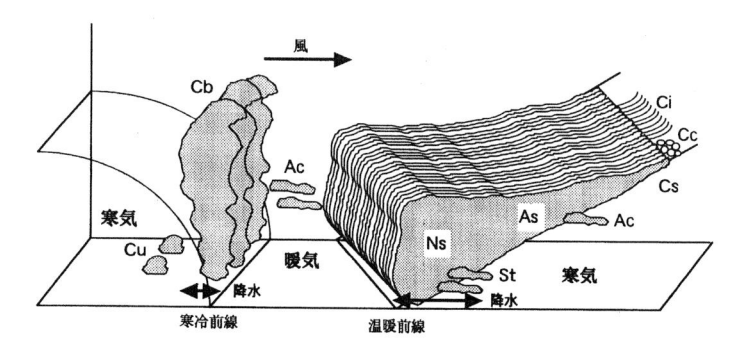

図8.6　典型的な低気圧に伴う雲の模式図
Ci：巻雲，Cc：巻積雲，Cs：巻層雲，As：高層雲，Ac：高積雲，Ns：乱層雲，St：層雲，Cb：積乱雲，Cu：積雲．

1994年2月12日12時と同13日12時の気象衛星の可視画像では，雲域は図8.4中段の上昇流の場所とほぼ対応している．

図8.6は，典型的な低気圧に伴う雲の模式図である．温暖前線の前方に，層状性の雲が広がっている．上層雲(巻雲 Ci，巻積雲 Cc，巻層雲 Cs)，中層雲(高層雲 As，高積雲 Ac)，降水をもたらす乱層雲 Ns である．乱層雲 Ns の下には，悪天時の層雲 St がしばしば見られる．寒冷前線付近には積乱雲 Cb，寒気場内に積雲 Cu がある．それぞれ大気中の上昇流を反映した雲である．

8.3 巻雲(上層雲)

巻雲に代表される上層雲の雲量は，地上観測では陸上23%，海上13%である．衛星観測でも全球平均で約20%と見積もられている[7~12]．上層雲は太陽からの放射を反射によって制限するとともに地表面または下層雲・中層雲からの赤外放射を吸収し，上層雲自身で赤外放射を射出している．上層雲は，地球から外へ放射されるエネルギーを減少させ，地球の放射収支に深く関係している．

このような上層雲のマクロな放射特性は，上層雲を構成する氷晶の形状と大きさ，粒径分布などの微物理特性に依存している．たとえば，巻層雲と一緒にしばしば見られる太陽のまわりのハロー(暈)の光学現象は，六角柱の氷晶内における光の屈折によるものである[13~15]．したがって，上層雲の光学的性質と放射特性を知るためには，雲の組成と構造を把握することが重要である．

上層雲の組成と構造は，リモートセンシング(衛星，ライダー，レーダー)と

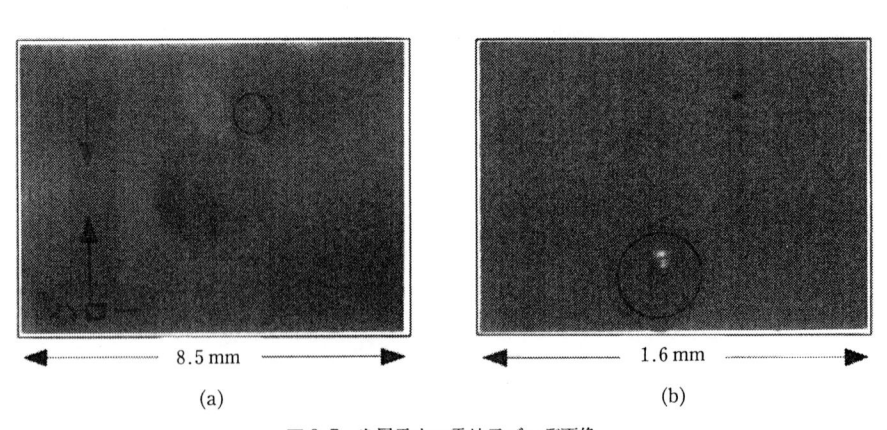

図8.7 巻層雲内の雲粒子ゾンデ画像
(a) 接写カメラ画像：22°ハローと氷晶，(b) 顕微鏡カメラ画像：角柱状の氷晶(長さ：240 μm，幅：64 μm)，1989年6月22日11時，つくば市上空の高度9.8 km ($-34°C$)で観測された．

現場観測によって観測されてきている.衛星は全球スケールで上層雲を観測でき[12]、ライダーは雲の鉛直構造を時間的に連続して観測できる[16〜19].リモートセンシングによる観測が困難な氷晶の形や粒径分布は,2D-C プローブを用いた航空機観測[20〜25]や顕微鏡カメラを搭載した雲粒子ゾンデ観測[26]によって直接観測される.

図8.7に,巻層雲の雲粒子ゾンデ観測による画像の例を示す.接写カメラ画像には22°ハローの帯状の光と氷晶が見られ,顕微鏡カメラ画像には角柱状の氷晶(長さ:240 μm,幅:64 μm)がある.角柱状の氷晶は,ハローの成因と考えられており,また実験で得られているこの温度領域で成長する結晶形(図6.6)と対応するものである.

1970年と1971年に米国で行われた航空機観測による巻雲の生成セルの物理的性質は,(a) 氷晶数濃度:10000〜25000 m^{-3}, (b) 氷晶の長さの平均:0.6〜1.0 mm, (c) 氷晶の形:砲弾・砲弾集合・角柱(75%)〜角板(25%), (d) 氷晶の密度:0.6〜0.9 g cm^{-3}, (e) 氷水量:0.15〜0.25 g m^{-3}, (f) レーダー反射因子:5.0〜20.0 $mm^6 m^{-3}$, (g) 降水強度:0.5〜0.7 mm h^{-1} と報告されている[21].

その後の巻雲(上層雲)の各種観測データをまとめた物理的性質が,表8.1に示されている[27].また,氷晶の長さの確率密度関数 PDF (probability of density function)が,氷晶の粒径分布を表すものとして

$$PDF(D_{max})dD_{max} = \exp(-D_{max}/500\ \mu m)/3.4225(D_{max}+10\ \mu m) \cdot dD_{max} \quad (8.3)$$

のように提案されている.ここで,D_{max} は氷晶の最大長であり,分母の3.4225は規格化のためである.

また,氷晶の粒径分布は,べき乗則の形式

$$n(D) = AD^B \quad (8.4)$$

で表されることもある[28].ここで,$n(D)$ は数濃度($m^{-3}\ \mu m^{-1}$),D は粒子の大きさ(μm),A は intercept parameter,B は slope parameter である.

表8.1 巻雲(上層雲)の物理的性質[27]

性質	代表値	測定範囲
厚さ	1.5 km	0.1〜8 km
雲の中心高度	9 km	4〜20 km
氷晶数濃度	30000 m^{-3}	10^{-1}〜$10^7\ m^{-3}$
氷水量	0.025 g m^{-3}	10^{-4}〜1.2 g m^{-3}
氷晶の長さ	250 μm	1〜8000 μm

8.4 層雲・層積雲

地上観測による層雲・層積雲の雲量は，図7.1で示されているように陸上18％，海上34％と見積もられている[7,8]．層雲・層積雲は，地表面温度と同程度に高いその雲頂温度によって地球から外へ放射される長波長放射をほとんど減少させないが，その高いアルベド (albedo, 反射放射量/入射放射量) によって太陽からの放射を制限する．すなわち，層雲・層積雲は，おもに太陽放射の反射を通して地球の放射収支に深く関係している．

雲のアルベドは，雲の性質 (雲層の厚さ，雲水量，雲粒数濃度) と密接に関係している[29]．厚さ h の雲層の光学的厚さ (optical depth) τ は，

$$\tau = 2.4(LWC/\rho_w)^{2/3} h N^{1/3} \tag{8.5}$$

で与えられる．ここで，LWC は雲水量，ρ_w は水の密度，N は雲粒数濃度である．また，光学的厚さ τ を用いて，太陽放射に対する雲のアルベド A は，

$$A \fallingdotseq \tau/(\tau+6.7) \tag{8.6}$$

で表現される．

以下に層積雲の雲物理構造の観測例を示そう[30]．1990年12月14日に八丈島南方海上で観測された層積雲である．図8.8に示されているように，層積雲の雲頂は2.6 km，約 -4℃，雲底は1.5 km，約4℃，雲層約1100 mである．八丈島における高層気象観測データによると，海面から雲底までは弱い対流不安定，雲層内では中立からやや安定化した成層状態である．

図8.9は，FSSPプローブによる全粒径と特定の粒径範囲ごとの雲水量鉛直分

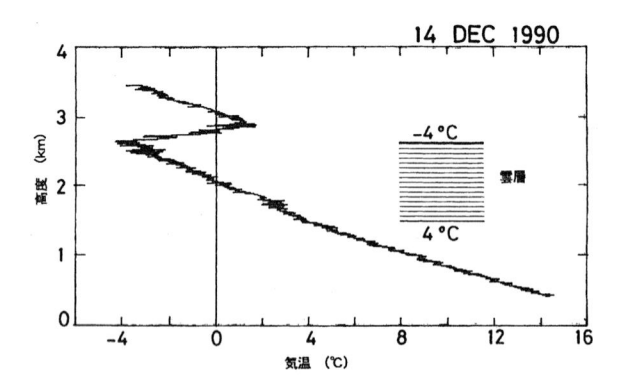

図8.8 気温の鉛直分布と層積雲の高度[30]
1990年12月14日，航空機 (Cessna-404) によって観測された．

8. 層状性の雲と降水

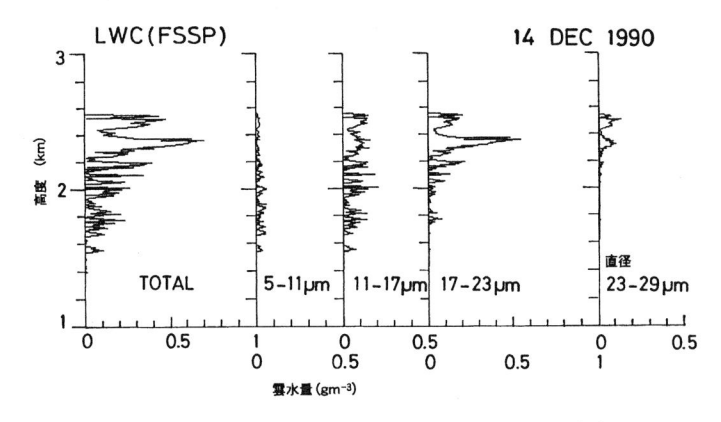

図 8.9 雲水量の鉛直分布 (1990 年 12 月 14 日, 層積雲)[30]
FSSP プローブによる全粒径と特定の粒径範囲ごとの雲水量が示されている.

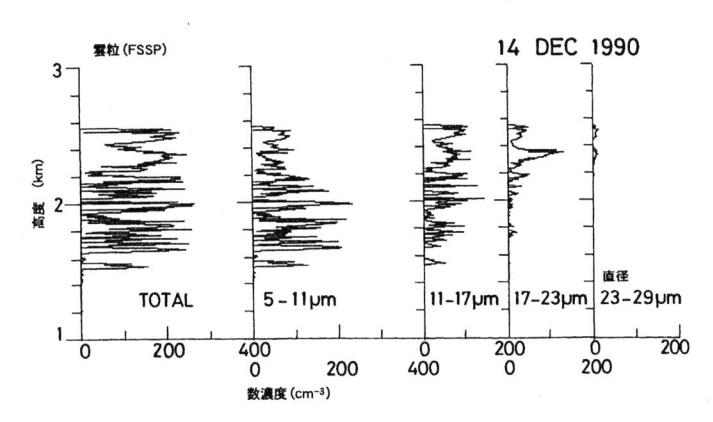

図 8.10 雲粒数濃度の鉛直分布 (1990 年 12 月 14 日, 層積雲)[30]
FSSP プローブによる全粒径と特定の粒径範囲ごとの雲粒数濃度が示されている.

布である.全雲水量は,雲底付近から上方に向かって増大し,雲層上部で最大値約 $0.7\,\mathrm{g\,m^{-3}}$ を示している.この鉛直分布は断熱上昇する場合の雲水量の傾向と同じであるが,雲水量の大きさは断熱上昇時の雲水量の約 1/4〜1/3 である.雲層下部では小さな粒径の雲粒が雲水量に寄与し,雲層上部では大きな雲粒が全雲水量の大きな比率を占めている.

一方,図 8.10 は,FSSP プローブによる全粒径と特定の粒径範囲ごとの雲粒数濃度の鉛直分布である.全雲粒数濃度の最大値は,雲層内でほぼ一定 (約 200〜250 $\mathrm{cm^{-3}}$) である.雲層下部では雲粒のほとんどが小さな粒径の雲粒であ

るが，雲層上部では小さな粒径の雲粒が減少して大きな粒径のものが増加している．つまり，雲層内の全雲粒数濃度が保たれつつ，粒径スペクトルが雲底から雲頂へ向かって広がっている．この粒径スペクトルの広がりは雲粒の凝結成長によると考えられる．

図8.11は，2D-Cプローブによる粒子画像の鉛直分布である．層積雲内と雲底下における各高度で得られた粒子画像を並べたものである．2D-C粒子画像は，分解能25 μm であり，FSSPプローブが対象とする雲粒よりも大きな粒子を観測する．この図から，すべて水滴の画像であること，雲頂から雲底へ下方へ向かって粒子の粒径が大きくなっていること，雲底下では雲底直上より粒子の粒径が小さくなっていることがわかる．これらの特徴から，雲層内における水滴間の衝突併合過程と雲底下の蒸発過程が考えられる．

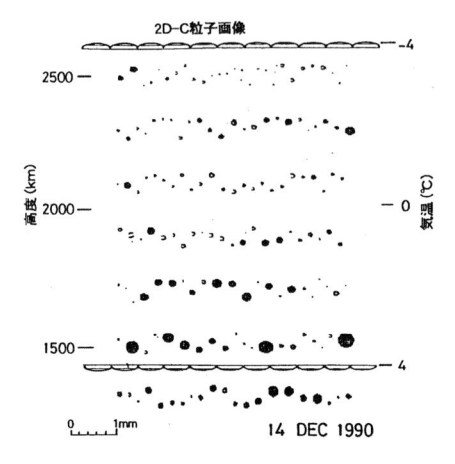

図8.11 2D-Cプローブによる粒子画像の鉛直分布 (1990年12月14日，層積雲)[30]

文献

1) Lester, P. F., 1995 : *Aviation Weather*. Jeppesen Sanderson, Inc., 5-1-5-16.
2) Houze, R. A., Jr., 1993 : *Cloud Dynamics*. Academic Press, 196-220.
3) Wallace, J. M. and P. V. Hobbs, 1977 : *Atmospheric Science*. Academic Press, 467pp.
4) Holton, J. R., 1992 : *An Introduction to Dynamic Meteorology*. 3rd ed., Academic Press, 511pp.
5) Geer, I. W. ed., 1996 : *Glossary of Weather and Climate*. Amer. Meteor. Soc., 272pp.
6) 二宮洸三・中山 嵩, 1980：大規模な大気の運動と擾乱．昭和55年度数値予報研修テキスト，気象庁予報部, 3-15.
7) Warren, S. G., C. J. Hahn, J. London, R. M. Chervin and R. L. Jenne, 1986 : Global distribution of total cloud cover and cloud type amounts over land. NCAR Tech. Note, NCAR/TN-273+STR, 229pp.
8) Warren, S. G., C. J. Hahn, J. London, R. M. Chervin and R. L. Jenne, 1988 : Global distribution of total cloud cover and cloud type amounts over ocean. NCAR Tech. Note, NCAR/TN-317+STR, 212pp.
9) Barton, I. J., 1983 : Upper level cloud climatology from an orbiting satellite. *J. Atmos. Sci.*, **40**, 435-447.
10) 田中正之, 1985：気候形成におよぼす雲の役割に関する総合的研究．昭和57・58・59年度科学研究費補助金 (総合研究A) 研究成果報告書. 158pp.
11) Liou, K. N., 1986 : Influence of cirrus clouds on weather and climate processes : A global perspective. *Mon. Wea. Rev.*, **114**, 1167-1199.
12) Liou, K. N., 1992 : *Radiation and Cloud Processes in the Atmosphere*. Oxford Univ. Press, 487pp.

13) Humphreys, W. J., 1964 : *Physics of the Air*. 3rd., ed., Dover, 501-536.
14) 浅野正二, 1979：大気微粒子と光—大気光学への誘い. 東北技術だより. **2.2**, 20-30.
15) Greenler, R., 1980 : *Rainbows, Halos, and Glories*. Cambridge University Press, 23-64.
16) Platt, C. M. R., 1973 : Lider and radiometric observations of cirrus clouds. *J. Atmos. Sci.*, **30**, 1191-1204.
17) Uchino, O., I. Tabata, K. Kai and Y. Okada, 1988 : Polarization properties of middle and high level clouds observed by lider. *J. Meteor. Soc. Japan*, **66**, 607-616.
18) Imasu, R. and Y. Iwasaka, 1991 : Characteristics of cirrus clouds observed by laser radar (lidar) during the spring of 1987/88. *J. Meteor. Soc. Japan*, **69**, 401-411.
19) Sassen, K., 1991 : The polarization lidar technique for cloud research : A review and current assessment. *Bull. Amer. Meteor. Soc.*, **72**, 1848-1866.
20) Braham, R. R. and P. Spyers-Duran, 1967 : Survival of cirrus crystals in clear air. *J. Appl. Meteor.*, **6**, 1053-1061.
21) Heymsfield, A. J. and R. G. Knollenberg, 1972 : Properties of cirrus generating cells. *J. Atmos. Sci.*, **29**, 1358-1366.
22) Knollenberg, R. G., 1972 : Measurements of the growth of the ice budget in a persisting contrail. *J. Atmos. Sci.*, **29**, 1367-1374.
23) Heymsfield, A. J., 1975 : Cirrus uncinus generating cells and the evolution of cirriform clouds. part Ⅰ : Aircraft observations of the growth of the ice phase. *J. Atmos. Sci.*, **32**, 799-808.
24) Heymsfield, A. J., 1986 : Ice particles observed in a cirriform clouds at $-83℃$ and implications for polar stratospheric clouds. *J. Atmos. Sci.*, **43**, 851-855.
25) Heymsfield, A. J., K. M. Miller and J. D. Spinhirne, 1990 : The 27-28 October 1986 FIRE IFO cirrus case study : Cloud microstructure. *Mon. Wea. Rev.*, **118**, 2313-2328.
26) Mizuno, H., T. Matsuo, M. Murakami and Y. Yamada, 1994 : Microstructure of cirrus clouds observed by HYVIS. *Atmos. Res.*, **32**, 115-124.
27) Dowling, D. R. and L. F. Radke, 1990 : A summary of the physical properties of cirrus clouds. *J. Appl. Meteor.*, **29**, 970-978.
28) Heymsfield, A. J. and C. M. Platt, 1984 : A parameterization of the particle size spectrum of ice clouds in terms of the ambient temperature and the ice water content. *J. Atmos. Sci.*, **41**, 846-855.
29) Hobbs, P. V., 1993 : Aerosol-cloud interactions. *Aerosol-Cloud-Climate Interactions*, P. V. Hobbs, Ed., Academic Press, 33-73.
30) 水野 量・松尾敬世, 1992：水雲の層積雲と氷化した層積雲の雲物理構造. 気象研究所技術報告, **29**, 125-139.

第 5 部 雲 の 事 例

9

対流性の雲と降水

　大気中の強い上昇流は，激しい対流によって生じる．9 章では対流性の雲と降水に関する事項をまとめる．対流不安定の判定条件，浮力による最大上昇流と関係する対流有効位置エネルギー，雷雨などの予測に用いられる各種安定指数，対流雲の実態を説明する．

● **本章のポイント** ●

対流不安定：	$\partial\theta_w/\partial z<0\ (\partial\theta_e/\partial z<0)$
対流有効位置エネルギー（*CAPE*）：	$w_{max}\leq(2\times CAPE)^{1/2}$
各種安定指数：	***SSI, Lifted index, K-index, Totals index***
対流雲の実態：	浮力とエントレイメント → 上昇流 → 雲水量・鉛直輸送 → 降水形成，発達段階モデル

9.1　対流不安定

　4.4 節で大気中にある空気塊の安定度について見たが，この節ではある厚さをもった気層が上昇する場合の安定度の変化を調べる．地形滑昇や前線面滑昇など

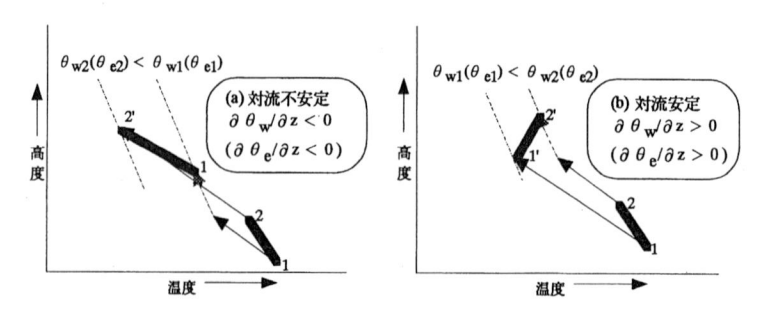

図 9.1　対流不安定と対流安定の説明図

9. 対流性の雲と降水

によって気層が持ち上げられる場合に，対流雲が発達するかどうかに関係する．

未飽和の気層が上昇すると，やがて飽和に達して凝結が始まる．凝結が始まると，その潜熱による加熱のため気層内の気温減率が変化し，気層の不安定化(対流不安定)や安定化(対流安定)をもたらす．

気層の上昇に伴って気層下部から凝結が始まる図9.1aのような場合を考える．凝結が始まった気層の下部は湿潤断熱減率で気温が低下し，未飽和の気層上部は乾燥断熱減率で気温が下がる．このため，気層下部が上部に比べ相対的に加熱される．すなわち，気層内の気温減率が増加し，気層が不安定化する．このような状態を対流不安定(convectively unstable)という．

次に，気層の上昇に伴って気層上部から凝結が始まる図9.1bのような場合である．凝結して飽和した気層上部は湿潤断熱減率で気温が低下し，未飽和の気層下部は乾燥断熱減率で気温が下がる．このため，気層上部が下部に比べ相対的に加熱される．つまり，気層内の気温減率が減少し，気層が安定化する．このような状態を対流安定(convectively stable)という．

空気の湿球温位 θ_w (または相当温位 θ_e) は凝結の前後で保存されるから，気層の対流不安定・対流安定は

$$\left.\begin{array}{l}対流不安定：\partial\theta_w/\partial z<0 \quad (\partial\theta_e/\partial z<0), \\ 対流中立：\partial\theta_w/\partial z=0 \quad (\partial\theta_e/\partial z=0), \\ 対流安定：\partial\theta_w/\partial z>0 \quad (\partial\theta_e/\partial z>0)\end{array}\right\} \quad (9.1)$$

で判定される．つまり，気層下部の湿球温位 θ_w (または相当温位 θ_e) が気層上部よりも大きい場合が対流不安定の気層である．

9.2 対流有効位置エネルギー

次に，対流雲が発生した場合の最大上昇流と関係する対流有効位置エネルギー $CAPE$ と対流雲の発生しやすさと関係する対流抑制エネルギー $CINE$ を説明する[1]．

対流雲内の上昇流は，浮力によって起こる．浮力が引き起こす上昇加速度は，式(4.7)：$dw/dt=g[(T-T')/T']$ によって表現される．この両辺に $wdt=dz$ を掛けて，

$$wdw=d(w^2/2)=g[(T-T')/T']dz$$

を得る．

一方，式(4.3)：$dp/p=-gdz/(RT')$ から $dz=-RT'/g \cdot d(\ln p)$ が得られる．

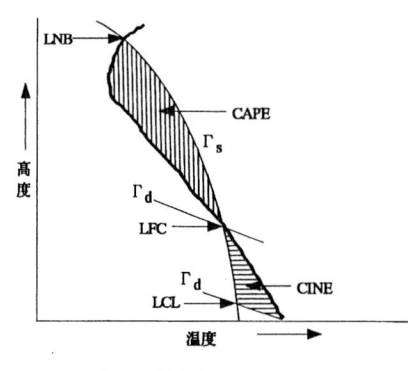

図9.2 CAPE と CIN の説明図

これを上式に代入して
$$d(w^2/2) = -R(T-T')d(\ln p)$$
を得る。両辺を p_0 から p まで積分して,
$$1/2 \cdot (w^2 - w_0^2) = -R\int_{p_0}^{p}(T-T')d(\ln p) \quad (9.2)$$
を得る。右辺は,エマグラム上の面積に比例し,単位質量の空気塊が鉛直方向に p_0 から p まで移動したときに浮力から得るエネルギーに相当する.

図9.2のような場合,自由対流高度(LFC)から上の領域では浮力から得るエネルギーは正である。空気塊は上昇中にエネルギーを獲得し,その運動エネルギーは増加する.

式(9.2)で,p_0 を自由対流高度(LFC),p を浮力のなくなる高度(level of neutral buoyancy, LNB)としたものを,対流有効位置エネルギー—CAPE(convective available potential energy)という.すなわち,
$$CAPE = -R\int_{LFC}^{LNB}(T-T')d(\ln p). \quad (9.3)$$
CAPE の単位は $J\,kg^{-1}(=m^2\,s^{-2})$ である.

ここで,自由対流高度(LFC)における上昇流 w_0 を 0,浮力のなくなる高度(LNB)における上昇流 w を w_{max} とおくと,最大上昇流 w_{max} は
$$w_{max}^2 = 2 \times CAPE,$$
$$\therefore w_{max} = (2 \times CAPE)^{1/2} \quad (9.4)$$
で与えられる。w_{max} は,CAPE のエネルギーがすべて上昇運動のエネルギーに変わった場合の最大上昇流である。この場合,鉛直方向の気圧傾度力や降水粒子の荷重,周囲の空気との混合が無視されている.

表9.1 各種実験観測における CAPE と観測される最大上昇流 $w_{obs\,max}$ との比較[2]

	TAMEX 10%	GATE 10%	ハリケーン 10%	ドライライン 竜巻ストーム	雷雨プロジェクト 10%
CAPE ($J\,kg^{-1}$)	1200	1500	800~1200	3000~4000	3000
w_{max} ($m\,s^{-1}$)	49	55	40~49	77~89	77
$w_{obs\,max}$ ($m\,s^{-1}$)	6	5	3~5	49	13

$w_{max} = (2 \times CAPE)^{1/2}$. 10% は最大値側の 10% 点を意味する.

表9.1は，各種実験観測における CAPE と観測される最大上昇流 $w_{\text{obs max}}$ を比較したものである[2]．海洋上（TAMEX, GATE, ハリケーン）と大陸上（ドライライン竜巻ストーム，雷雨プロジェクト）で大きな違いがあり，大陸上の方がより不安定である．

CAPE が負となる領域で空気塊を上昇させるには，外部からエネルギーを与えて強制的に持ち上げる必要がある．負の CAPE のことを，対流抑制エネルギー CINE (convective inhibition energy)，または CIN (convection inhibition) という．個々の空気塊が存在する高度から自由対流高度 LFC までの領域が CINE に相当する．CINE が小さい場合ほど，対流雲が発生しやすい．

【問題 9.1】 850 hPa から 200 hPa までの $(T-T')$ が 2.5 K のときの CAPE (J kg^{-1}) を求めよ．
【解答】 式 (9.3) から，
$$CAPE = -287\,\text{J kg}^{-1}\,\text{K}^{-1} \times 2.5\,\text{K} \times (\ln 200 - \ln 850) \fallingdotseq 1040\,\text{J kg}^{-1}.$$
【問題 9.2】 $CAPE = 1250\,\text{m}^2\,\text{s}^{-2}$ のとき，浮力のなくなる高度 LNB で理論的に考えられる最大上昇流 $w_{\max}$ を求めよ．
【解答】 式 (9.4) を用いると，
$$w_{\max} = (2 \times CAPE)^{1/2} = (2 \times 1250\,\text{m}^2\,\text{s}^{-2})^{1/2} = 50\,\text{m s}^{-1}.$$

9.3 各種安定指数

大気の成層の安定度を表す安定指数は前節の CAPE 以外にいろいろあり，雷雨など激しい現象の予測に用いられている．各種安定指数の定義と適用例を以下に示す．

9.3.1 SSI

次の条件がいくつかあるいは全部存在するときに雷雨が発生すると考えられ，ショワルター安定指数 SSI (Showalter stability index) が提案されている[3]．

(a) 850 hPa と 500 hPa の間の潜在的に不安定な大気中に対流を起こすために十分な収束または前線活動，地形性上昇があること．

(b) 氷点下の高度まで発達した対流雲の中で，凝結が 0℃ 以上の温度で起こること．

(c) 上昇する湿潤空気が 500 hPa 高度よりも下の自由対流高度 (LFC) に達すること．

(d) 上空で温度低下または下層で水蒸気増加を伴う温度上昇があること．

SSI は，850 hPa 高度の空気塊を乾燥断熱的に持ち上げ凝結高度 (LCL) まで上昇させ，その後湿潤断熱的に 500 hPa 高度まで上昇させて得られる気温 $T_{850hPa \to 500hPa}$ を，500 hPa 高度の気温 T'_{500} から差し引いた数値である．すなわち，

$$SSI = T'_{500} - T_{850hPa \to 500hPa} \qquad (9.5)$$

である．

浮力による上昇加速度は式 (4.7)：$dw/dt = g[(T-T')/T']$ で表されるから，SSI は $(T-T')$ の反対符号に相当する．つまり，SSI は浮力による上昇加速度に関係する数値である．SSI が正のとき大気は安定で，負のとき不安定である．

SSI 数値と雷雨との対応は，次のように説明されている[3]．SSI 数値が +3 以下のとき，しゅう雨との関連が非常に大きく，雷雨発生の可能性がある．SSI 数値が +1〜-2 に下がるにつれて，雷雨の可能性が増大する．SSI 数値が -3 以下では激しい雷雨となる．このように SSI は，非常に簡単で理論的な根拠があり，すばやく雷雨発生の可能性を調べるツールである．

雷雨活動日と雷雨非活動日についての SSI の頻度分布を図 9.3 に示す[4]．米国ジョージア州アトランタ付近における 1993〜1996 年の 7〜8 月のデータである．ここで，雷雨活動日は，1996 年オリンピックの屋外 9 地点のうち少なくとも 3 地点の 50 km 以内で少なくとも 1000 回の雷放電が起こった日として定義されている．また，雷雨非活動日は，屋外 9 地点のうち少なくとも 7 地点の 50 km 以内で雷放電が記録されていない日である．

図 9.3 の結果から，次のことがわかる．

(a) 雷雨活動日：SSI の平均 -2.1 (変化範囲 -5〜2)，$SSI < 0$ が 90%．

(b) 雷雨非活動日：SSI の平均 3.1 (変化範囲 -3〜12)，$SSI > 0$ が約 81%．

(c) 雷雨活動日と雷雨非活動日と

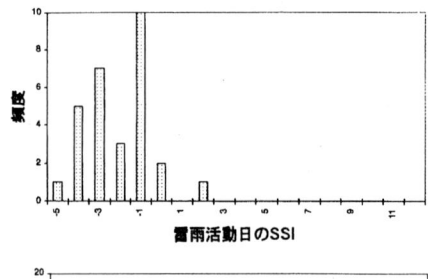

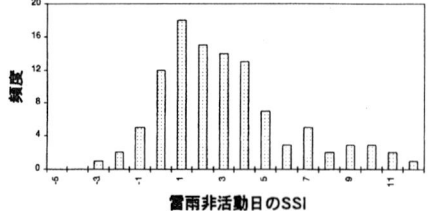

図 9.3 雷雨活動日と雷雨非活動日についての SSI の頻度分布[4]
米国ジョージア州アトランタ付近における 1993〜1996 年の 7〜8 月のデータである．

の境界：$SSI = 0$.

9.3.2 Lifted index

SSI は潜在的な不安定の静的な尺度 (static measure) であり，将来発生する雷雨の予測にとっては将来の安定度の予測が重要である．このため，安定度の時間変化を考慮した

$$Lifted\ index = T'_{500} - T_{max\ LCL \to 500hPa} \tag{9.6}$$

という Lifted index が提案されている[5]．これは，日中の予想最高気温を通る乾燥断熱線と下層 100 hPa の平均混合比とから持ち上げ凝結高度 (LCL) を求め，その後湿潤断熱的に 500 hPa まで上昇させて得られる気温 $T_{max\ LCL \to 500\ hPa}$ を，500 hPa 層の気温 T'_{500} から差し引いた数値である．これは，雷雨が発生するときには下層の大気はよく混合することを予測している．すなわち，気温は地上の予想最高気温を通って乾燥断熱減率で高度とともに変化し，混合比は下層 100 hPa の平均値になると予測している．こうして求めた SSI が Lifted index である．SSI と同様に，浮力による上昇加速度に関する数値である．Lifted index が正のとき大気は安定で，負のとき不安定である．

9.3.3 K-index

雷雨活動に関して，次のパラメータが重要であることが経験的・物理的に重要であると主張されている[6]．
(a) 気温減率
(b) 下層の水蒸気量
(c) 湿潤層の鉛直方向の広がり
(d) 収束・発散
(e) 相対渦度

K-index は，高層気象観測データから (a)～(c) のパラメータをとり出して雷雨の可能性を表す指数にしたものである．

$$K\text{-}index = (T_{850} - T_{500}) + T_{d\ 850} - (T_{700} - T_{d\ 700}) \tag{9.7}$$

ここで，T は気温 (℃)，T_d は露点温度 (℃)，数字は指定気圧面 (hPa) である．小さな K-index は雷雨活動の可能性が低いことを表し，大きな K-index は雷雨活動の可能性が高いことを示す．右辺の $(T_{850} - T_{500})$ は気温減率に関係し，$T_{d\ 850}$ は下層の水蒸気量を表し，$(T_{700} - T_{d\ 700})$ は 700 hPa 湿数であるが湿潤層の

鉛直方向の広がりを間接的に表現する. 700 hPa 湿数 ($T_{700}-T_{d\,700}$) は, 乾燥した中層空気のエントレイメントによる冷却のため空気塊の上昇が抑制される効果も表している[7].

米国南東部における K-index と雷雨の可能性との関係は,

＜20	雷雨なし
20〜25	孤立した雷雨
25〜30	遠く散在する雷雨
30〜35	散在する雷雨
35＜	多数の雷雨

と示されている[6]. 図9.4は, 雷雨活動日と雷雨非活動日についての K-index の頻度分布である[4]. 図9.4から,

(a) 雷雨活動日：K-index の変化範囲 28〜42

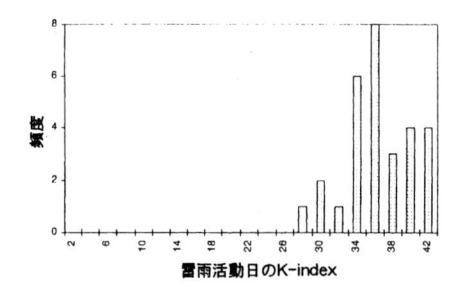

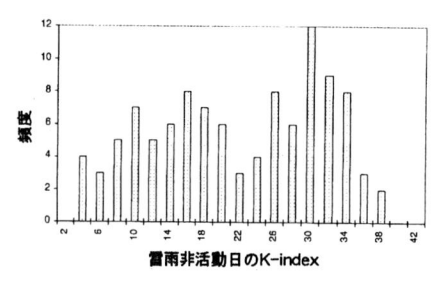

図9.4 雷雨活動日と雷雨非活動日の K-index の頻度分布[4]
米国ジョージア州アトランタ付近における1993〜1996年の7〜8月のデータである.

(b) 雷雨非活動日：K-index の変化範囲 3〜37
(c) 雷雨活動日と雷雨非活動日との境界：K-index=32
(d) 雷雨活動日の86％：K-index＞32
(e) 雷雨非活動日の83％：K-index＜32

ということがわかる.

9.3.4 Totals index

$T_{850}-T_{500}$ を VT (Vertical Totals index), $T_{d\,850}-T_{500}$ を CT (Cross Totals index), 両者の和を TT (Total Totals index) という[8]. すなわち,

$$TT = VT + CT$$
$$= T_{850} - T_{500} + T_{d\,850} - T_{500} \quad (9.8\,\text{a})$$
$$= (T_{850} - T_{500}) \times 2 - (T_{850} - T_{d\,850}) \quad (9.8\,\text{b})$$

である. ($T_{850}-T_{500}$) は気温減率に関するパラメータであり, ($T_{850}-T_{d\,850}$) は大気下層の水蒸気量に関係する. Total Totals index は, 気温減率と大気下層の水

蒸気量を表現した安定指数である．

Total Totals index が 50 のとき弱い雷雨，50〜55 のとき中程度の雷雨，55 のとき強い雷雨，という関係が示されている[8]．

9.4 対流雲の実態

空気塊が上昇して持ち上げ凝結高度(LCL)に達すると凝結が始まり，さらに自由対流高度(LFC)よりも高く持ち上げられると，浮力が生じて対流雲(convec-tive clouds)が形成される．積雲や積乱雲となる．

この節では，対流雲に関する各種要素(浮力，エントレイメント，上昇流，雲水量，降水形成，鉛直輸送)の特徴と発達段階モデルを紹介し，対流雲の性質を理解する．

9.4.1 浮力とエントレイメント

4.2 節で見たように重力場にある空気塊(仮温度 T_v)と周囲の空気(仮温度 T_{ve})との間に温度差($T_v - T_{ve} > 0$)すなわち密度差がある場合に，浮力が生まれ，空気塊は上昇する．図 9.5 は，TOGA COARE 実験観測で得られた対流雲の上昇流域の浮力と上昇流との関係を示している[9]．浮力は，

$$B = \Delta T_v - B_l \tag{9.9}$$

で定義される全凝結水の荷重を考慮した浮力である．ここで，$\Delta T_v = T_v - T_{ve}$, $B_l = T_{ve} w_l$ である．T_v は雲内の仮温度，T_{ve} は周囲の仮温度，w_l は全凝結水の混合比である．空気塊の浮力の理論から期待されるように，浮力が大きいほど上昇流も大きいという正の相関関係が見られる．しかし，雲内の浮力は断熱的上昇時の浮力よりも約 2K だけ小さく，全凝結水量は大きく変動し断熱的上昇時の値よりもたいへん小さいことが見出されている．周囲の乾燥した空気が雲内へとり入れられるエントレイメント (entrainment) と混合による

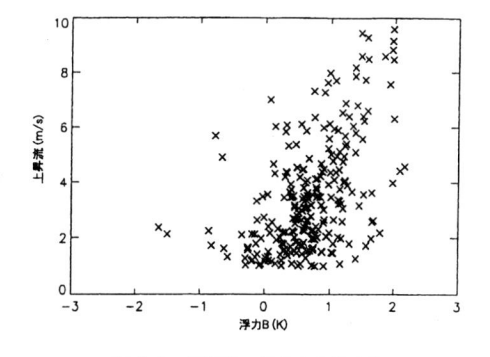

図 9.5 対流雲の浮力と上昇流[9]
TOGA COARE (1992 年 11 月〜1993 年 2 月) 実験で観測された対流雲について，雲水量 $>0.3\,\mathrm{g\,m^{-3}}$ で降水のない (2D-C プローブによる雨水量 $<0.5\,\mathrm{g\,m^{-3}}$) 上昇流域 ($>1\,\mathrm{m\,s^{-1}}$) のデータの散布図である．浮力は全凝結水の荷重を考慮したものである．

ためと考えられている．

　Δz の高度差についてのエントレインメント率 (entrainment rate) は，$1/m \cdot \Delta m / \Delta z$ で定義される．ここで，m は空気塊の質量，Δm は雲内へとり入れられる周囲の空気塊の質量である．エントレインメント率は雲の半径に逆比例すると仮定されることもある．1991年夏に米国フロリダ州で実施された2機の航空機を用いた実験観測では，半径0.5～1.5 km で寿命25分以内の孤立雲についてのエントレインメント率は雲の全期間平均で約 1 km^{-1} と報告されている[10]．

9.4.2　上昇流と雲水量

　浮力は上昇流を引き起こし，上昇流は空気塊の鉛直変位をもたらし雲水量を生成する．上昇流と雲水量との対応を観測データによって見てみる．

　図9.6は，積雲への6回の貫入観測による雲水量と鉛直流の水平分布の時間変化を示している[10]．全般に，雲水量と鉛直流の水平分布はよく対応して時間変化している．雲水量は，最初の2回に幅広い雲水量の最大が見られ，その後変動が大きくなり，約12分後の6回目にはほとんどなくなっている．約 2 g m^{-3} の雲水量最大値は，断熱的上昇時の約60％である．一方，鉛直流は，1回目の10

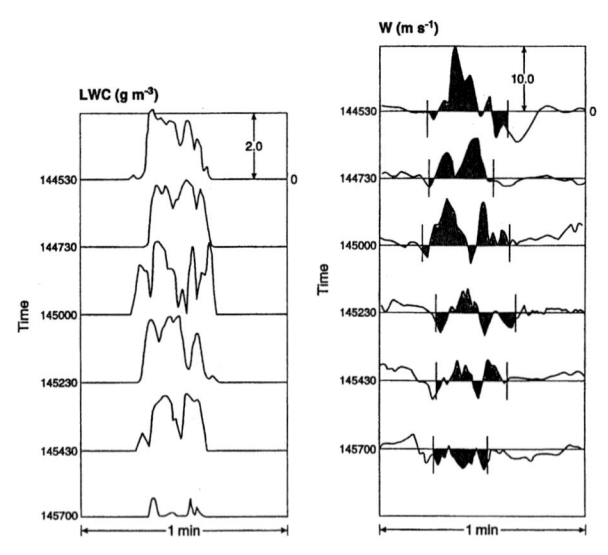

図9.6　積雲の雲水量(左)と鉛直流(右)の水平分布の時間変化[10]
1991年8月3日14時45分～14時58分，米国フロリダ州上空における積雲への6回の貫入観測による(高度2.9 km)．

9. 対流性の雲と降水　　133

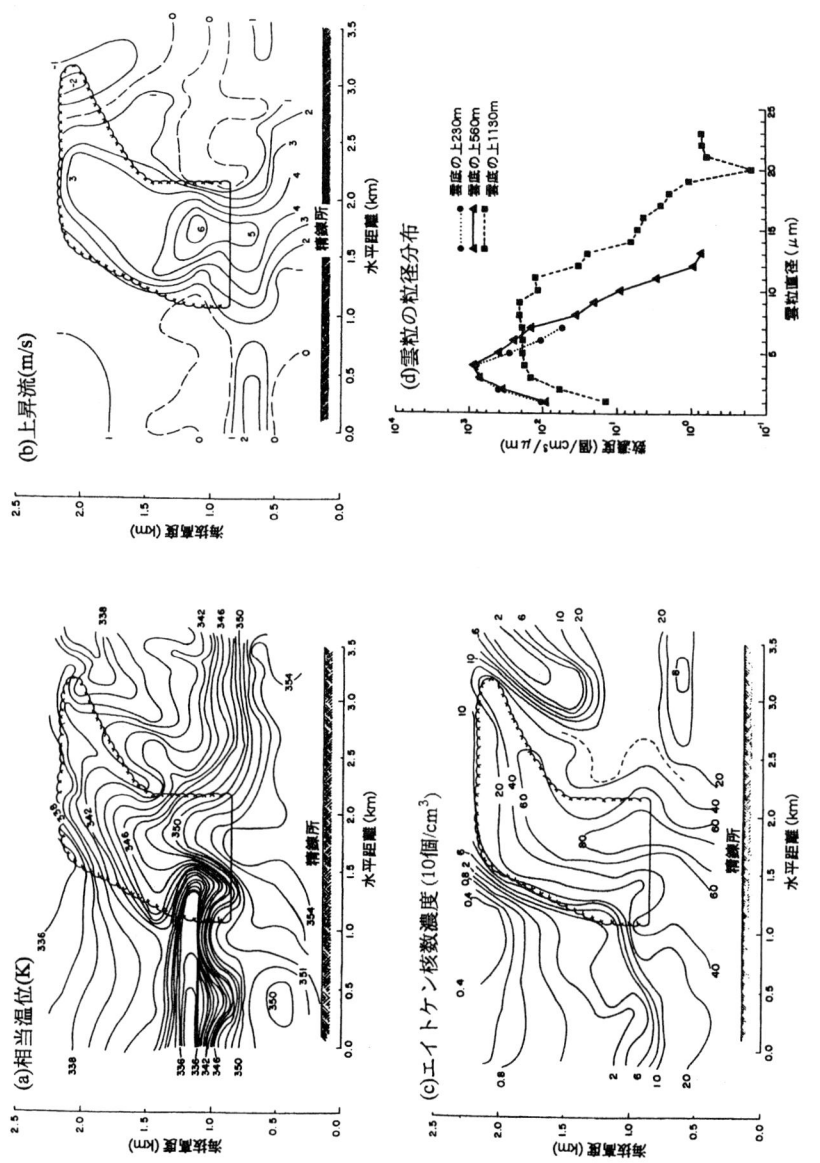

図 9.7　積雲内外の (a) 相当温位, (b) 上昇流, (c) エイトケン核数濃度の分布と (d) 雲粒の粒径分布[11] 1973年8月10日, 米国ミズーリ州セントルイスの工場地帯上空で成長した積雲である.

ms^{-1} の単一ピークの分布から徐々に変動のある分布へ時間変化し，6回目の観測では平均 $-2 \sim -3$ ms^{-1} の下降流になっている．また，上昇流の両側に下降流が存在する傾向がある．

9.4.3 鉛直輸送

対流雲では空気が鉛直方向に運動するため，空気の性質が鉛直方向に輸送され混合する結果となる．

図9.7は，米国ミズーリ州セントルイスの工場地帯上空における積雲内外の相当温位，上昇流，エイトケン核数濃度の分布と雲粒の粒径分布を示している[11]．相当温位 θ_e の鉛直分布から，一部を除いて気層全体に $\partial \theta_e/\partial z < 0$ であり，対流不安定である．雲底から上昇する空気の相当温位は地上から数100mまでの層の大きな相当温位と同じであり，対流によって輸送される物理量の分布をよく表現している．同時に，小さな相当温位の雲内への貫入が見られ，エントレイメントの特徴も現れている．雲の境界で相当温位場の変形が大きい傾向がある．また，上昇流は，最大6ms^{-1} であるが，雲内で一様ではない．さらに，エイトケン核数濃度の分布では，数濃度 $>2 \times 10^4$ cm^{-3} の領域が雲底から雲頂付近にのびており，高濃度のエイトケン核が上昇流によって雲頂付近まで輸送されている．雲粒の粒径分布では，高度とともに粒径分布のスペクトル幅が広くなり，雲頂近くでは直径23 μm の雲粒がある．この傾向は8.4節の層積雲の観測結果と同様である．なお，この積雲全体についてのエントレイメント率は，約0.55 km^{-1} と推定されている．

9.4.4 降水形成

上昇流によって雲水が生成され，さらに対流雲が発達すると降水が形成される．"暖かい雲(warm clouds)"では雲粒同士の衝突併合によって，"冷たい雲(cold clouds)"では氷粒子の発生後の昇華成長・雲粒捕捉成長・併合成長によって，降水粒子が形成される．どの降水形成過程が卓越するかは，雲の環境や上昇流，発達段階などによって違っている．氷粒子の少ない雄大積雲と氷粒子の多い積乱雲，発達した積乱雲のかなとこ雲について，航空機による観測結果を紹介する．

図9.8は，氷粒子が少ない海洋性雄大積雲の時間発達を示している[12]．航空機による4回の貫入観測の雲水量，氷粒子数濃度，35GHzレーダーのエコー，雲

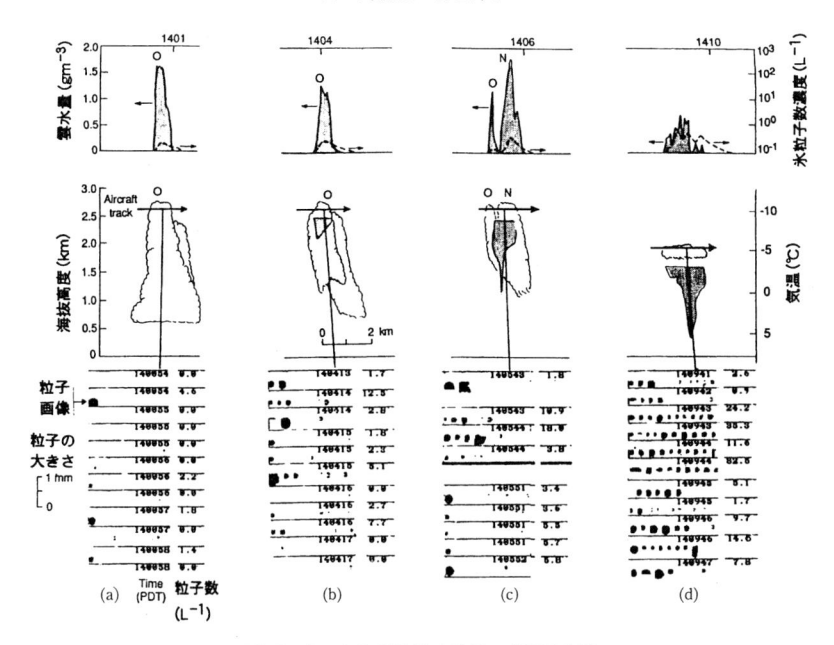

図 9.8 小さな海洋性雄大積雲の時間発達[12]
1988年5月3日,米国ワシントン州の太平洋沖数 km で観測されたものである.(上段)雲水量・氷粒子数濃度,(中段) 35 GHz レーダーのエコー・雲の境界,(下段)雲粒子の 2D プローブ画像・降水粒子数濃度が示されている.

の境界,雲粒子の 2D プローブ画像,降水粒子数濃度が示されている.雲底は,高度約 0.6 km,気温 3℃ である.

14 時 01 分から約 10 分間の変化は,以下のようにまとめられる.雲内では直径 100～400 μm の水滴と凍結水滴,小さなあられから成る降水粒子が存在し,昇華成長した氷晶はほとんどない.図 d の雲頂が急に下がっているときには,降水粒子の数濃度は約 10～30 個 L^{-1} である.35 GHz レーダーのエコーは,1 回目と 2 回目の間から発達しはじめて急激に下降し,14 時 10 分に地上付近まで達している.1 回目約 1.6 g m^{-3} だった雲水量の最大値 O は,2 回目と 3 回目の約 1.2 g m^{-3} へ減少している.3 回目に新たな雲水量最大値約 1.8 g m^{-3} (N) が発生したが,図 d では 0.8 g m^{-3} へ減少している.この雄大積雲では,氷粒子が少なく,雲粒同士の衝突併合成長による霧粒サイズの水滴の形成と凍結水滴,小さなあられの形成が主たる降水形成メカニズムである.

図 9.9 は,氷粒子の多い部分を含む海洋性積乱雲の各種雲物理要素の分布を示している[12].風下側から 35 GHz レーダーのエコーが地上に達している地点まで

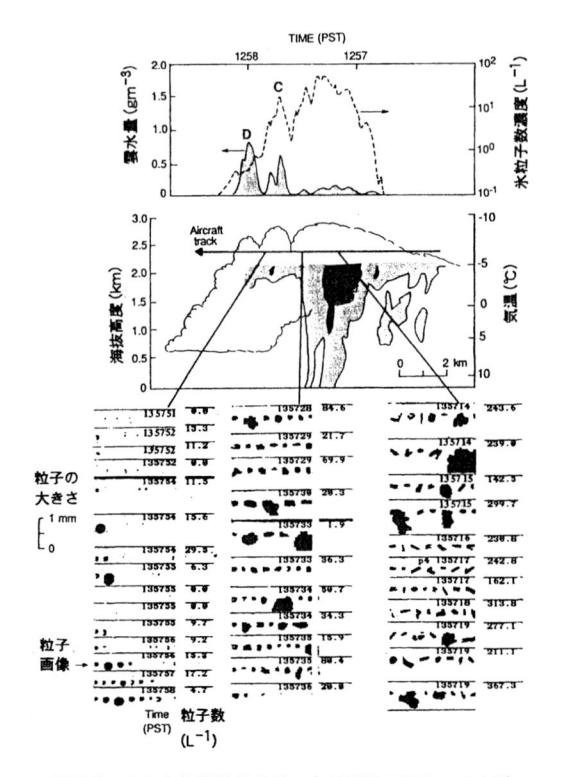

図 9.9 小さな海洋性積乱雲の各種雲物理要素の分布[12]
1988年11月21日,米国ワシントン州の太平洋沖で観測されたものである.(上段)雲水量・氷粒子数濃度,(中段) 35 GHzレーダーのエコー・雲の境界,(下段)雲粒子の2Dプローブ画像・降水粒子数濃度が示されている.

の雲内は,雲水量は小さくほとんど氷粒子で構成されている.氷粒子の最大数濃度は約 300 個 L^{-1} であり,その場所ではレプリカ観測によるとおもにさや状の角柱(昇華成長で期待される氷晶)である.また,積乱雲の上流側には,二つの雲水量の多い部分(CとD)がある.Cにおける氷粒子数濃度は 10~30 個 L^{-1} で,あられ状の粒子と角柱状の氷晶から成る.Dでは,約 $0.7\,\mathrm{g\,m^{-3}}$ の雲水量があり,氷粒子数濃度は小さいが凍結水滴が見られる.

このように氷粒子が多く雲水量がほとんどない部分では昇華成長過程が見られ,氷粒子が少なく雲水量が多い部分では雲粒同士の衝突併合過程と氷粒子の雲粒捕捉過程が卓越している.

図 9.10 は,発達した積乱雲のかなとこ雲の高度 9.3 km と高度 8.0 km におけ

る氷粒子の粒径分布を示している[13]．高度 9.3 km に比べて，高度 8.0 km における粒径分布は幅広い．約 4 mm 以上の粒径の数濃度が増加し，約 1 mm 以下の粒径の氷粒子が大きく減少している．また，2D-P 画像では約 1 cm の併合した氷粒子が見られる．かなとこ雲における高い数濃度の氷粒子が落下中に併合成長していることを示すデータである．

9.4.5 発達段階モデル

対流雲では浮力によって上昇流が生まれ，上昇流は雲水を発生させ降水を形成し，降水は地上に落下する．このような降水を伴う対流雲の発生から消滅までの発達段階モデルとして，1940

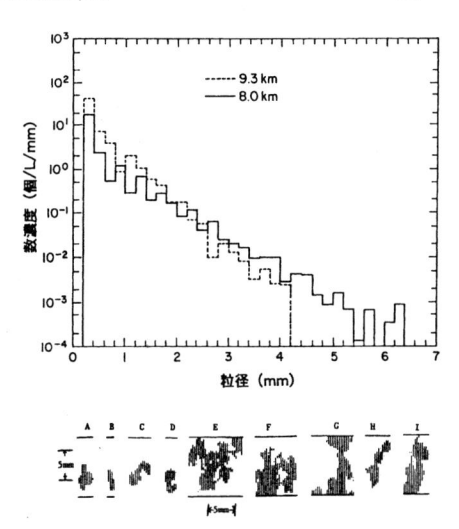

図 9.10 発達した積乱雲のかなとこ雲における粒径分布と 2D-P 画像[13]
1981 年 8 月 1 日，米国モンタナ州マイルズシティ付近で観測された発達した積乱雲である．気温は，高度 9.3 km で約 −35 ℃，高度 8.0 km で約 −26 ℃である．

年代に米国で行われた Thunderstorm Project から得られた図 9.11 を示す[14,15]．図の積雲期 (cumulus stage)，最盛期 (mature stage)，衰弱期 (dissipating stage) は，次のように説明される[16]．

〔**積雲期**〕 浮力をもった空気塊が少し上昇して凝結し，雲を作って消滅するという過程が次々起こって，雲頂はだんだん高くなっていく．図中の等温線（破線）で示されるように凝結の潜熱により雲内が暖められ，不安定な大気中で雲の成長が続く．鉛直方向に大きく発達するが，降水粒子の形成には至らず，雷活動はない．

〔**最盛期**〕 雲頂は圏界面まで達し，かなとこ状の形となる．雲粒子の成長により降水粒子が形成され，上昇流中を落下しはじめる．また，エントレイメントによって周囲の乾燥空気が雲内に入り，雲粒子・降水粒子を蒸発させ，空気を冷却する．周囲よりも冷却された空気は密度が大きく，下降流 (downdraft) として下降する．落下する降水粒子の荷重も加わり，下降流は強化される．図中の破線で示される等温線が下方にずれている場所は，下降流に対応している．上昇流と下降流は雲の中層で最大に達し，激しい乱流を生ずる．強い雨が雲底から落下

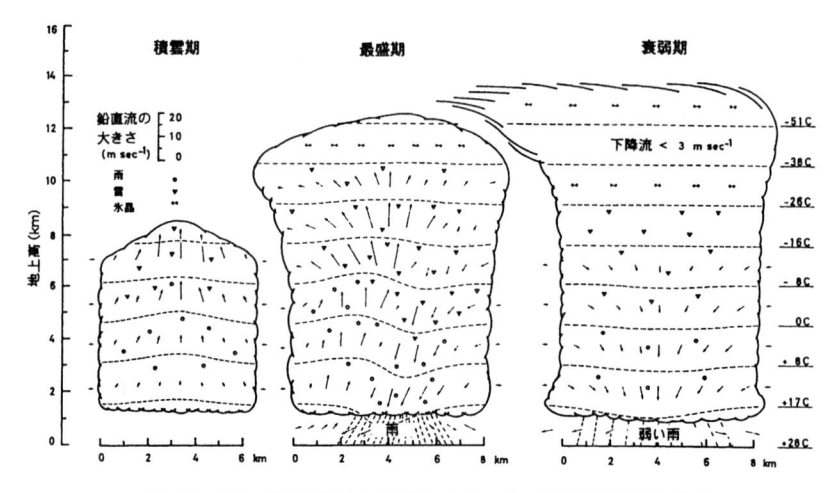

図9.11 雷雨の発達段階(文献14)によるモデルを文献15)から引用)

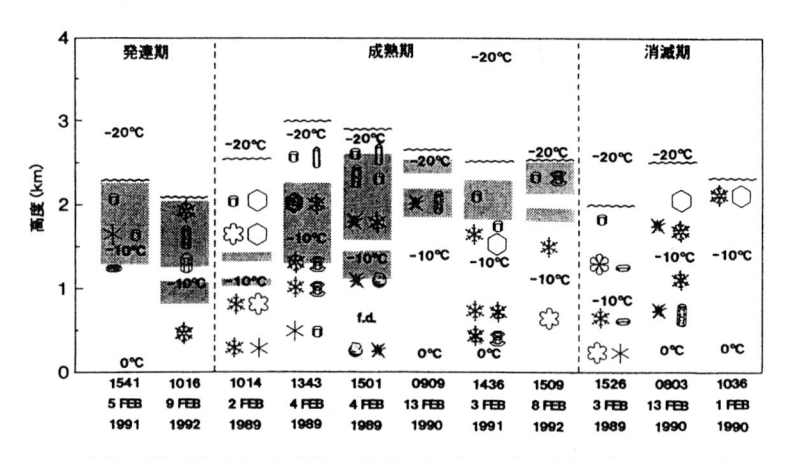

図9.12 対流性降雪雲の発達期・成熟期・消滅期における微物理構造の模式図[17]
冬季日本海上で発生する雲頂温度 −20±3℃ の対流性降雪雲について示されている. 波線は雲頂, 陰影部分は過冷却雲水域, f.d.は凍結水滴を表す. 雪結晶の分類は付録A-4.4による. 0℃, −10℃, −20℃ の高度が図中に示されている.

し, 雷活動も存在する.

〔衰弱期〕 雲全体に下降流が生じ, 下降流を伴う弱い雨が降る. 上昇流による雲粒の形成はなく, 下層の雲粒は急速に蒸発する. 降水が湿った上昇流を阻害するため, 約1時間以内に三つの発達段階を終える.

また, 図9.12は, 冬季日本海上で発生する対流性降雪雲の各発達段階におけ

る微物理構造の模式図である[17].雲内の雲粒子と降水粒子は,雲粒子ゾンデによって観測されたものである.発達期には大きな上昇流 (4〜5 m s^{-1}),大きな雲水量 (〜1 g m^{-3}),少ない氷晶数濃度 (1〜10 個 L^{-1}) であり,降水はない.成熟期では,上昇流 1〜2 m s^{-1},雲水量〜0.2 g m^{-3},氷晶数濃度〜100 個 L^{-1},降水粒子数濃度〜10 個 L^{-1} である.消滅期には,上昇流〜0 m s^{-1},雲水量〜0 g m^{-3},氷晶数濃度〜10 個 L^{-1},降水粒子数濃度 1〜10 個 L^{-1} である.

文献

1) Bohren, C. F. and B. A. Albrecht, 1998 : *Atmospheric Thermodynamics*. Oxford University Press, 311-322.
2) Jorgensen, D. P. and M. A. LeMon, 1989 : Vertical velocity characteristics of oceanic convection. *J. Atmos. Sci.*, **46**, 621-640.
3) Showalter, A. K., 1953 : A stability index for thunderstorm forecasting. *Bull. Amer. Meteor. Soc.*, **34**, 250-252.
4) Livingston, E. S., J. W. Nielsen-Gammon and R. E. Orville, 1996 : A climatology, synoptic assessment, and thermodynamic evaluation for cloud-to ground lightning in Georgia : A study for the 1996 Summer Olympics. *Bull. Amer. Meteor. Soc.*, **77**, 1483-1495.
5) Galway, J. G., 1956 : The lifted index as a predictor of latent instability. *Bull. Amer. Meteor. Soc.*, **37**, 528-529.
6) George, J. J., 1960 : *Weather Forecasting for Aeronautics*. Academic Press, 407-467.
7) Kodama, K. and G. M. Barnes, 1997 : Heavy rain events over the south-facing slopes of Hawaii : Attendant conditions. *Wea. Forecasting*, **12**, 347-367.
8) Miller, R. C., 1972 : Notes on analysis and severe-storm forecasting procedures of the Air Force Global Weather Central. Air Weather Service U. S. Air Force, *Tech. Rep.*, **200** [Rev].
9) Wei, D., A. M. Blyth and D. J. Raymond, 1998 : Buoyancy of convective clouds in TOGA COARE. *J. Atmos. Sci.*, **55**, 3381-3391.
10) Barnes, G. M., J. C. Fankhauser and W. D. Browning, 1996 : Evolution of the vertical mass flux and diagnosed net lateral mixing in isolated convective clouds. *Mon. Wea. Rev.*, **124**, 2764-2784.
11) Auer, A. H., Jr., 1976 : Observation of an industrial cumulus. *J. Appl. Meteor.*, **15**, 406-413.
12) Rangno, A. L. and P. V. Hobbs, 1991 : Ice particle concentrations and precipitation development in small polar maritime cumuliform clouds. *Quart. J. Roy. Meteor. Soc.*, **117**, 207-241.
13) Heymsfield, A. J., 1986 : Ice particle evolution in the anvil of a severe thunderstorm during CCOPE. *J. Atmos. Sci.*, **43**, 2463-2478.
14) Byers, H. R. and R. R. Braham, 1949 : *Thunderstorm*. Washington, D. C., U. S. Government Printing Office, 287pp.
15) Chisholm, A. J., 1973 : Alberta hailstorms. part I : Radar case studies and airflow models, *Meteor. Monogr.*, **14** (36), 1-36.
16) Ahrens, C. D., 1994 : *Meteorology Today*. West Publishing Company, 393-427.
17) Murakami, M., T. Matsuo, H. Mizuno and Y. Yamada, 1994 : Mesoscale and microscale structures of snow clouds over the Sea of Japan. part I : Evolution of microphysical structures on short-lived convective snow clouds. *J. Meteor. Soc. Japan*, **72**, 671-694.

第 5 部　雲 の 事 例

10
メソスケール降雨帯とハリケーンの雲と降水

　大きな降水強度を伴う降雨は，しばしば大雨災害をもたらす．10章では，大きな降水強度をもたらす温帯低気圧システム内のメソスケール降雨帯（レインバンド）とハリケーンにおける雲物理過程を紹介する．
　● 本章のポイント ●
　メソスケール降雨帯：強い対流雲内では雲粒捕捉成長，大きな氷粒
　　　　　　　　　　　子数濃度の領域では併合成長
　ハリケーン：　　　　アイウォール，層状性領域，降雨帯

10.1　メソスケール降雨帯

　この節では，1974/5年と1975/6年の冬季に米国の太平洋に面したワシントン州で行われたCYCLES実験観測のデータから得られたメソスケール降雨帯モデルを紹介する[1]．レーウィンゾンデ，地上測器，気象衛星，雨量計ネットワーク，3台のレーダー，2機の雲物理観測用航空機を用いた総合観測から得られた降雨帯モデルである．
　図10.1は，温帯低気圧システムに関連した降水がしばしばメソスケール降雨帯(mesoscale rainbands)として現れることを模式的に示している[1,2]．メソスケール降雨帯は大きな降水強度を伴い，温暖前線降雨帯(warm frontal rainbands)，暖域降雨帯(warm sector rainbands)，寒冷前線降雨帯(cold frontal rainbands)，先駆降雨帯(surge rainband)，後面降雨帯(postfrontal rainbands)に分類されている．
　ここでは温暖前線降雨帯，暖域降雨帯，寒冷前線降雨帯について，降水粒子がどのようなメカニズムで成長しているかを見てみよう．

10.1.1 温暖前線降雨帯

温暖前線（低気圧）の進行前方には，広範囲の層状性の上昇流による層状性の雲がある（8.2節）．上層雲（巻雲 Ci, 巻積雲 Cc, 巻層雲 Cs），中層雲（高層雲 As, 高積雲 Ac），降水をもたらす乱層雲 Ns である．層状性の雲内で形成される降水は，降水強度がほぼ一定の連続した降水である．このような中に図10.2のような温暖前線降雨帯がある[1]．

温暖前線降雨帯のメカニズムは次のように説明される．すなわち，層状雲の上空に $\partial\theta_w/\partial z<0$ の対流不安定な気層があり，生成セル（generating cell）と呼ばれる対流セル内で氷晶が発生し成長する．生成セル内で大きく成長した氷粒子は落下して，下にある層状雲内でさらに昇華成長する．層

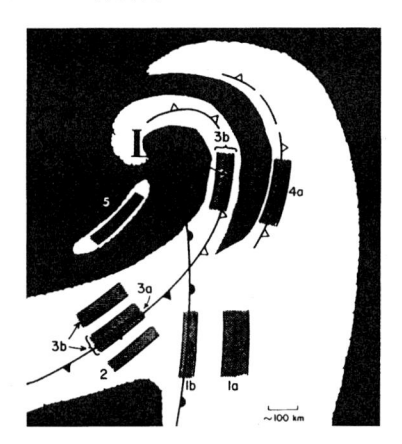

図10.1 温帯低気圧システム内に見られるメソスケール降雨帯の模式図[1]
type 1：温暖前線降雨帯（地上の温暖前線前方に位置する type 1a と地上の温暖前線付近の type 1b），type 2：暖域降雨帯，type 3：寒冷前線降雨帯（幅の狭い type 3a と幅の広い type 3b），type 4：先駆降雨帯（閉そく前線前方の上空寒気の先端部にある type 4a とその後方にある type 3b），type5：後面降雨帯.

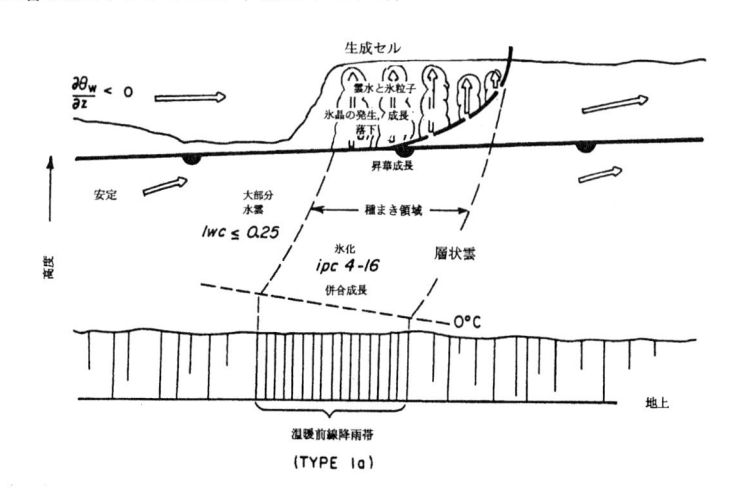

図10.2 温暖前線降雨帯（type 1a）のモデル（鉛直断面図）[1]
雲の構造と卓越する降水形成メカニズムが示されている．雲底から下の縦線は降水を表し，縦線の密度が定性的に降水強度に対応する．白い矢印は温暖前線に相対的な気流を示す．ipc は氷粒子数濃度（個 L^{-1}）で，lwc は雲水量（g m^{-3}），θ_w は湿球温位である．降雨帯の動きは左から右である．

状雲の大部分は水雲であるが，生成セルの下にある種まき領域 (seeded region) と呼ばれる領域では雲水が氷粒子の成長に消費されほとんど氷化している．上空の生成セルが氷粒子を種まき (seed) し，その下の層状雲が氷粒子を育成 (feed) する過程は，シーダー―フィーダーメカニズム (seeder-feeder mechanisms) と呼ばれている．

0℃ 高度のすぐ上では，氷粒子同士の併合成長が卓越して下向きの水の質量輸送が増加する．その後融解して地上に大きな降水強度をもたらしている．このようにシーダー―フィーダーメカニズムと氷粒子の併合成長が降水強度を増加させ，温暖前線降雨帯を形成している．

10.1.2 暖域降雨帯

温帯低気圧の温暖前線と寒冷前線に囲まれた暖気団の領域に暖域降雨帯があり，その走行は寒冷前線に平行である．図 10.3 のモデルは，その構造である[1]．

進行方向の先端部にある降雨帯は若い暖域降雨帯 (younger warm sector rainbands) と呼ばれ，古い暖域降雨帯 (older warm sector rainbands) と呼ばれる 2 番目の降雨帯よりも若く活発である．若い暖域降雨帯では雲水量が多く，低い数濃度の氷粒子が雲粒捕捉成長をしている．暖域降雨帯の降水が始まると，風向が変化し，湿球温位の減少が起こる．これは，降水によって下降流が生じていることを示している．

古い暖域降雨帯では，対流性の外観を示さず，雲内はほとんど氷化している．

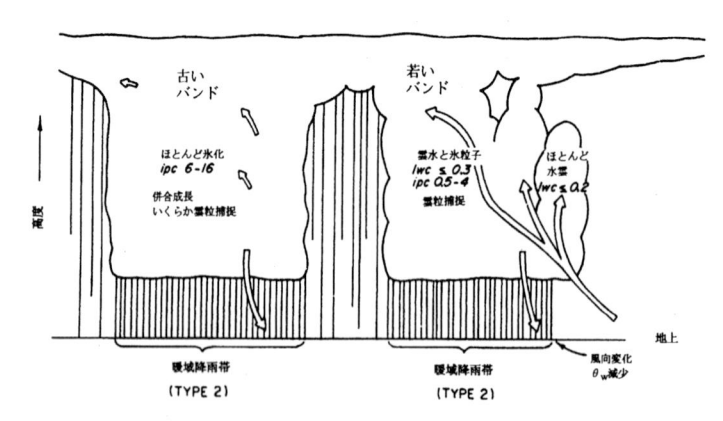

図 10.3 暖域前線降雨帯 (type 2) のモデル (鉛直断面図)[1]
若い暖域前線降雨帯と古い暖域降雨帯が示されている．その他の説明は図 10.2 と同じで，降雨帯の動きは左から右である．

高い数濃度の氷粒子が併合成長した雪片や少し雲粒捕捉成長した氷粒子が，降水強度の増加に重要である．

10.1.3 寒冷前線降雨帯

寒冷前線降雨帯には，図10.4のモデルのように幅の狭い寒冷前線降雨帯(narrow cold frontal rainbands)と幅の広い寒冷前線降雨帯(wide cold frontal rainbands)がある[1]．幅の狭い寒冷前線降雨帯は，地上の寒冷前線の通過すなわち寒気の先端部の気圧の谷と対応している．一方，幅の広い寒冷前線降雨帯は，寒気の先端部からかなり後方までの広い範囲に位置し，複数の降雨帯として存在することもある．また，幅の狭い寒冷前線降雨帯を含むこともある．

幅の狭い寒冷前線降雨帯は図10.4のように背の高い積乱雲と関連しており，上昇流域で雲水量が大きく，氷粒子数濃度は少ない．氷粒子の雲粒捕捉成長が著しく，雲粒付雪片，あられが上昇流域で見られる．氷粒子の雲粒捕捉成長が，幅の狭い寒冷前線降雨帯で卓越する降水形成過程である．

幅の広い寒冷前線降雨帯では，前線性の幅広い雲の内部に対流があり，シーダー-フィーダーメカニズムによって降雨帯ができている．すなわち，内部にある対流が氷粒子を種まきし，その下の雲が氷粒子を育てる過程である．また，氷

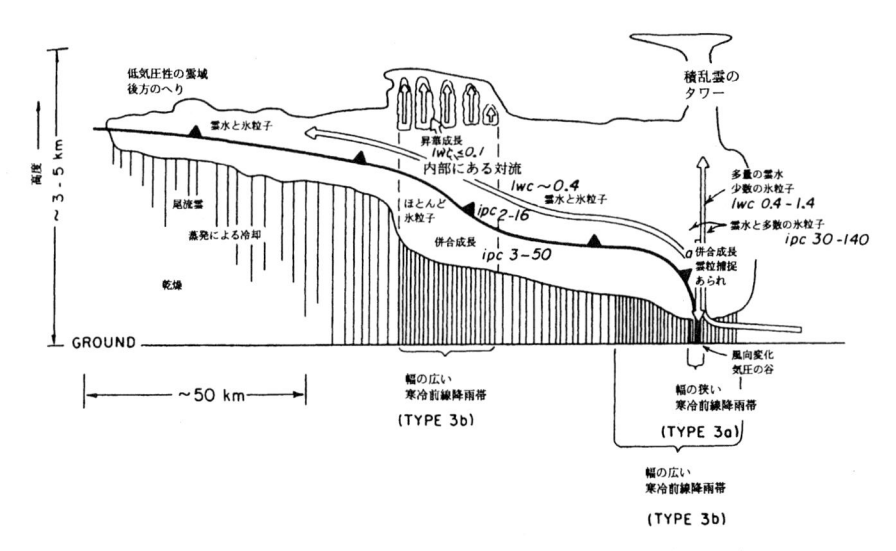

図10.4 幅の狭い寒冷前線降雨帯(type 3a)と幅の広い寒冷前線降雨帯(type 3b)のモデル（鉛直断面図）[1]
説明は図10.2と同じで，降雨帯の動きは左から右である．

粒子の併合成長も降水強度の増加に寄与している．

10.2 ハリケーンの雲と降水

北大西洋，カリブ海，メキシコ湾，北太平洋の東部において64ノット（1ノット$=0.5144\mathrm{m\,s^{-1}}$）を越える最大風速をもった強い熱帯低気圧が，ハリケーンである[3]．北太平洋西部における最大風速約$17\mathrm{m\,s^{-1}}$以上の熱帯低気圧は台風(typhoon)である．この節では，ハリケーンに伴う雲と降水の雲物理過程を示すが，台風についても同様と考えられる．

図10.5は，成熟期にあるハリケーンのレーダー反射因子鉛直分布と各種要素

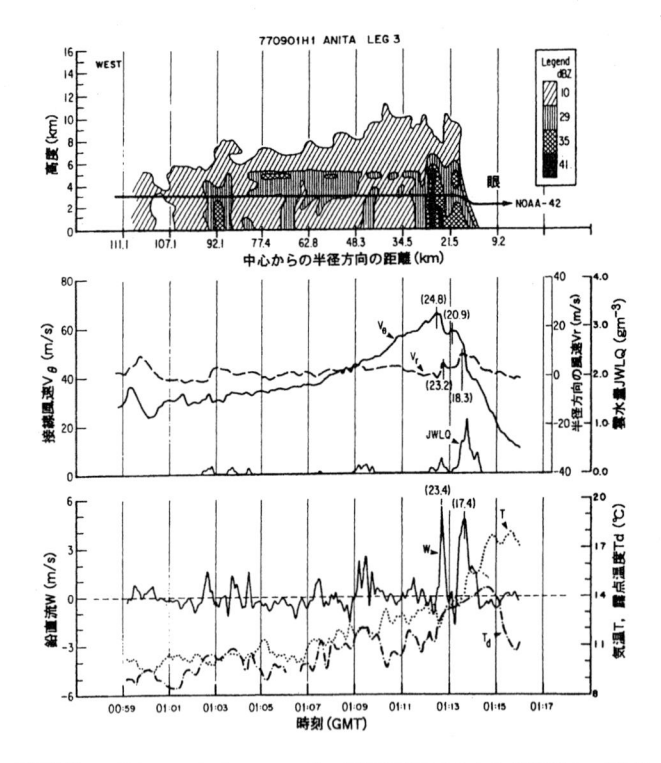

図10.5 ハリケーンAnitaのレーダー反射因子鉛直分布と各種要素の変化[4] 1977年9月1日，メキシコ湾西部における航空機観測による．接線風速V_θ，半径風速V_r，雲水量JWLQ，鉛直風速W，気温T，露点温度T_dが示されている．すべての風速は移動するハリケーンに相対的な風速である．水平風速と鉛直風速のピークの位置が括弧内に示されている．航空機は西からハリケーンの眼へ向かって飛行した．

の変化の例である．観測を行った航空機(NOAA-42)の飛行高度が，レーダー反射因子鉛直分布図に示されている．

　レーダー反射因子分布から，アイウォール(eyewall)，アイウォールから外側にある層状性領域(stratiform region)，降雨帯(rainbands)の三つの特徴が見られる．

　アイウォールは，レーダー反射因子のない"眼"の領域をとり囲むレーダー反射因子の大きな領域である．アイウォールにおけるレーダー反射因子の等値線は，高度ともに外側に傾斜している．上昇流のピークが半径距離17.4 kmと23.4 kmにあり，接線風速V_θのピークは約2 km外側の20.9 kmと24.8 kmにある．一方，レーダー反射因子の最大(21 kmと27 km)は，上昇流Wと接線風速V_θのピークの外側に位置している．また，半径風速V_rの最大はアイウォール内側の上昇流のピークと関連し，眼から外側へ向かう流れを示している．雲水量は上昇流とよく対応した変化をしている．

　層状性領域は，0℃高度(5 km)直下の大きなレーダー反射因子のブライトバンド(bright band)によって明確に示されている．また，層状性領域では上昇流・雲水量も小さい．

　図10.5における降雨帯は，半径距離92 kmの場所にある．降雨帯のレーダー反射因子の等値線はほぼ垂直であり，まわりの層状降水領域におけるレーダー反

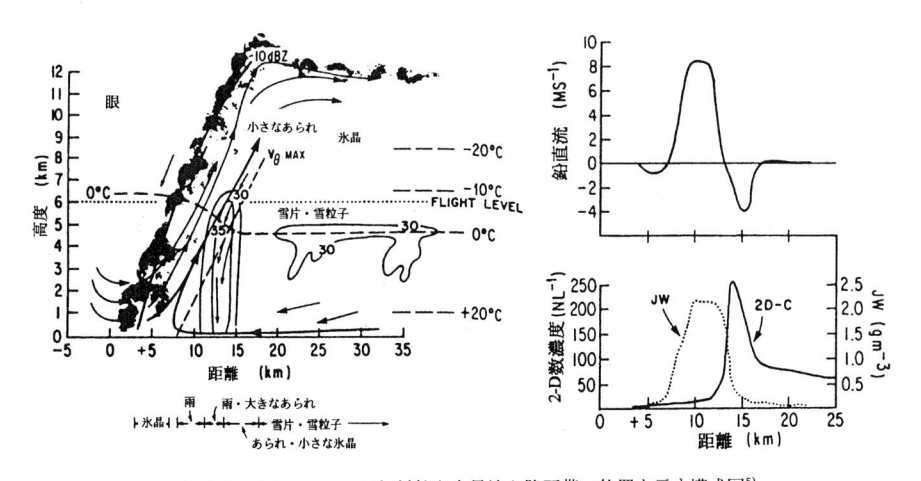

図10.6 アイウォールに相対的な上昇流と降雨帯の位置を示す模式図[5] 粒子の数濃度と相は，ハリケーンの外側で0℃高度の約2 km上空のものである．3個のハリケーン(Ella：1978年9月1日，Allen：1980年8月5・8日，Irene：1981年9月26日)の航空機観測から得られたものである．

射因子の等値線が水平的であるのと対照的である．この降雨帯は，レーダー反射因子の水平分布図ではらせん状に組織化され，スパイラルバンドと呼ばれることもある．

図10.6は，アイウォールに相対的な上昇流と降雨帯の位置を示す模式図である．3個のハリケーンへの航空機観測結果をまとめたものである．航空機観測は0℃高度よりも上空で行われ，粒子のタイプと粒径分布が観測されている．ハリケーンの眼の外側にアイウォール，その外側にブライトバンドを伴う層状領域がある．アイウォールでは上昇流・雲水量が大きく，層状領域では雲水は少なく氷粒子数濃度が高くなっている．アイウォールでは，過冷却水滴が $5\,\mathrm{m\,s^{-1}}$ を越える対流性の上昇流の場所で，あられは $-2℃$ よりも低い上昇流域で観測されている．また，下降流の所では小さな角柱がときどき見られている．層状性領域においては，降雨帯では角柱から成る雪粒子が $15\sim30$ 個 L^{-1} あり，その他の所では $1\sim15$ 個 L^{-1} の雪片を含んでいた．

このようにハリケーンの雲と降水についても，強い上昇流の場所では雲粒捕捉成長が，また大きな氷粒子数濃度の領域では併合成長が降水形成に大きく寄与している．

文献

1) Matejka, T. J., R. A. Houze, Jr. and P. V. Hobbs, 1980 : Microphysics and dynamics of clouds associated with mesoscale rainbands in extratropical cyclones. *Quart. J. Roy. Meteor. Soc.*, **106**, 29-56.
2) Houze, R. A., Jr., 1993 : *Cloud Dynamics*. Academic Press, 438-500.
3) Geer, I. W., 1996 : *Glossary of Weather and Climate*. American Meteorological Society, 272pp.
4) Jorgensen, D. P., 1984 : Mesoscale and convective-scale characteristics of mature hurricanes. part I : General observations by research aircraft. *J. Atmos. Sci.*, **41**, 1268-1285.
5) Black, R. A. and J. Hallett, 1986 : Observation of the distribution of ice in hurricanes. *J. Atmos. Sci.*, **43**, 802-822.

第 6 部　応　　用

11 大雨災害

　気象災害の多くは，大雨によるものである．11 章では，近年の大雨災害の特徴と対策，大雨災害の事例，浸水害，山がけ崩れ害を説明する．東北地方における大雨災害を扱っているが，そのほかの地域にも共通する特徴が見られる．

● 本章のポイント ●
近年の大雨災害の特徴：水害密度の急増と土砂災害の卓越
大雨災害の事例：　　　各方面に影響が及ぶ大雨災害
浸水害：　　　　　　　降水特性との対応性
山がけ崩れ害：　　　　降水特性との対応性

11.1　近年の大雨災害の特徴と対策

　防災白書(平成 11 年版)[1]から，近年の大雨災害の特徴は次のようにまとめられる．第一に，治山・治水事業の進展などにより水害面積は減少したが，河川氾濫区域内への資産の集中・増大に伴って，水害面積当たりの一般資産被害額(水害密度)が急増していることである．第二に，洪水により本川の水位が上昇するに伴い，堤内地に生じる湛水である内水[2]による被害が多く発生していることである．これは，開発の進展による流域の保水・遊水機能の低下に伴う洪水や土砂流出の増大，都市化の進展による被害対象の増加，都市河川・中小河川などにおける低い整備水準によるためとされている．第三に，土砂災害(がけ崩れ，地すべり，土石流など)による死者・行方不明者の自然災害全体に占める割合が，50％前後で推移していることである．

　このような特徴をもった大雨災害を未然に防止，または軽減するため，気象観測の充実と予報・警報などの発表，治山・治水対策の推進，土砂災害対策の推進が計画的に進められている[1]．このうち，治山・治水対策については治山・治水事

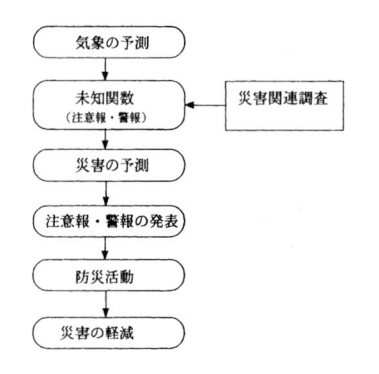

図 11.1 注意報・警報発表の流れと災害の予防

業により整備されてきているが，その整備水準はまだ十分ではない．当面の整備目標である1時間降水量 50 mm の降雨による氾濫被害の防御率は，平成8年度末で 52% である．また，土砂災害対策についても治山事業，砂防事業，急傾斜地崩壊対策事業などが実施されてきているが，土砂災害危険箇所数が多く，その進捗率は低水準に止まっている．急傾斜地崩壊危険箇所 (86651 か所) の整備率は，約 25%（平成9年度末）である．したがって，都市化が進展しつつある現在，気象観測の充実と予報・警報などの発表が相対的に重要になっている．

図 11.1 は，気象台などが発表する各種の予報・警報などの流れを示している．各種注意報・警報が防災機関や報道機関を通して住民に伝えられ，住民が各種防災活動（避難も含む）を行うことにより，災害を未然に防止したり被害を軽減できる．注意報・警報の発表は，各種防災活動をスタートさせる役割をもっている．気象庁が行う注意報・警報は災害との関連を考えた気象予報であり，気象とこれに伴う災害との関連を把握することが重要である[3]．

11.2 大雨災害の事例

1986（昭和 61）年8月，台風第 10 号およびこれから変わった低気圧が，静岡県から東の太平洋側の各地に多量の雨をもたらした．特に，茨城県・栃木県・福島県・宮城県では，降りはじめの8月4日から6日までに多い所で 300〜400 mm の雨量だった．この節では，この大雨による被害の実態を見てみよう．

図 11.2 は，東北各県の被害額である[4]．宮城県・福島県で 1000 億円を越える被害額，岩手県 191 億円，青森県 76 億円，山形県 41 億円，秋田県 11 億円の被害である．被害額の内容区分に注目すると，被害額の相対的に小さな（200 億円以下の）県では公共土木費が大半を占めるが，被害額が 1000 億円を越える宮城県・福島県では公共土木費に加えて商工関係，農業関係，住家・非住家の被害額が大きい．特に，福島県では商工関係の被害が 400 億円を越えている．宮城県・福島県における被害は，各方面に大きく及んでいる．

次に，被害の大きかった宮城県について詳しく見る．宮城県では，河川の下流

11. 大雨災害

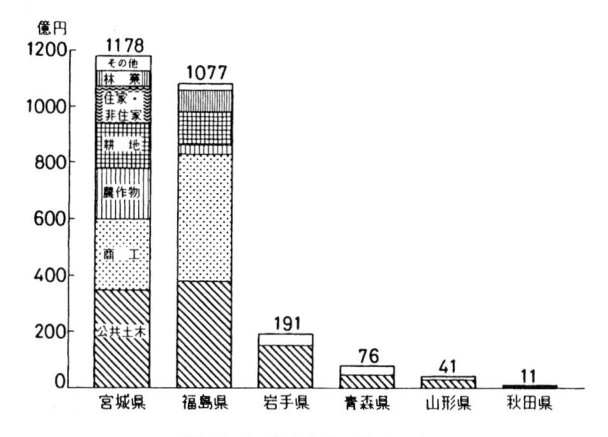

図 11.2 東北各県の被害額[4]
1986年8月4日，5日の台風10号およびこれから変わった低気圧による大雨被害．

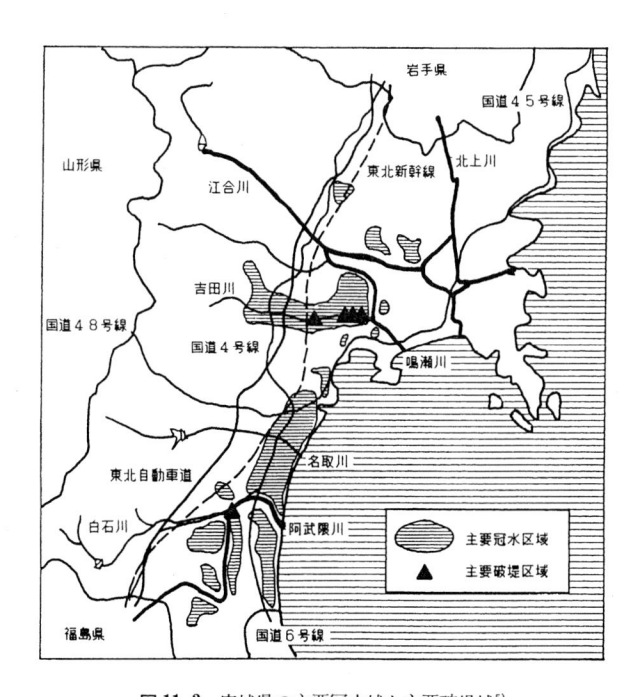

図 11.3 宮城県の主要冠水域と主要破堤域[5]
1986年8月4日，5日の台風10号およびこれから変わった低気圧による大雨被害．

域の低地でもある沿岸南部で多雨であった．多雨域における最大1時間降水量は40mmを越え，総降水量は400mm以上であった．

図11.3は，大雨による主要冠水区域と主要破堤区域を示している[5]．破堤箇所は，阿武隈川と白石川との合流点付近と吉田川の鹿島台町付近とに見られる．また，主要冠水区域は，宮城県沿岸南部と吉田川流域に広がっている．

図11.4は，宮城県における人的被害の原因を示している[5]．死者5人のうち4人ががけ崩れのためであり，もう1人は水防活動中に亡くなっている．また，傷者12人のうち6人ががけ崩れの直接的・間接的な原因であり，また水防活動中や避難中の負傷も目立っている．

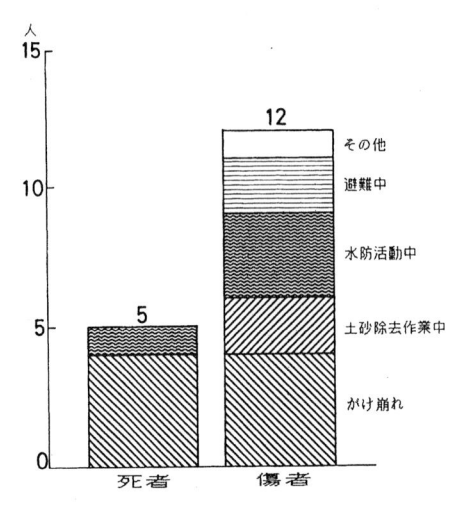

図 11.4 宮城県の人的被害[5]
1986年8月4日，5日の台風10号およびこれから変わった低気圧による大雨被害．

人的被害の発生時刻と降雨との対応は，以下の通りだった[6]．人的被害は降雨のピーク時から2〜3時間後（仙台市で1時間降水量約30mm，積算降水量約300mmの時点）の8月5日6時過ぎに最も多く，5人（うち死者3人）の被害があった．その後，人的被害は8月5日夜にかけて徐々に少なくなったが，大雨後2日たった8月7日に水防活動中に死者1人が出ている．人的被害の内容を見ると，降雨ピークから降雨終了まではがけ崩れによる人的被害が大部分であり，死者の比率も高い．降雨終了後は，水防活動中や避難中の人の被害が主である．このような降雨と人的被害との関係は，今後の防災活動・避難行動に役立てるべき教訓の一つである．

次に，がけ崩れと浸水被害の著しかった仙台市の被害状況を説明する[5]．仙台市のほぼ東半分（東北本線の東側）が冠水地となり，その西側の仙台市の中心部でも冠水地が所々で見られた．また，がけ崩れは，仙台市内の丘陵地に広がる住宅地に多く発生した．

図11.5は，仙台市消防局へ119番通報された床上床下浸水，がけ崩れと降雨との時間的な対応関係を示している[6]．119番通報による被害の覚知時刻は必ず

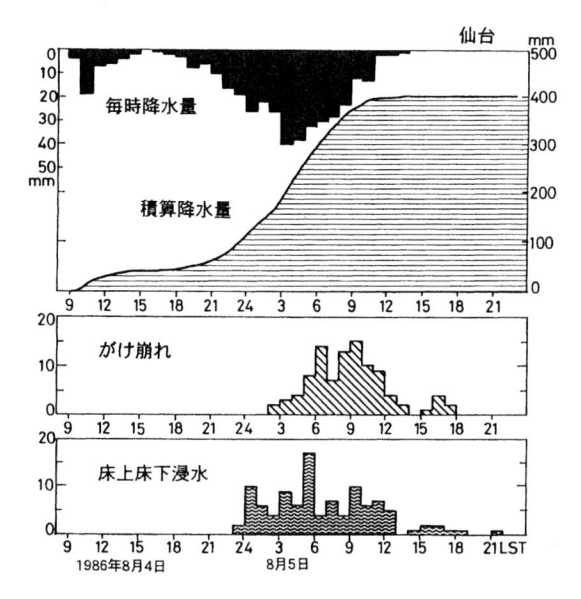

図 11.5 降雨とがけ崩れ,床上床下浸水の 119 番通報件数との時間的対応[6] 1986 年 8 月 4 日,5 日の台風 10 号およびこれから変わった低気圧による大雨被害.

しも被害の発生時刻と一致しないが,おおよその対応関係を示すものと考えられる.床上床下浸水の 119 番通報は 8 月 4 日 23 時過ぎから始まり,このとき積算降水量 100 mm,1 時間降水量約 20 mm である.8 月 5 日 0 時～13 時まで 1 時間当たり約 10 件の通報がある.一方,がけ崩れの 119 番通報は,8 月 5 日 2 時過ぎから始まり,このとき積算降水量 150 mm,時間降水量 30 mm である.がけ崩れの 119 番通報件数はその後急増し,8 月 5 日 6 時～10 時には 1 時間当たり約 15 件である.その後降雨が止んだ後も,がけ崩れの 119 番通報がある.

11.3 浸 水 害

この節では,東北地方における浸水害の事例解析[7]と統計分析[8]から,浸水害と降水特性との対応を調べる.

11.3.1 浸水害の事例解析

東北地方に大きな浸水家屋被害をもたらした 1982 年 4 月 15～16 日の大雨事例について,浸水家屋被害と短時間強雨との対応を見る[7].

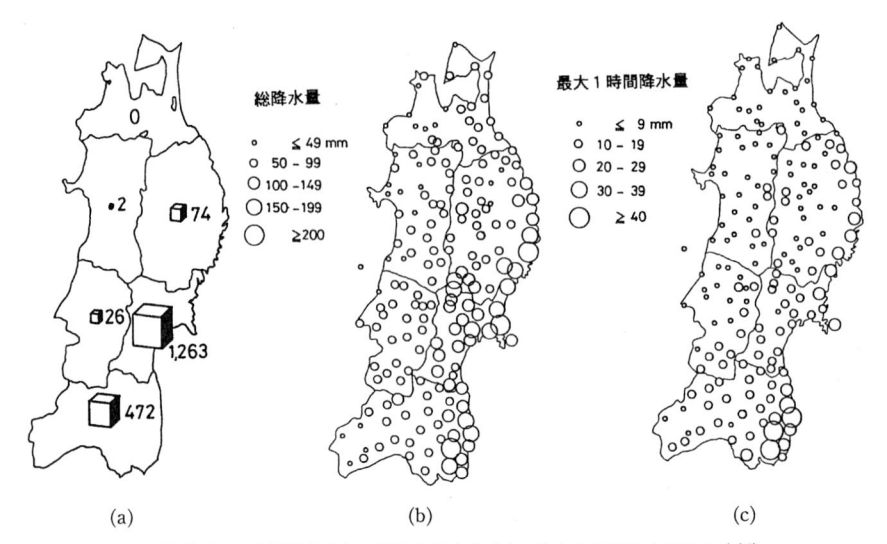

図 11.6 浸水家屋被害(a)と総降水量分布(b),最大1時間降水量分布(c)[7]
1982年4月15～16日.浸水家屋被害は床上浸水と床下浸水との合計である.

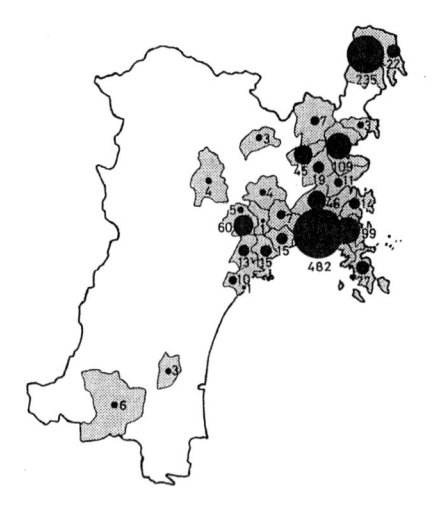

図 11.7 宮城県内の市町村別浸水家屋数[7]
1982年4月15～16日.

図 11.6 は,この事例における県別浸水家屋被害と降水量分布である.浸水家屋被害は,東北地方太平洋側各県で多く,特に宮城県と福島県に集中して発生している.一方,総降水量は太平洋側の岩手県・宮城県・福島県で 100 mm を越え,特にこれらの県の沿岸地方で短時間降水量が大きい.このように浸水家屋被害と降水量分布とは,県単位で見るとよく対応している.

次に,宮城県について,市町村別浸水家屋被害を用いて対応性を見る.

図 11.7 は,宮城県の市町村別浸水家屋数の分布である.宮城県沿岸地方北部の市町村で浸水家屋被害が多く,特に石巻市と気仙沼市の被害が目立っている.一方,図 11.8 の宮城県内各地における毎時降水量を見ると,沿岸地方北部で約 $20~\mathrm{mm~h^{-1}}$ の短時間強雨となっている.なお,宮城県沿岸地方北部は,北上川の

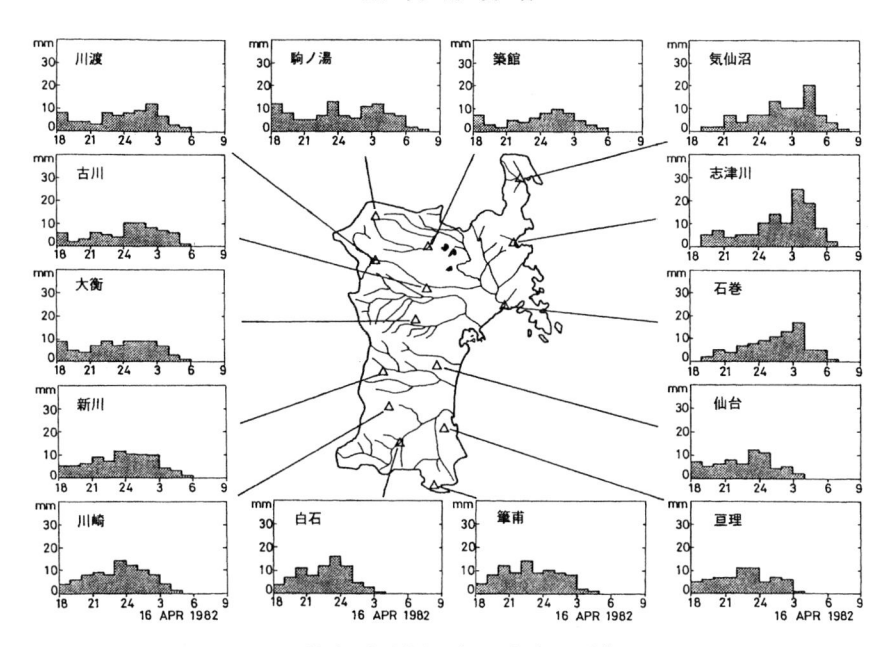

図 11.8 宮城県内の各地の毎時降水量[7]
1982年4月15〜16日，図の中央は流域を示す．

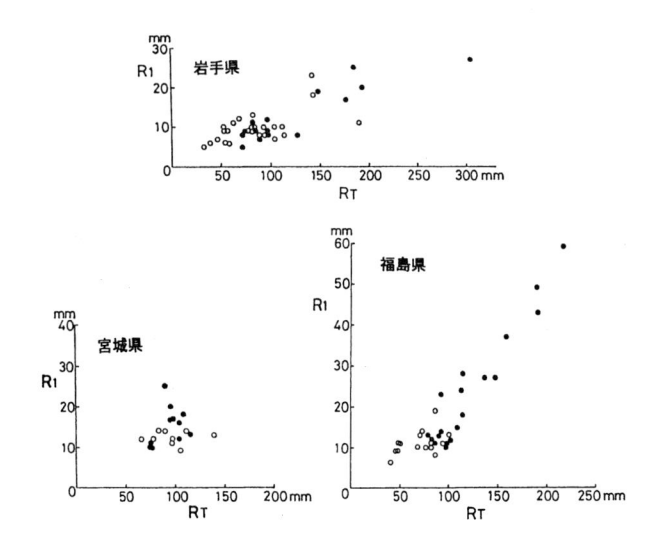

図 11.9 最大1時間降水量 R_1-総降水量 R_T 散分布図[7]
岩手県，宮城県，福島県の事例(1982年4月15〜16日)．
●：浸水家屋被害発生地点，○：浸水家屋被害非発生地点．

下流域とその東側を流れる中小河川の流域である．また，浸水家屋被害のあった地域とそうでなかった地域における降水量の差はそれほど大きくないが，これは浸水家屋被害が降水量以外に流域の特性にもよることを示すものと考えられる．

次に，どの程度の短時間強雨によって浸水家屋被害が発生したかを調べる．図11.9は，今回の事例における最大1時間降水量と総降水量との散布図である．岩手県と福島県では両者の間に相関関係が見られ，短時間降水量が多ければ総降水量も多いという関係になっている．浸水家屋被害発生地点●は，短時間降水量が多い地点であり総降水量の多い地点でもある．ところが，宮城県の最大1時間降水量-総降水量散布図を見ると，両者の間に相関関係が認められないが，浸水家屋被害は最大1時間降水量とよく対応して発生していることがわかる．しかし，浸水家屋被害発生地点においては，総降水量 $\geqq 70$ mm であることや流域の流出特性（都市域が多い点）にも留意しなければならない．

浸水家屋被害が急増しはじめる危険降雨強度を岩手・宮城・福島県について求めると，各県とも最大1時間降水量 $\geqq 15 \sim 20$ mm，最大3時間降水量 $\geqq 30 \sim 40$

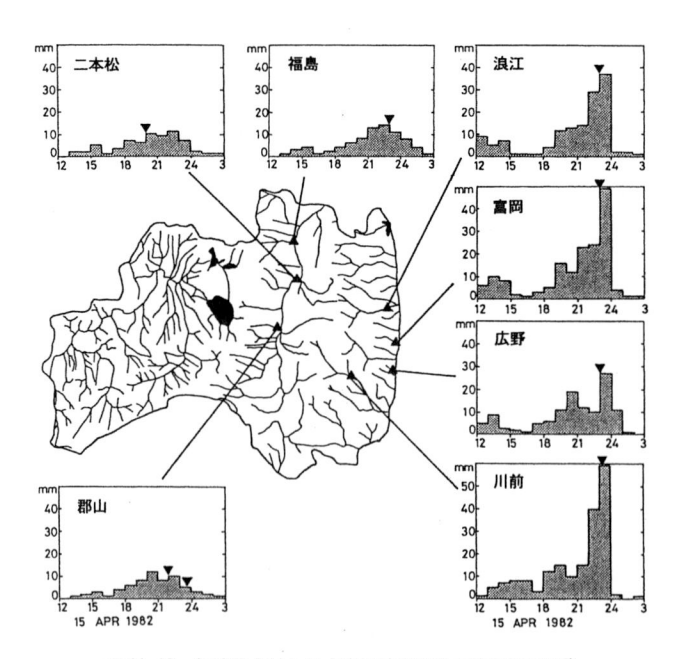

図11.10 毎時降水量と浸水家屋被害発生の時間的対応[7]
福島県，1982年4月15～16日，資料は福島県警本部資料による．▼は浸水家屋被害の発生時刻を示す．

mm が浸水家屋被害の危険降雨強度である。これらの危険降雨強度は，大雨注意報基準値とほぼ同程度である。

それでは浸水家屋被害の時間的な発生は，降雨状況とどのように対応しているのだろうか？　福島県については図 11.10 のように 1 時間降水量のピークとほとんど同時に発生し，浸水家屋被害は短時間強雨と時間的によく対応していることがわかる。

11.3.2　浸水害の統計分析[8]

東北地方における浸水害について，統計的な特徴を調べる。

図 11.11 は，東北 6 県の浸水害回数 (1971～1984) の月別分布を示している。東北 6 県合計の浸水害回数は，暖候期，特に 6～9 月に最も多くなる。また，12～3 月の冬期間にも浸水害が発生していることが注目される。

図 11.12 は，青森県・福島県について 1975～1984 年の浸水家屋数を R_1-R_{24} の平面上で示したものである[8]。それぞれがある降水量を越えると浸水家屋が発生しており，破線で示した大雨注意報基準，大雨警報基準と浸水家屋数とはよく対応している。また，降水量が多いほど浸水家屋数が急増する傾向がある。この浸水家屋被害に見られる急増傾向は，

$$L = a(R_{24} - R_{240})^{b_1}(R_1 - R_{10})^{b_2} \tag{11.1}$$

によって表現される。ここで，L は浸水家屋数，R_{240} は 24 時間降水量の浸水家屋被害無効降水量 (mm)，R_{10} は 1 時間降水量の浸水家屋被害無効降水量 (mm)，a および b_1, b_2 は統計的に決められる係数，$R_{24} \geq R_{240}$, $R_1 \geq R_{10}$ である。R_{240} は降水領域内の貯蔵限界に対応し，R_{10} は排水能力に相当する。

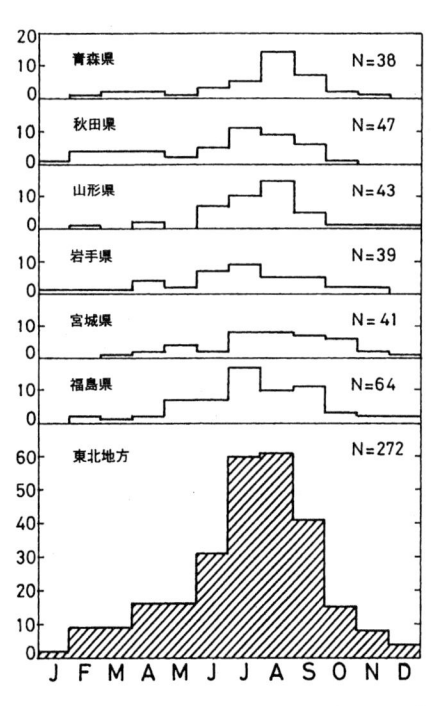

図 11.11　東北地方における月別浸水害回数分布[8]
資料：気象庁観測技術資料第 50 号「気象災害の統計 (1971-1984)」(気象庁, 1986)。

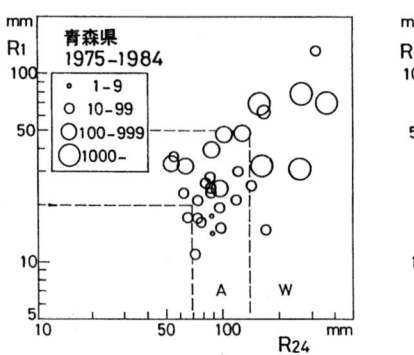

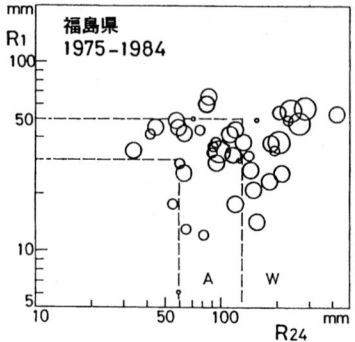

図 11.12 青森県・福島県における降水量と浸水家屋数との関係[8]
R_{24}：24時間降水量の最大，R_1：1時間降水量の最大，A：大雨注意報領域，W：大雨警報領域，浸水家屋数：青森県の図中の説明を参照，資料：1975-1984年，「東北地方の短時間強雨の研究」(仙台管区気象台, 1986). なお，24時間降水量の最大のデータが得られない場合には，日降水量，総降水量の順で代用した．

11.4　山がけ崩れ害

この節では，山がけ崩れ害と降水特性との対応を斜面崩壊の理論，事例解析，統計分析から概観する．

11.4.1　斜面崩壊の理論

山がけ崩れを含む斜面崩壊は，図11.13の模式図に示す斜面の不安定化によって説明される[9]．斜面のすべり落ちようとする部分(荷重 $W=mg$)に対して，力 F_1(斜面に沿って下方に働く)と力 F_2(斜面に沿って上方に働く)とが働いている．

力 F_1 は，荷重 W と斜面の傾斜角 θ だけで決まる力である．降水があると，地中へ水が浸透するため荷重 W が大きくなり，力 F_1 も大きくなる．

一方，力 F_2 は，すべり落ちようとする部分が斜面から受ける面力 $(mg\cos\theta - U)$ に比例して働く摩擦力 $\mu(mg\cos\theta - U)$ (ここで，μ：摩擦係数，U：水による浮力)と，斜面と接触面に働く粘着力 c(接触面積に比例する)とから成る．降水があると地中へ水が浸透して斜面との接触面に水がたまり，水に浸った部分と同体積の水の重さに等しい浮力 U が働く．このため面力 $(mg\cos\theta - U)$ が小さくなり，斜面崩壊が発生する．

要約すると，降水が地中に浸透し，すべり落ちようとする部分に水がたまり浮

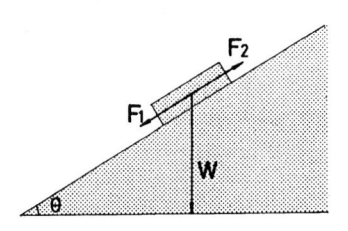

図 11.13 斜面崩壊の模式図（文献 10）を参考に作図）

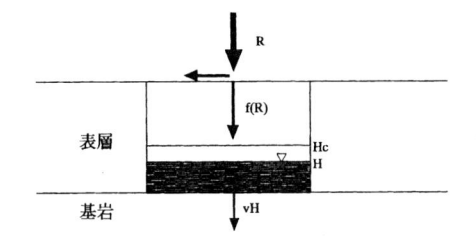

図 11.14 表層の土壌柱内の過剰水分量についての水収支の模式図

力として作用することにより，斜面が不安定化され斜面崩壊が発生する．したがって，地中の水分量が斜面崩壊の発生に重要である．

図 11.14 のような表層の土壌柱内の過剰水分量についての水収支は，

$$dH/dt = I - vH, \quad (11.2\,\mathrm{a})$$
$$I = f(R) \quad (11.2\,\mathrm{b})$$

で与えられる[10]．ここで，H は過剰水分量 (mm)，I と $f(R)$ は浸透能 (mm h^{-1})，R は降雨強度 (mm h^{-1})，v は表層から下方へ移動する量の比例定数 (h^{-1}) である．

降雨強度を一定とし，初期条件 $t=0$ で $H=0$ として式 (11.2) を解くと，

$$H = f(R)/v \cdot (1 - e^{-vt}) \quad (11.3)$$

を得る．上式のように，表層の土壌柱内の過剰水分量 H は時間とともに増加する．

$H = H_c$ でがけ崩れが発生するとして，このときの $t=T$ を求めると，

$$T = 1/v \cdot f(R)/[f(R) - vH_c] \quad (11.4)$$

を得る．

以上のように，表層の土壌柱内の過剰水分量 H が降雨強度 R，浸透能 $f(R)$，比例定数 v によって評価され，がけ崩れ発生を予測する可能性がある．これらのパラメータは地域ごとにそれぞれ求める必要があるが，観測から横浜市の場合，$v = 0.125$ h^{-1}，$H_c = 30$ mm，$f(R) = 60(1 - e^{-3R/400})$ と評価されている[10]．

11.4.2 山がけ崩れ害の事例解析

山がけ崩れを含む斜面崩壊は，素因と誘因と呼ばれる 2 種類の条件によって発生する[11]．素因は，斜面自体が有する地質学的条件（岩石の強度，風化状態，岩盤内の割れ目，断層などの弱線とその方向，不透水層の存在とその方向），地形

的条件(斜面勾配，地形的な凹凸)，植生状態である．誘因は，豪雨による地下水位の上昇や地震動である．素因と誘因に関する解析的研究から，斜面崩壊の条件が把握されてきている．

素因に関する事例解析例として，1938(昭和13)年7月5日の豪雨による神戸裏山再度谷の山崩れの詳細な現地調査がある[12]．この事例では，山崩れの大きさは幅10 m 内外，長さ10～30 m，厚さ0.5 m くらい，傾斜40°くらいのものが多く，大部分は表土と岩盤との境界で山崩れを起こしていた．前節における斜面の不安定化の模式を支持する調査結果である．

一方，誘因に関する事例解析からは，斜面崩壊発生の降雨条件や連続雨量-降雨強度の平面上での危険降雨曲線などが把握されている[13]．東北地方に大きな山がけ崩れ害をもたらした台風8218号の事例について，山がけ崩れと降水特性との対応を見る[14]．

1982年9月12～13日，台風8218号によって東北地方に降水がもたらされた(図11.15)．太平洋側で総降水量が200 mm を越え最大1時間降水量40 mm 以上の地点が多く，日本海側では総降水量100 mm 以下で最大1時間降水量10 mm 以下の地点が大部分であった．一方，台風8218号による東北地方の山がけ崩れは，福島県154か所，宮城県・岩手県では約20か所，青森県・秋田県・山形県で数か所であった．各県の山がけ崩れと降水量とは，県単位で見るとよく対応

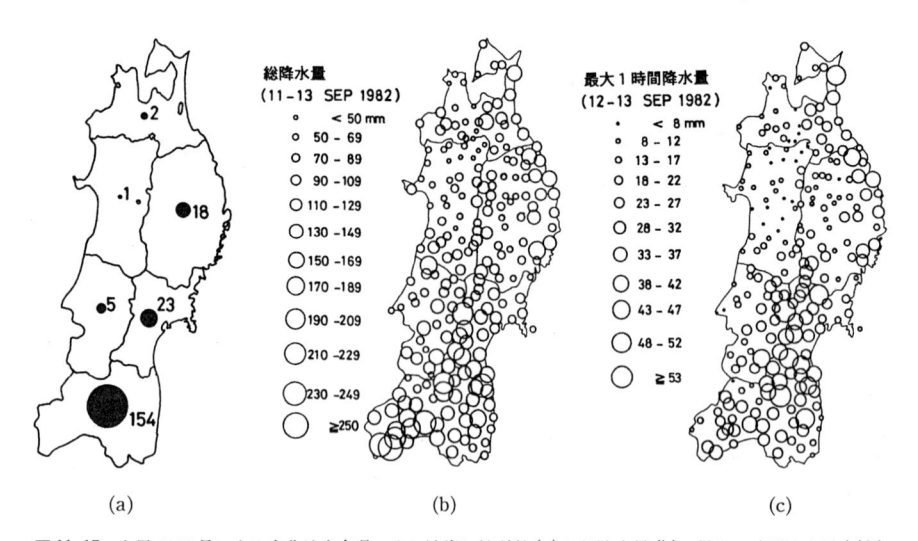

図11.15 台風8218号による東北地方各県の山がけ崩れ箇所数(a)と総降水量(b)，最大1時間降水量(c)[14]

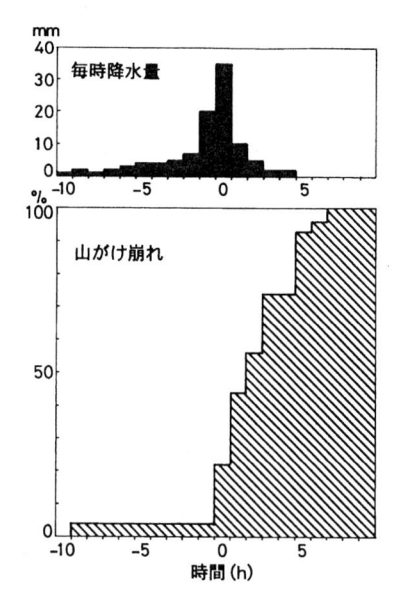

図 11.16 毎時降水量と山がけ崩れ累積発生率[14]
台風8218号による福島県の山がけ崩れ箇所27か所について，最大1時間降水量の発生時刻を基準にして毎時降水量と山がけ崩れの発生を合成したものである．

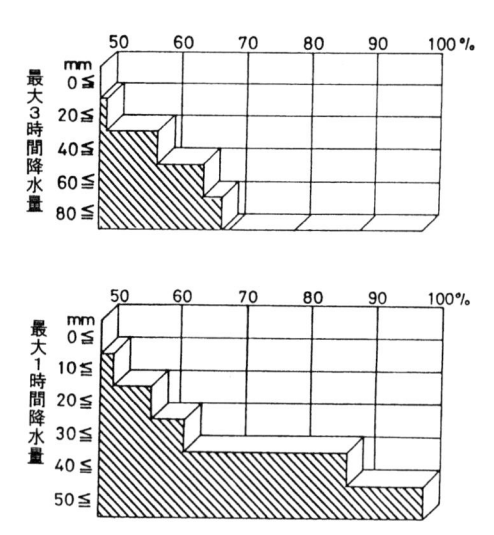

図 11.17 短時間強雨による山がけ崩れ発生率の増加[14]
台風8218号による福島県の山がけ崩れ事例について，福島県内54地点(山がけ崩れ発生27地点，同非発生27地点)を選んで，該当短時間降水量以上の地点についての山がけ崩れの発生率である．

している．

図11.16は，山がけ崩れと降水量との時間的対応を示したものである．山がけ崩れ発生箇所に最も近いアメダス地点の最大1時間降水量の発生時刻を基準にして，毎時降水量と山がけ崩れ発生を合成している．被害地域における平均的な降雨特性に対して，山がけ崩れがどのように発生したかを知ることができる．短時間強雨の直後から山がけ崩れが発生しはじめ，3時間後までに約70％，5～6時間後までに残りの山がけ崩れが発生したことがわかる．

量的にどの程度の短時間強雨が山がけ崩れと対応しているかを調べた結果が，図11.17である．最大1時間降水量 ≥ 20 mm，最大3時間降水量 ≥ 40 mm で，山がけ崩れの発生率が増大している．

11.4.3 山がけ崩れ害の統計分析

山がけ崩れを起こしやすい降雨条件は，統計分析からも求められている．降雨

条件として連続雨量,降雨強度のほか,実効雨量,県平均日降水量などの臨界値が選ばれている.

山崩れ件数 N と総雨量 R との間に,
$$N = aR^b \tag{11.5}$$
という統計的関係が見出されている[15].各県別に求められた定数 b は大部分の県で $b>1$ であり,総雨量の増加によって山崩れ件数が急増する傾向がある.

また,短時間強雨によっても,がけ崩れが急増する[16].全国的ながけ崩れの統計資料と東京都・長崎県における階級別出現率とから,がけ崩れが 20 mm h^{-1} で増加しはじめ,40 mm h^{-1} で急増する傾向が見出されている.

青森県・福島県について 1975〜1984 年の山がけ崩れ箇所数を 1 時間降水量 R_1,24 時間降水量 R_{24} の平面上で示したものが図 11.18 である[17].それぞれがある降水量を越えると山がけ崩れが発生しており,破線で示した大雨注意報基準,大雨警報基準と山がけ崩れ箇所数とよく対応している.また,降水量が多いほど山がけ崩れ箇所数が急増する傾向がある.この山がけ崩れ被害に見られる急増傾向も,
$$L = a(R_{24} - R_{240})^{b_1}(R_1 - R_{10})^{b_2} \tag{11.6}$$
によって表現される.ここで,L は浸水家屋数,R_{240} は 24 時間降水量の浸水家屋被害無効降水量 (mm),R_{10} は 1 時間降水量の浸水家屋被害無効降水量 (mm),a および b_1,b_2 は統計的に決められる係数,$R_{24} \geqq R_{240}$,$R_1 \geqq R_{10}$ である.

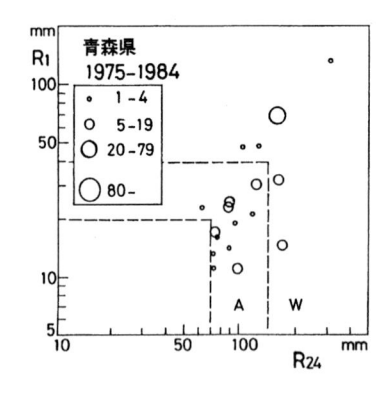

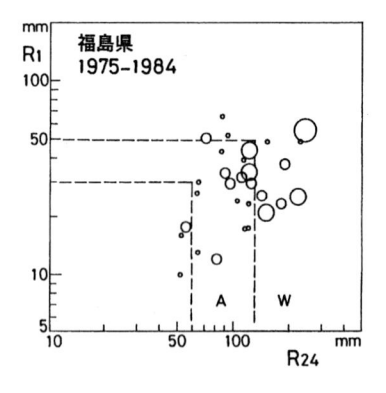

図 11.18 青森県・福島県における降水量と山がけ崩れ箇所数との関係[17]
R_{24}:24 時間降水量の最大,R_1:1 時間降水量の最大,A:大雨注意報領域,W:大雨警報領域,浸水家屋数:青森県の図中の説明を参照,資料:1975-1984年,「東北地方の短時間強雨の研究」(仙台管区気象台,1986).なお,24 時間降水量の最大のデータが得られない場合には,日降水量,総降水量の順で代用した.

文　献

1) 国土庁編, 1999：防災白書(平成11年版). 大蔵省印刷局, 743 pp.
2) 髙橋　裕, 1978：河川水文学. 共立出版, 218 pp.
3) 気象庁予報部, 1962：注意報・警報基準作成方針について. 予報課技術資料, **2**, 1-27.
4) 水野　量, 1986：東北地方の被害概要. 東北技術だより, **3**, 526-528.
5) 水野　量, 1986：宮城県の被害状況. 東北技術だより, **3**, 557-550.
6) 水野　量, 1986：被害と降雨との関係. 東北技術だより, **3**, 554-556.
7) 水野　量, 1986：1982年4月15〜16日の東北地方の大雨による浸水家屋被害と短時間強雨との対応性. 気象庁研究時報, **38**, 129-139.
8) 水野　量, 1987：東北地方における浸水害の統計分析. 気象庁研究時報, **39**, 121-131.
9) 髙野英夫, 1983：斜面と防災. 築地書館, 1-29.
10) 大滝俊夫, 1965：降雨による水文学的研究. 気象庁研究時報, **17**, 351-395.
11) 木宮一邦, 1980：斜面崩壊と水, 自然災害と水—そのひきがねとなる水—. 災害科学総合研究班研究成果普及版, 63-74.
12) 棚橋嘉一・太田芳夫・菅谷惣治, 1939：昭和13年7月5日の豪雨に依る神戸裏山再度谷の山崩調査報告. 海と空, **19**, 87-99.
13) 江頭進治, 1983：昭和57年7月豪雨による土砂災害について. 京大防災研究所年報, **26A**, 1-17.
14) 水野　量, 1985：台風8218号による東北地方の山がけ崩れと降水特性との対応性. 天気, **32**, 573-580.
15) 蔵重　清・奥山志保子, 1964：山崩れ件数と雨量との統計的関係. 天気, **11**, 397-407.
16) 倉嶋　厚, 1974：注意報・警報の対象としての斜面崩壊について. 測候時報, **40**, 429-445.
17) 水野　量, 1987：東北地方における山がけ崩れ害の統計分析. 天気, **34**, 703-712.

第 6 部 応　　用

12 気象調節

大気中で自然に起こっている現象を人工的に変えることを，気象調節という．気象改変，気象制御ともいう．シーディング（種まき，seeding）などによって霧や雲，降水などの気象の状態を変える意図的な気象調節（planned weather modification）と，都市や工場排出物などが気象に影響を与える非意図的な気象調節（inadvertent weather modification）とがある．12 章では，雲物理の応用として位置づけられる意図的な気象調節について説明する．

● 本章のポイント ●
過冷却霧の消散：　実用化
過冷却の地形性雲：シーディングにより 10% 程度の降水増加
その他の気象調節：さまざまな効果

12.1　意図的な気象調節の概要

　水資源の開発と激しい気象の緩和は，人々の昔からの願望である．しかし，大気は非常に大きな空間であり，気象を調節することは容易ではない．たとえば，$10\,\mathrm{km} \times 10\,\mathrm{km} \times 1\,\mathrm{km} = 10^{11}\,\mathrm{m}^3$ の体積中には $-20°\mathrm{C}$ における自然の氷晶核は $\sim 10^{14}$ 個も存在する．このような膨大な数の氷晶を人工的に発生させることは可能だろうか．

　可能である．それは 1940 年代後半にドライアイスなどの冷媒やヨウ化銀 AgI などの氷晶核物質によって著しい数の氷晶を発生できることが発見されたからである[1,2]．この著しい数濃度の氷晶発生が大気の大きな空間に対抗できる．たとえば，ドライアイス 1 g の冷却によって，大気中に $10^{12} \sim 10^{13}$ 個の氷晶を発生できる．氷晶数濃度 1000 個 m^{-3} をもった体積 $10^{11}\,\mathrm{m}^3$ の体積中の氷晶数は，$10 \sim 100$ g のドライアイスの冷却によってできる数である．

12. 気象調節

意図的な気象調節の具体的な目的は，(a) 霧・層雲の消散，(b) 降水増加・降水調節，(c) ひょう制御，(d) 雷制御，(e) ハリケーンの緩和などである．これらは，自然の雲の中にある雲物理的な不安定を利用して行われる．すなわち，過冷却水滴の相的な不安定と水粒子間の衝突併合の不安定である．また，雲物理過程の変化による雲の気流構造の変化を利用した気象調節も行われている．

過冷却雲の中で氷晶が発生すると，氷晶は昇華成長し過冷却水滴は蒸発するという過程が自然に進行する．氷に対する飽和蒸気圧が水に対する飽和蒸気圧より

表 12.1 各国の気象調節プロジェクトの実施状況[3]

国 名	プロジェクト数 1993年	プロジェクト数 1994年	目 的
アルゼンチン	1	1	ひょう制御
アルメニア	1	1	ひょう制御
オーストラリア	1	2	降水増加
オーストリア	2	2	ひょう制御
ブルガリア	2	2	降水増加・降水調節，ひょう制御
中 国	9	11	降水増加，ひょう制御
クロアチア	2	2	ひょう制御
フランス	1	1	ひょう制御
ドイツ	1	1	ひょう制御
ギリシャ	1		ひょう制御
イスラエル	1	1	降水増加
イタリア	1	1	降水増加
日 本*		1	降水増加
ヨルダン		1	降水増加
リビア		1	降水増加
マケドニア	1	1	ひょう制御
マレーシア	1	1	降水増加・降水調節
モンゴル		1	ひょう制御
モロッコ	1	1	降水増加
ノルウェー	1	1	霧の消散
ペルー		1	降水増加
ロシア	4	3	降水増加，ひょう制御，なだれ防止
スロベニア	1	1	ひょう制御
南アフリカ	1	1	降水増加
スペイン	3	1	ひょう制御
シリア	1		降水増加，流出増加，地下水保全
タ イ	1	1	降水増加・降水調節
ウクライナ	3	3	降水増加，ひょう制御
米 国	39	40	降水増加，山岳積雪の増加，水供給の増加，霧の消散，ひょう制御，トレーサー実験
ウズベキスタン	4	4	ひょう制御
ユーゴスラビア	1	1	ひょう制御

* 日本は，研究プロジェクトである．

も低いためである．人工的な氷晶核物質のシーディングによって，意図的にこの過程を引き起こすのである．

一方，大小さまざまな粒径の雲粒から成る雲では，大きな雲粒と小さな雲粒とが衝突併合して，より大きな粒径の水滴が形成される過程が進行する．NaClなどの吸湿性物質や水滴を雲の中へシーディングすることにより，この衝突併合による水滴形成過程を調節できる．

表12.1は，世界気象機関(World Meteorological Organization, WMO)に報告された各国の気象調節プロジェクトの実施状況を示している[3]．米国を中心に約30か国が，降水増加・降水調節，ひょう制御，霧の消散などを目的とした約90のプロジェクトを実施している．

WMOと米国気象学会(American Meteorological Society, AMS)は，意図的気象調節を

(a) 過冷却霧の消散は，いくつかの空港で実用になっている，

(b) 過冷却の地形性雲については，シーディングにより10％程度の降水増加がある，

(c) その他の気象調節については，効果がさまざまであり，結論づけることはできない

と評価している[4〜6]．マイクロ波放射計を用いた過冷却水の把握やマルチパラメータレーダー，雲粒子ゾンデによる水粒子の観測，トレーサー技術の発達，雲の数値モデルの発展によって，気象調節に関連した降水過程の解明が進められている．

12.2 霧の消散 (fog dissipation)

視程を著しく低下させ，特に自動車，航空機，船舶などの交通機関に影響を与えるのが霧である．半径 $10\,\mu m$ 程度の小さな水滴から成る．

図12.1は，視程と霧水量，水滴半径の関係を示している[7]．霧水量が大きいほど，また水滴半径が小さいほど視程が悪い．霧による悪い視程を改善するためには，霧水量を小さくするか，水滴半径を大きくする必要がある．

霧の人工消散に関して，次のような方法が研究・実験されてきた．

(a) 乾燥空気との混合

ヘリコプターが起こす下降気流を利用して，霧の上の乾燥空気を霧層内へ送り，混合により霧を消す方法である[8]．ヘリコプターが送る空気体積の5〜15倍

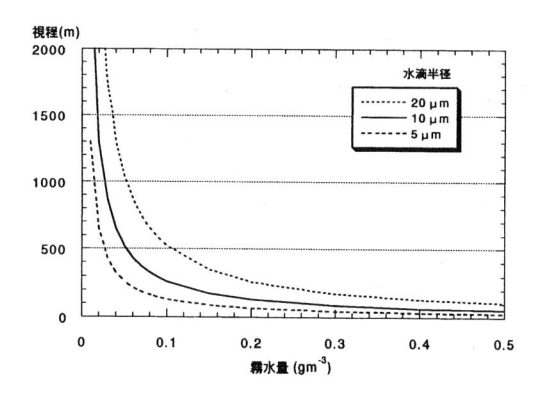

図 12.1 視程と霧水量・水滴半径との関係[7]
視程 (m)＝2.6×水滴半径 (μm)/霧水量 (g m^{-3})，の関係を示している．

の空間にある霧を消散でき，厚さ 100 m 程度の霧水量の少ない霧に対して有効である．

(b) 加 熱

霧粒を含む空気を加熱し，霧粒を蒸発させて霧を消す方法である．第 2 次世界大戦中，英国の空港で FIDO と呼ばれるシステムが設置され，加熱によって霧の消散に成功したことが知られている[9]．わが国でも 1963 年 7 月に北海道の千歳空港近くでプロパンガスの燃焼による霧の消散実験が行われ，濃霧の消散が実証されている[10]．

これらの方法は，霧の温度に関わらず霧を消散できるが，非常に経費がかかる．

現在，実用になっている霧の人工消散の方法は，過冷却霧に対するシーディングである．ドライアイスの昇華や液化二酸化炭素，液化プロパン，圧縮空気などの噴出による強い冷却によって生成される氷晶を，過冷却霧の中へ入れる方法である[9,11~13]．氷点下における水に対する飽和蒸気圧と氷に対する飽和蒸気圧との差のために，過冷却の霧粒は蒸発し氷晶は成長して落下する．このような過冷却霧の相的な不安定を解消する過程によって，霧水量が減少して霧が消散する．霧が過冷却であることが条件であるが，経済的に有利な方法である[14]．

図 12.2 は，地上で移動しながら液化二酸化炭素を噴出してシーディングを行う方法による過冷却霧の消散の効果を示している[15~17]．14 分間のシーディングにより，視程約 30 m の濃い霧が視程 200 m 以上に改善され，数 mm～1 cm 程

図 12.2 過冷却霧の消散実験における視程の改善と降雪の様子[17]
1993年1月28日，米国ユタ州オーレム，気温約 −11℃．一周 3.4 km の場所を周回移動しながら午前 8：00 から 14 分間，液化二酸化炭素の噴出によるシーディングを実施した．

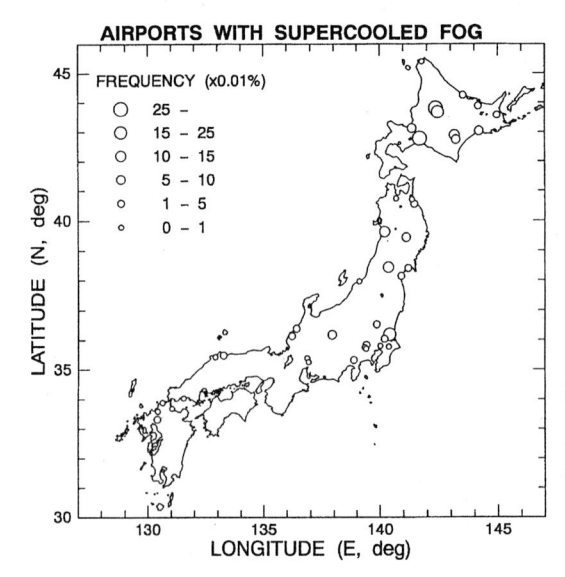

図 12.3 1984～1993 年の 10 年間に過冷却霧が観測された飛行場[18]
飛行場の位置を○で示し，過冷却霧の観測割合（過冷却霧通報回数/全通報回数）を○の大きさで表す．資料は，1984～1993 年の定時航空実況気象通報による．

度の降雪が観測されている．

なお，1999年現在，わが国において過冷却霧の消散は実施されていないが，図12.3の飛行場で過冷却霧が観測されている[18]．

12.3　降水増加・降水調節

1946年11月13日，米国ニューヨーク州で過冷却の層状雲に対するドライアイスシーディングが行われた．約1.4kgのドライアイスペレットを散布した結果，過冷却雲内で氷晶が成長し雲層の下から雪が落下した[16]．実験室で見られる変化と同様な変化を，自然の大気中で人工的に起こしたのである．

その後，結晶構造が氷のものに類似しているヨウ化銀 AgI 粒子の煙もまた，著しく氷晶を発生させることが見出された[2]．こうして氷晶を発生させるシーディング技術を用いた降水増加・降水調節 (precipitation enhancement/precipitation redistribution) に関する実験が各地で始まった．

12.3.1　冷たい雲へのシーディング

シーディングには，スタティックモードとダイナミックモードの二つの方法がある[19]．スタティックモードのシーディングは，降水の始まっていない過冷却水滴を含む雲の中で人工的に氷晶を発生させ降水形成過程を開始させる方法である．ダイナミックモードのシーディングは，氷晶が昇華成長する際の潜熱によって雲内の上昇流を強化し降水を増加させる方法である．

図12.4は，シーディングによって雲頂高度が増加したことを示す結果である[20]．シーディングされない雲の雲頂高度にはほとんど変化がないが，シーディングされた雲の雲頂高度は高くなっている．

しかし，自然の雲の中にある過冷却水の相的な不安定を利用するシーディングに適した雲は大変限られている[19]．

第一に，雲の温度が限られている．図12.5は，シーディングによる降水増加が雲頂温度約 $-10 \sim -25$℃ の範囲でその可能性が大きいことを示している[21]．この温度範囲よりも低温では自然氷晶核から発生する氷晶が多く，これより高温では過冷却でない可能性が高くなる．

第二に，過冷却水滴を利用できる時間が限られている．特に，対流雲では周囲の乾燥した空気のエントレイメントと自然の降水形成過程の影響が大きい．図12.6のように，シーディングされた雲も自然の雲も短時間で雲水量が減少す

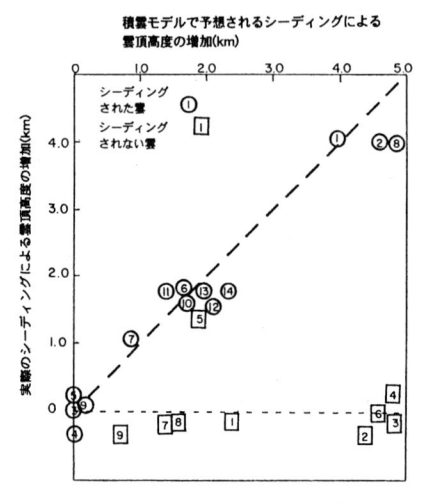

図 12.4 シーディングされた雲の雲頂高度の増加[20]
横軸：積雲モデルで予想されるシーディングによる雲頂高度の増加 (km)，縦軸：実際のシーディングによる雲頂高度の増加 (km)，○：シーディングされた雲，□：シーディングされなかった雲．

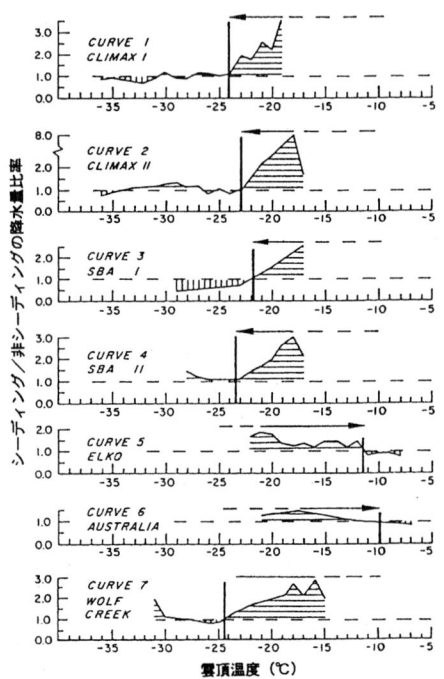

図 12.5 雲頂温度に関係するシーディング/非シーディングの降水量比率[21]
7 例のシーディング実験についての比較である．

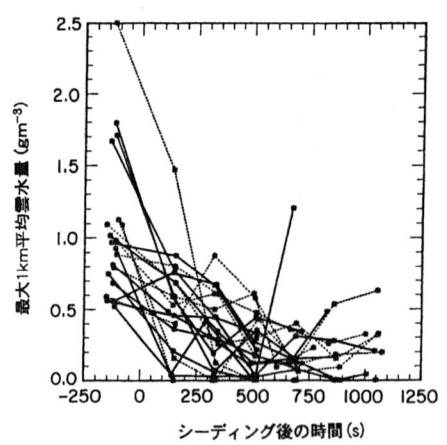

図 12.6 最大 1 km 平均雲水量の時間的減少[22]
実線：シーディングされた雲，破線：自然の雲．1979 年と 1980 年の夏に米国モンタナ州で実施された HI-PLEX-1 実験．

る[22]．この図のデータについて，雲水量が初期値の $1/e$ に減少するまでの時間 τ は，約 14 分と見積もられている．

地形性の冷たい雲はほぼ定常的に存在するため，対流雲よりも降水増加の時間的な制約条件において有利である．図 12.7 は，地形性の冷たい雲に対するシーディングによってもたらされた氷粒子数濃度（上段）と降水強度（中段）の時間変化である[23]．シーディングゾーンの通過時

12. 気象調節　　　　　　　　　　　　　　169

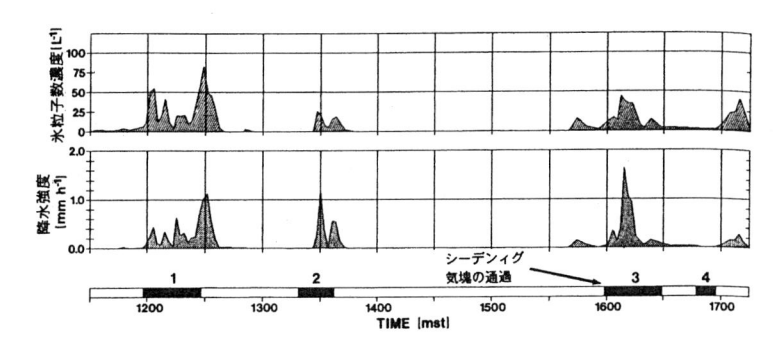

図 12.7 地形性の雲に対するシーディングによってもたらされた氷粒子数濃度（上段）と降水強度（中段），観測点上空のシーディングゾーンの通過（下段）の時間変化[23] 1986年3月18日，米国コロラド州グランドメサ上空における航空機からのヨウ化銀 AgI シーディングで，雲頂温度 $-15\sim-18°C$，雲層 800 m 以下の地形性雲である．

に，平均 $0.3\sim0.4$ mm h^{-1} の降雪がもたらされている．自然の氷晶核が不足した過冷却の地形性雲へのシーディングが，降水形成を促進している．このような冷たい地形性雲へのシーディングによって，冬季の山岳地域の積雪を増加させることが米国で行われている[24]．

1999年現在，気象庁気象研究所と建設省利根川ダム統合管理事務所が共同で，利根川上流域における過冷却の地形性雲へのシーディングの可能性を調査研究している[25]．

12.3.2　暖かい雲へのシーディング

雲内の気温が $0°C$ 以上の雲を暖かい雲 (warm clouds) といい，氷粒子が関係しない過程で形成される雨を暖かい雨 (warm rain) という．暖かい雨では，大きな雲粒が小さな雲粒と衝突・併合してより大きな雲粒となる過程によって雨粒まで成長する．暖かい雲へのシーディングは，自然の雲の中で進行する水粒子間の衝突併合の不安定を利用する．

大きな雲粒を雲内に作るため，水滴そのものを散布する方法や塩化ナトリウムなどの吸湿性粒子を散布する方法が実施されてきている[26,27]．吸湿性粒子の溶質効果により平衡蒸気圧が低いため，水滴として大きく成長できるという性質を利用するのである．

米国サウスダコタ州における対流雲への塩粒子のシーディングでは，雨滴の形成を示す最初のエコーが自然の雲の場合よりも雲底高度により近い高度に現れる

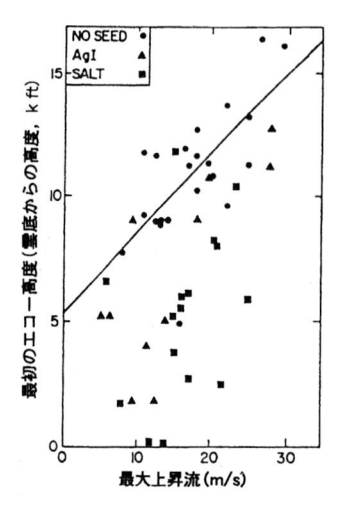

図12.8　最大上昇流と最初のエコー高度との散布図[27]
最大上昇流（横軸）は雲モデルから予想されるもので，エコー高度（縦軸）は雲底から高度である．●：シーディングされない雲，▲：ヨウ化銀 AgI シーディングされた雲，■：塩粒子シーディングされた雲，直線：シーディングされない雲についての回帰直線．

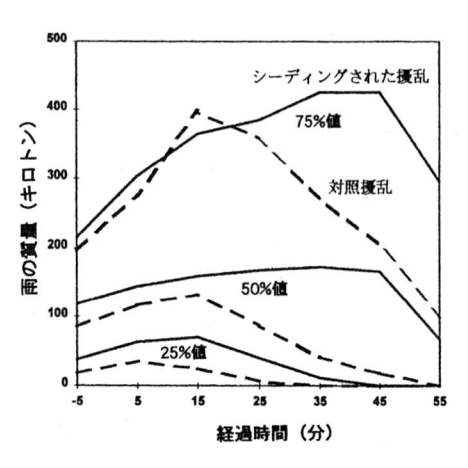

図12.9　シーディングされた擾乱と対照擾乱とについての25%，50%，75%雨の質量の比較[28]
シーディングされた擾乱62，対照擾乱65，雨の質量はレーダーによって測定されたものである．

という結果が得られている（図12.8）．しかし，地上の降水量に対する効果は不明である．なお，この場合の塩粒子はメジアン質量直径 25 μm と 150 μm の混合物であり，大量の塩が必要なため経済的に不利である．

最近，直径 0.5 μm の微細な塩粒子を作り出す技術が開発され，吸湿性物質を用いたシーディングに進展がある．図12.9は，南アフリカにおける吸湿性微粒子を用いたシーディング実験の結果である[28]．シーディングされた擾乱の雨の質量のピークが，対照擾乱のものよりも遅く大きくなっている．

12.4　その他の気象調節

12.4.1　ひょう制御

　図12.10のような直径 5 mm 以上の氷の粒または塊が，ひょう（hail）である．雨滴は大きくても直径 7 mm くらいで分裂するが，ひょうはゴルフボール以上の大きさに達することもある．その理由は，ひょうが氷粒子を核にして過冷却水

滴を付着・凍結しながら分裂しないで成長するからである．

ひょうによる被害は，直径 6.4 mm 以上のひょう粒数と関係している[29,30]．ひょうの落下速度は，直径 5 mm で約 $10 \mathrm{~m~s^{-1}}$，直径 20 mm で約 $20 \mathrm{~m~s^{-1}}$ で，雨粒よりも速く落下する．その運動エネルギーは直径の 4 乗に比例して増大し，ひょう害も急増する．現象は短時間であるが，農作物などに被害をもたらす．

図 12.10 ひょう

このような大きなひょうを人工的に減らすことを，ひょう制御 (hail suppression) という．通常，ヨウ化銀 AgI などのシーディング物質を大量に降ひょうの可能性のある雲へ入れることによって行われ，ひょうの大きさを小さくすることを目的としている．ひょう制御は，次の観点から研究が進められている[30]．

(a) 過冷却水の完全な氷化

ひょうのもとである過冷却水を人工的な氷晶核物質のシーディングによって完全に氷晶に変え，ひょうの成長を阻止する．

(b) 競争芽の注入

人工的な氷晶核物質（競争芽）の注入により多数の氷粒子を発生させて，成長のもととなる過冷却水を競争して消費させ，個々のひょうの大きさを小さくする．

(c) 成長経路の高温化/併合成長の促進

ひょうの成長は，雲の過冷却の部分をどの程度通過して成長するかによって決まる．吸湿性物質の散布により 0℃ 高度以下での雨粒の成長を促進し，上空に運ばれて過冷却水となる雲水を減少させて，ひょうの成長を抑制する．

(d) 力学場の変質

過冷却水滴を作り出すもとである上昇流を最盛期以前に弱めるため，雲に氷晶核物質をシーディングし，雲の力学的な場を変える．

ひょう制御実験の有効性については確定しておらず，原因と結果の科学的基礎はまだ十分でないと評価されている[5]．旧ソ連邦などでひょう制御実験が行われ，降ひょうによる穀物被害が著しく減少したと報告された．その後，米国やスイス，フランスなどでもひょう制御実験が行われたが，明確な結論は得られてい

ない.

ひょうは世界中で大きな経済的損失をもたらすものであり，マイクロ波放射計やマルチパラメータレーダーなどの新しい観測手段と雲の数値モデルを用いた降ひょう研究とひょう制御の努力が続けられている.

12.4.2 雷制御

雲の中で電荷分離が起こり激しく放電する現象が，雷である（図12.11）．雷に伴う発光現象が電光(lightning)であり，鋭い音またはゴロゴロとなる音が雷鳴(thunder)である．大きな上昇流をもった積乱雲は，しばしば雷を伴っている[32〜34]．

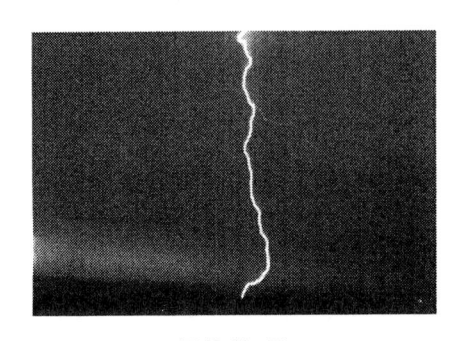

図12.11 雷
1995年8月10日15時30分，茨城県つくば市で撮影．

雷の時間スケールは約1時間，空間スケールは数10 kmであるが，その被害は強烈である．停電事故，通信障害，列車や航空機などの運行障害だけでなく，人的被害も引き起こす．

雷制御には，電荷分離を制御する方法と放電を制御する方法がある．ヨウ化銀AgIを雲にシーディングして，降水形成過程と同時に電荷分離を制御することが行われたことがある．また，チャフと呼ばれる金属片を雲内へ入れる方法や，スチールワイヤーをつけたロケットを雷雲内へ打ち上げて落雷させる方法などがある[35〜37]．

雷制御についても有効性は確定しておらず，原因と結果の科学的基礎はまだ十分でないと評価されている[5]．

12.4.3 ハリケーン制御

米国で1962〜1983年，ハリケーン制御(hurricane modification)を目的としたストームファリー実験(Project STORMFURY)が実施された．この実験は，ハリケーンの眼の雲内における過冷却水滴に対するシーディングによって解放される潜熱が気圧を下げて，気圧傾度を小さくして最大風速を減少させるという仮説に基づいている[38]．

1969年のハリケーン「デビー」に対するシーディングでは，30～10％の風速の現象が見られた[39]．しかし，この結果は，最近の観測から疑問視されている[40]．第一の理由は，ハリケーンには多数の氷粒子があり，また過冷却水がほとんどないため，シーディングが成功する見込みがほとんどないことである．第二の理由は，シーディングから得られた結果は，ハリケーン自身の自然の変動と区別できないことである．ストームファリー実験は，明確な結論が得られずに終了している．

文献

1) Schaefer, V. J., 1946 : The production of ice crystals in a cloud of supercooled water droplets. *Science*, **104**, 457-459.
2) Vonnegut, B., 1947 : The nucleation of ice formation by silver iodide. *J. Appl. Phy.*, **18**, 593-595.
3) World Meteorological Organization : Register of national weather modification projects 1993 and 1994. *WMO/TD*-No. 745.
4) World Meteorological Organization, 1992 : WMO statement on the status of weather modification. Approved by the forty fourth session of the Executive Council (Geneva, 22 June-4 July 1992).
5) American Meteorological Society, 1992 : Planned and inadvertent weather modification. *Bull. Amer. Meteor. Soc.*, **73**, 331-337.
6) American Meteorological Society, 1998 : Planned and inadvertent weather modification. *Bull. Amer. Meteor. Soc.*, **79**, 2771-2772.
7) aufm Kampe, H. J. and H. K. Weickmann, 1952 : Trabert's formula and determination of the water content in clouds. *J. Meteor.*, **9**, 167-171.
8) Plank, V. G., 1969 : Clearing ground fog with helicopters. *Weatherwise*, **22**, 91-98.
9) 福田矩彦, 1988 : 気象工学—新しい気象制御の方法—. 気象研究ノート, **164**, 213 pp.
10) 孫野長治・菊地勝弘・遠藤辰雄・李鉦柾雨, 1971 : プロパンガス加熱法による霧の人工消散試験. 北海道大学地球物理学研究報告, **25**, 181-206.
11) Serpolay, R., 1965 : A ground-based device for dispersal of supercooled fog. *Proc. Int. Conf. Cloud Physics*, Tokyo, 410-413.
12) Vardiman, L., E. D. Figgins and H. S. Appleman, 1971 : Operational dissipation of supercooled fog using liquid propane. *J. Appl. Meteor.*, **10**, 515-525.
13) Weinstein, A. I., 1976 : Use of compressed air for supercooled fog dispersal. *J. Appl. Meteor.*, **15**, 1226-1231.
14) Beckwith, W. B., 1965 : Supercooled fog dispersal for airport operations. *Bull. Amer. Meteor. Soc.*, **46**, 323-327.
15) Fukuta, N., 1994 : Project Mountain Valley Sunshine-Progress and call for cooperation. 6th WMO Scientific Conference on Weather Modification, Paestum, Italy, May 30-June 4, 1994, *WMO/TD*-No. 596, 631-634.
16) 福田矩彦, 1994 : 過冷却霧の手軽にでき有効な新しい消散方法. 測候時報, **61**, 193-205.
17) 水野 量・福田矩彦, 1994 : 液体炭酸シーディングによる過冷却霧の消散実験. 測候時報, **61**, 207-215.
18) 水野 量・山本 哲, 1995 : 国内飛行場で観測された過冷却霧の統計的性質. 気象庁研究時報, **47**, 221-287.
19) Cotton, W. R. and R. A. Pielke, 1995 : *Human Impacts on Weather and Climate*. Cambridge

Univ. Press, 3-8.
20) Simpson, J., G. W. Brier and R. H. Simpson, 1967 : Stormfury cumulus seeding experiment 1965 : Statistical analysis and main results. *J. Atmos. Sci.*, **24**, 508-521.
21) Grant L. O. and R. E. Elliott, 1974 : The cloud seeding temperature window. *J. Appl. Meteor.*, **13**, 335-363.
22) Cooper, W. A. and R. P. Lawson, 1984 : Physical interpretation of results from the HIPLEX-1 experiment. *J. Appl. Meteor.*, **23**, 523-540.
23) Super, A. B. and B. A. Boe, 1988 : Microphysical effects of wintertime cloud seeding with silver iodide over Rocky Mountains. Part III : Observations over the Grand Mesa, Colorado. *J. Appl. Meteor.*, **27**, 1166-1182.
24) Reynolds, D. W., 1988 : A report on winter snowpack-augmentation. *Bull. Amer. Meteor. Soc.*, **69**, 1290-1300.
25) Murakami, M., M. Miyao, N. Orikasa, Y. Yamada, H. Mizuno and K. Soeda, 1998 : Seedability of orographic snow clouds in central Japan. *14th Conf. on Planned and Inadvertent Weather Modification*, AMS, 569-572.
26) Braham, R. R., Jr., L. J. Battan and H. R. Byers, 1957 : Artificial nucleation of cumulus clouds. *Meteor. Monogr.*, **2**, 47-85.
27) Dennis, A. S. and A. Koscielski, 1972 : Height and temperature of first echoes in unseeded and seeded convective clouds in South Dakota. *J. Appl. Meteor.*, **11**, 994-1000.
28) Mather, G. K., D. E. Terblanche, F. E. Steffens and L. Fletcher, 1997 : Results of the South Africa cloud-seeding experiments using hygroscopic flares. *J. Appl. Meteor.*, **36**, 1433-1447.
29) Changnon, S. S., Jr., 1971 : Hailfall characteristics related crop damage. *J. Appl. Meteor.*, **10**, 270- 274.
30) 小元敬男・清野 豁，1978：降ひょう特性と農作物の被害率の関係．農業気象, **34**, 65-76.
31) Dennis, A. S., 1980 : *Weather modification by cloud seeding*. Academic Press, 206-219.
32) Uman, M. A., 1987 : *The Lightning Discharge*. Academic Press, 377pp.
33) 気象庁，1993：地上気象観測指針.
34) 北川信一郎編著, 1996：大気電気学. 東海大学出版会, 200 pp.
35) Kasemir, H. W., F. J. Holitza, W. E. Cobb and W. D. Rust, 1976 : Lightning suppression by chaff seeding at the base of thunderstorms. *J. Geophys. Res.*, **81**, 1965-1970.
36) Newman, M. M., J. R. Stahmann, J. D. Robb, E. A. Lewis, S, G, Martin and S. V. Zinn, 1967 : Triggered lightning strokes at very close range. *J. Geophys. Res.*, **72**, 4761-4764.
37) 堀井憲爾, 1990：雷は制御できるか？ーロケット誘雷などー．電気学会雑誌, **110**, 21-25.
38) Simpson, R. H. and J. S. Malkus, 1964 : Experiments in hurricane modification. *Sci. Amer.*, **211**, 27-37.
39) Gentry, R. C., 1969 : Hurricane Debbie modification experiments, August 1969. *Science*, **168**, 473-475.
40) Willoughby, H. E., D. P. Jorgensen, R. A. Black and S. L. Rosenthal, 1985 : Project STORM-FURY : A scientific chronicle 1962-1983. *Bull. Amer. Meteor. Soc.*, **66**, 505-514.

A–1
ジオポテンシャル高度

　大気は重力場にあるため，高度差は位置エネルギーの差に対応する．ジオポテンシャル高度は，位置エネルギーを平均海面高度における重力加速度の場における高度として表したものであり，次のように定義される[1]．

　まず，重力加速度の場における位置エネルギー（ジオポテンシャル，geopotential）Φ を考える．単位質量を幾何学的高度 dZ (m) だけ持ち上げたときの位置エネルギーの増加 $d\Phi$ は，重力加速度を g (m s^{-2}) として，

$$d\Phi = g \cdot dZ \tag{A-1.1}$$

である．したがって，平均海面高度を基準にした位置エネルギー Φ (m^2 s^{-2}) は，次式となる．

$$\Phi = \int_0^z g \cdot dZ. \tag{A-1.2}$$

　次に，式 (A-1.2) の位置エネルギー Φ を，基準となる重力加速度 9.80665 m s^{-2}（緯度約 45° における値に相当する）の場において単位質量を単位ジオポテンシャル高度 (gpm) だけ持ち上げたときになされるエネルギー $g_0{}'$ (m^2 s^{-2} gpm^{-1}) によって表現する．すなわち，

$$H = \Phi/g_0{}' = 1/g_0{}' \cdot \int_0^z g \cdot dZ. \tag{A-1.3}$$

これが，ジオポテンシャル高度 (gpm) である．つまり，ジオポテンシャル高度は，位置エネルギーを表す鉛直座標である．

　ここで，平均海面における重力加速度 g_0 が 9.80665 m s^{-2} の地点におけるジオポテンシャル高度 H と幾何学的高度 Z との関係式を求める．重力加速度 g は，幾何学的高度の増加とともに小さくなるが，十分な精度で次式のように表される．

$$g = g_0 \cdot [r_0/(r_0+Z)]^2. \quad (A\text{-}1.4)$$

ここで，r_0 は "U. S. Standard Atmosphere, 1976"[1] で与えられている地球の有効半径 6356766 km である．式 (A-1.3) の g へ式 (A-1.4) を代入して，式 (A-1.3) の積分を実行すると，

$$H = g_0/g_0' \cdot [r_0 \cdot Z/(r_0+Z)] = \Gamma \cdot [r_0 \cdot Z/(r_0+Z)] \quad (A\text{-}1.5)$$

という幾何学的高度 Z (m) からジオポテンシャル高度 H (gpm) を求める関係式が得られる．ここで，$\Gamma = g_0/g_0' = 1$ gpm m^{-1} である．

なお，緯度 ϕ の平均海面における重力加速度 g_ϕ (m s^{-2}) は，

$$g_\phi = 9.806160(1 - 0.0026373 \cos 2\phi + 0.0000059 \cos^2 2\phi) \quad (A\text{-}1.6)$$

で与えられる[2]．

文　献

1) U. S. Committee on Extension to the Standard Atmosphere, 1976 : *U. S. Standard Atmosphere, 1976*. U. S. Government Printing Office, 227pp.
2) List, R. J., 1951 : *Smithsonian Meteorological Tables*. The Smithsonian Institution, 488-494.

A-2
エマグラム上の各種水蒸気含有量

気圧,気温,露点温度が与えられた場合に,各種水蒸気含有量をエマグラム(図 A-2.1)上で次のように求めることができる.

a. 混合比 w

エマグラム上の点(気圧 p,露点温度 T_d)を通る等混合比線の値が,混合比 w である.

【問題 A-2.1】 気圧 850 hPa,気温 4℃,露点温度 −8℃ の空気の混合比 w を,エマグラムを用いて求めよ.
【解答】 点(850 hPa,−8℃)を通る等混合比線の値から,この空気の混合比 w は,2.5 g kg^{-1} である.

b. 露点温度 T_d → 相対湿度 f(等混合比線を用いる方法)

(1) エマグラム上の点(気圧 p,気温 T)を通る等混合比線の値から,この気圧 p,温度 T における飽和混合比 w_s を求める.
(2) エマグラム上の点(気圧 p,露点温度 T_d)を通る等混合比線の値から,この気圧 p における混合比 w を求める.
(3) 100×(混合比 w÷飽和混合比 w_s)が求める相対湿度 f(%)である.

【問題 A-2.2】 気圧 850 hPa,気温 4℃,露点温度 −8℃ の空気の相対湿度 f を,エマグラムを用いて求めよ.
【解答】 (1) 点(850 hPa,4℃)を通る等混合比線の値から,この気圧 p,温度 T における飽和混合比は 6 g kg^{-1} である.
(2) 一方,点(850 hPa,−8℃)を通る等混合比線の値から,この気圧 p における混合比 w は,2.5 g kg^{-1} である.
(3) 100×(2.5 g kg^{-1}÷6 g kg^{-1})=42% が求める相対湿度 f である.

c. 温位 θ

エマグラム上の点（気圧 p，気温 T）を通る乾燥断熱線の値が，温位 θ である．

【問題 A-2.3】 気圧 850 hPa, 気温 4℃，露点温度 −8℃ の空気の温位 θ を，エマグラムを用いて求めよ．
【解答】 点 (850 hPa, 4℃) を通る乾燥断熱線の値から，この空気の温位 θ は，290 K である．

d. 持ち上げ凝結高度の気圧 p_c と気温 T_c

エマグラム上の点（気圧 p，気温 T）を通る乾燥断熱線と，点（気圧 p，露点温度 T_d）を通る等飽和混合比線との交点の気圧と気温が，持ち上げ凝結高度(LCL) の気圧 p_L と気温 T_L である．

【問題 A-2.4】 気圧 850 hPa, 気温 4℃，露点温度 −8℃ の空気の持ち上げ凝結高度(LCL) の気圧 p_L と気温 T_L を，エマグラムを用いて求めよ．
【解答】 点 (850 hPa, 4℃) を通る乾燥断熱線と，点 (850 hPa, −8℃) を通る等飽和混合比線との交点から，持ち上げ凝結高度の気圧 p_L と気温 T_L は，(710 hPa, −10℃) である．

e. 湿球温位 θ_w

持ち上げ凝結高度(LCL) を表す点を通る湿潤断熱線の値が，湿球温位 θ_w である．この湿潤断熱線に沿って，基準気圧 1000 hPa まで下ろしたときの気温に等しい．

【問題 A-2.5】 気圧 850 hPa, 気温 4℃，露点温度 −8℃ の空気の湿球温位 θ_w を，エマグラムを用いて求めよ．
【解答】 問題 A-2.4 の答えから，持ち上げ凝結高度は (710 hPa, −10℃) である．この点を通る湿潤断熱線に沿って基準気圧 1000 hPa まで下ろしたときの気温の値：280 K が，湿球温位 θ_w である．

f. 相当温位 θ_e

持ち上げ凝結高度(LCL) を表す点を通る湿潤断熱線に沿って上昇させた場合に，無限遠で漸近する乾燥断熱線の値が，相当温位 θ_e である．

【問題 A-2.6】 気圧 850 hPa, 気温 4℃，露点温度 −8℃ の空気の相当温位 θ_e を，エマグラムを用いて求めよ．
【解答】 問題 A-2.4 の答えから，持ち上げ凝結高度は (710 hPa, −10℃) である．この点を通る湿潤断熱線に沿って上昇させた場合に，無限遠で漸近する乾燥断熱線の値：298 K が，相当温位 θ_e である．

A-2. エマグラム上の各種水蒸気含有量

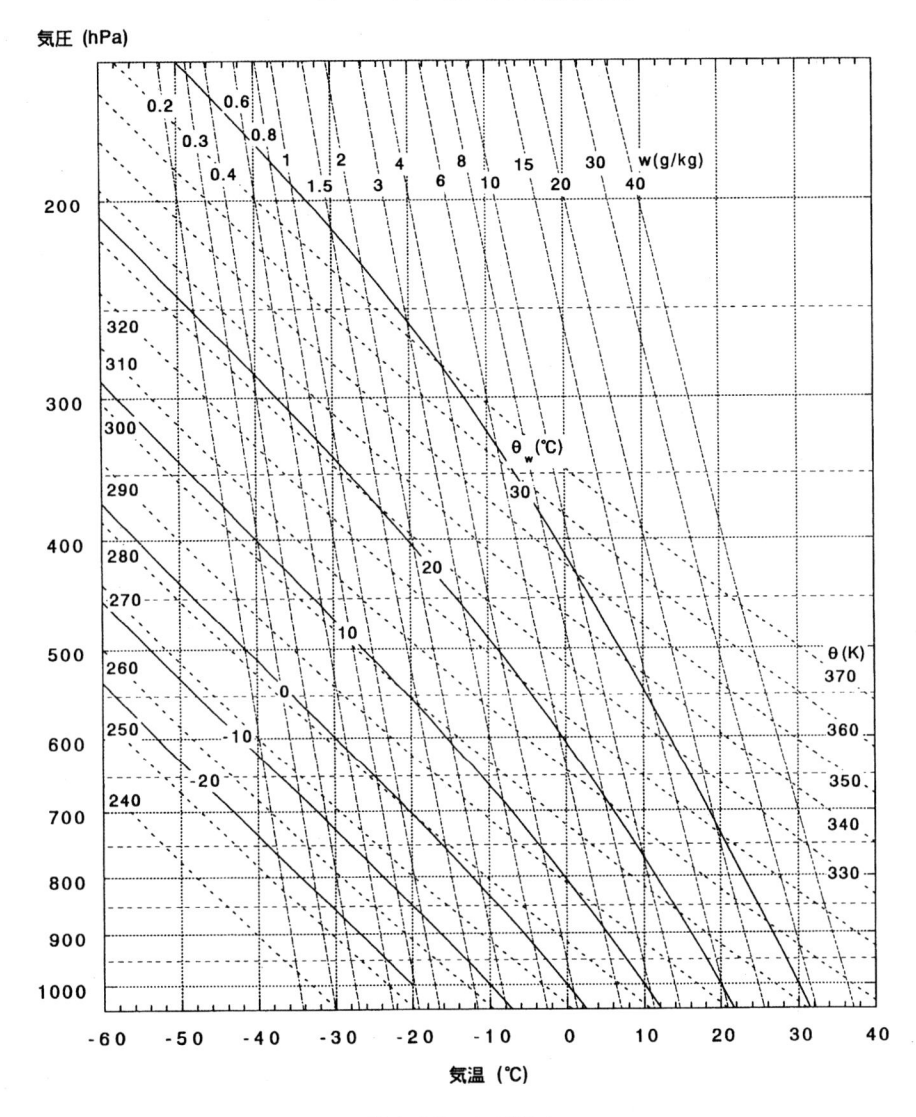

図 A-2.1 エマグラム

A-3
雲 の 写 真

(a) 巻雲

(b) 巻層雲

(c) 巻積雲

(d) 高積雲

A-3. 雲 の 写 真

(e) 高層雲

(f) 積雲

(g) 積乱雲

(h) 層積雲

(i) 層雲

(j) 層雲

(k) 霧

(l) 乳房雲

(m) 降水雲

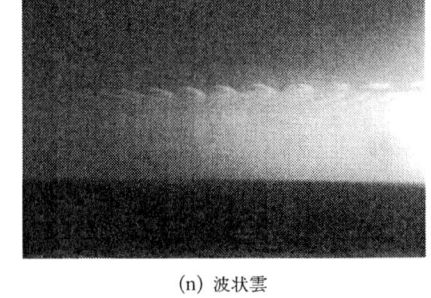

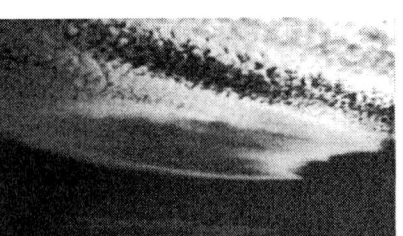

(n) 波状雲

(o) 山岳波

A-4
付表

付表 A-4.1 氷粒子の落下速度-粒径関係式[1]

雪結晶の形		粒子数	粒径範囲 (mm)	落下速度範囲 (cm s^{-1})	落下速度 (cm s^{-1})-粒径 L (cm) 関係式	r^2 相関係数^2
C1h	骸晶	19	0.3〜0.6	28〜56	1457 $L^{1.09}$	0.46
P1a	角板	34	0.3〜1.5	14〜71	297 $L^{0.86}$	0.69
P1b	扇形	19	0.4〜1.6	15〜45	190 $L^{0.81}$	0.96
P1c	広幅六花	38	0.5〜2.8	15〜46	103 $L^{0.62}$	0.87
P1d	星状六花	23	0.4〜2.4	10〜35	58 $L^{0.55}$	0.82
P1e	普通樹枝	61	0.6〜5.3	13〜43	55 $L^{0.48}$	0.94
P2a	角板付六花	11	0.7〜3.0	33〜61	72 $L^{0.33}$	0.54
P2c	角板付樹枝	31	1.3〜5.6	30〜59	54 $L^{0.20}$	0.32
P2e	枝付角板	18	0.5〜2.1	19〜56	129 $L^{0.68}$	0.84
P2g	樹枝付角板	10	0.7〜2.8	23〜69	160 $L^{0.80}$	0.89
P6c	立体扇形付樹枝	17	1.6〜4.9	36〜57	57 $L^{0.21}$	0.33
P6d	立体樹枝付樹枝	26	2.0〜6.5	31〜58	60 $L^{0.37}$	0.59
P7b	放射樹枝	9	1.2〜3.3	28〜57	137 $L^{0.83}$	0.87
R1c	雲粒付角板	6	0.8〜2.7	48〜69	92 $L^{0.27}$	0.77
R1d	雲粒付六花	48	0.7〜5.3	19〜72	79 $L^{0.36}$	0.47
R2a	濃密雲粒付角板	17	0.7〜2.2	68〜139	92 $L^{0.73}$	0.47
R2b	濃密雲粒付六花	30	1.1〜4.7	43〜143	162 $L^{0.53}$	0.52
R2c	雲粒付立体六花	11	3.0〜6.2	53〜74	75 $L^{0.24}$	0.37
R4b	塊状霰	116	0.4〜9.0	47〜465	733 $L^{0.89}$	0.78
$T \geq 0.5$℃		31	0.5〜4.7	70〜440	792 $L^{0.68}$	0.92
$T < 0.5$℃		85	0.5〜9.0	47〜465	614 $L^{0.89}$	0.92
R4c	紡錘状霰	196	0.8〜8.6	64〜570	590 $L^{0.76}$	0.82
$T \geq 0.5$℃		69	1.1〜7.5	107〜570	689 $L^{0.66}$	0.92
$T < 0.5$℃		127	0.8〜8.6	64〜408	491 $L^{0.74}$	0.93

落下速度-粒径関係式は，1000 hPa についてのものである．

付表 A-4.2 氷粒子の落下速度を求めるためのデービス数 N_{Da}-レイノルズ数 N_{Re} 関係式

氷粒子の形		適用範囲	N_{Da}-N_{Re} 関係式
角板状[1]	面積比 AR<60%	$N_{Da}<1.47$	$N_{Re}=0.0684\,N_{Da}^{0.999}$
		$1.47\leq N_{Da}<66.1$	$N_{Re}=0.0715\,N_{Da}^{0.883}$
		$66.1\leq N_{Da}$	$N_{Re}=0.1759\,N_{Da}^{0.6682}$
	面積比 AR≧60%	$N_{Da}<1.47$	$N_{Re}=0.0684\,N_{Da}^{0.999}$
		$1.47\leq N_{Da}<80.9$	$N_{Re}=0.0715\,N_{Da}^{0.883}$
		$80.9\leq N_{Da}<395.4$	$N_{Re}=0.1640\,N_{Da}^{0.694}$
		$395.4\leq N_{Da}$	$N_{Re}=0.2140\,N_{Da}^{0.6495}$
角柱状[2]		$N_{Da}=10\sim 10^4$	$\log_{10}N_{Re}=A\log_{10}N_{Da}-B-C(\log_{10}N_{Da})^2$
		$\Gamma=L_c/L_a$ (アスペクト比),	$A=0.240\,\Gamma^{-1/2}+0.85$
			$B=0.478\,\Gamma^{-1/2}+0.757$
			$C=0.032\,\Gamma^{-1/2}+0.040$
あられ[1]	塊状あられ	$N_{Da}<1.09\times 10^4$	$N_{Re}=0.0688\,N_{Da}^{0.769}$
		$1.09\times 10^4\leq N_{Da}<6.58\times 10^5$	$N_{Re}=0.3470\,N_{Da}^{0.595}$
		$6.58\times 10^5\leq N_{Da}$	$N_{Re}=3.6184\,N_{Da}^{0.420}$
	紡錘状あられ	$N_{Da}<5.47\times 10^4$	$N_{Re}=0.0431\,N_{Da}^{0.782}$
		$5.47\times 10^4\leq N_{Da}<2.27\times 10^5$	$N_{Re}=0.2416\,N_{Da}^{0.624}$
		$2.27\times 10^5\leq N_{Da}$	$N_{Re}=1.4039\,N_{Da}^{0.481}$
ひょう[3]		$1.83\times 10^3\leq N_{Da}<3.46\times 10^8$	$N_{Re}=0.4487\,N_{Da}^{0.5536}$
		$3.46\times 10^8\leq N_{Da}$	$N_{Re}=(N_{Da}/0.6)^{1/2}$

$N_{Da}=2mg\rho_a L^2/(A\eta_a^2)$, $N_{Re}=\rho_a UL/\eta_a$.
m: 氷粒子の質量, A: 氷粒子の断面積, U: 氷粒子の落下速度, L: 粒子の特徴的な長さ, ρ_a: 空気密度, η_a: 空気の粘性係数.
面積比 AR＝断面積/(0.65×最大長^2).

表 A-4.3 半径 R と半径 r の水滴間の衝突係数 E, 付着係数 ε, 捕捉係数 E_c (%)[4]

雲粒半径 r (μm)		捕捉する水滴の半径 R (μm)									
		50	63	79	100	126	158	200	251	316	398	501
31.6	E	90.7	93.1	96.7	97.0	97.1	97.4	97.5	97.5	97.5	97.6	97.7
	ε	64.8	61.5	58.0	54.4	50.6	50.0	50.0	50.0	50.0	50.0	50.0
	E_c	58.7	57.2	56.1	52.7	49.1	48.7	48.7	48.8	48.8	48.8	48.9
25.1	E	79.5	91.9	95.2	95.9	96.1	96.3	96.4	96.5	96.5	96.6	96.8
	ε	71.6	68.7	65.7	62.4	59.0	55.4	51.6	50.0	50.0	50.0	50.0
	E_c	56.9	63.1	62.5	59.8	56.7	53.3	49.7	48.2	48.3	48.3	48.4
20.0	E	75.4	88.7	92.4	94.1	94.7	95.1	95.4	95.5	95.6	95.6	95.7
	ε	77.5	75.0	72.3	69.5	66.5	63.3	59.9	56.4	52.7	50.0	50.0
	E_c	58.4	66.5	66.8	65.4	62.9	60.2	57.1	53.8	50.3	47.8	47.8
15.8	E	73.7	83.2	88.6	91.2	92.5	93.0	93.6	93.7	94.0	94.0	94.1
	ε	82.6	80.5	78.1	75.7	73.1	70.3	67.4	64.2	60.9	57.4	53.7
	E_c	60.9	66.9	69.2	69.0	67.6	65.4	63.0	60.2	57.2	53.9	50.5
12.6	E	70.0	77.3	83.3	87.2	89.1	89.8	90.7	91.0	91.2	91.6	91.7
	ε	87.2	85.3	83.2	81.1	78.8	76.4	73.8	71.1	68.2	65.1	61.8
	E_c	61.0	65.9	69.3	70.7	70.1	68.6	66.9	64.6	62.2	59.6	56.6
10.0	E	58.3	69.6	76.3	81.4	84.2	85.9	86.8	87.3	87.9	88.0	88.2
	ε	91.4	89.6	87.8	85.8	83.8	81.7	79.4	77.0	74.5	71.8	69.0
	E_c	53.2	62.3	66.9	69.8	70.5	70.1	68.9	67.2	65.5	63.2	60.8
7.94	E	39.7	59.6	67.9	72.5	76.1	78.6	80.6	81.7	82.6	82.7	82.9
	ε	95.1	93.5	91.8	90.1	88.3	86.4	84.4	82.3	80.0	77.7	75.2
	E_c	37.7	55.7	62.3	65.3	67.2	67.9	68.0	67.1	66.1	64.3	62.3
6.31	E	28.6	45.2	55.4	62.7	66.9	69.4	71.3	72.9	74.0	74.7	74.9
	ε	98.5	97.1	95.5	93.9	92.3	90.6	88.8	86.9	84.9	82.8	80.7
	E_c	28.1	43.8	52.9	58.9	61.7	62.8	63.2	63.3	62.8	61.8	60.4
5.01	E	19.5	28.8	40.7	48.9	54.8	59.0	61.3	63.2	64.2	65.0	65.5
	ε	100.0	100.0	98.9	97.5	95.9	94.4	92.7	91.0	89.3	87.4	85.5
	E_c	19.5	28.8	40.2	47.6	52.6	55.7	56.8	57.5	57.3	56.8	55.9
3.98	E	3.0	14.8	23.0	32.1	38.5	42.7	46.1	48.8	50.2	51.0	51.7
	ε	100.0	100.0	100.0	100.0	99.3	97.9	96.4	94.8	93.2	91.5	89.8
	E_c	3.0	14.8	23.0	32.1	38.2	41.8	44.4	46.2	46.8	46.7	46.3
3.16	E	—	2.8	10.3	17.9	23.7	28.9	31.7	33.7	35.4	36.7	37.5
	ε	100.0	100.0	100.0	100.0	100.0	100.0	99.7	98.3	96.8	95.2	93.6
	E_c	—	2.8	10.3	17.9	23.7	28.9	31.6	33.1	34.3	35.0	35.1
2.51	E	—	—	—	3.6	9.8	15.1	18.3	21.0	22.9	23.5	24.5
	ε	100.0	100.0	100.0	100.0	100.0	100.0	100.0	100.0	100.0	98.7	97.2
	E_c	—	—	—	3.6	9.8	15.1	18.3	21.0	22.9	23.2	23.8
2.00	E	—	—	—	—	—	1.3	3.9	6.0	8.0	9.8	10.2
	ε	100.0	100.0	100.0	100.0	100.0	100.0	100.0	100.0	100.0	100.0	100.0
	E_c	—	—	—	—	—	1.3	3.9	6.0	8.0	9.8	10.2
1.58	E	—	—	—	—	—	—	—	—	—	—	—
	ε	100.0	100.0	100.0	100.0	100.0	100.0	100.0	100.0	100.0	100.0	100.0
	E_c	—	—	—	—	—	—	—	—	—	—	—

—:係数<1%. 付着係数:50～100% の範囲内で示している.

付表 A-4.4 雪の結晶の気象学的分類[5]

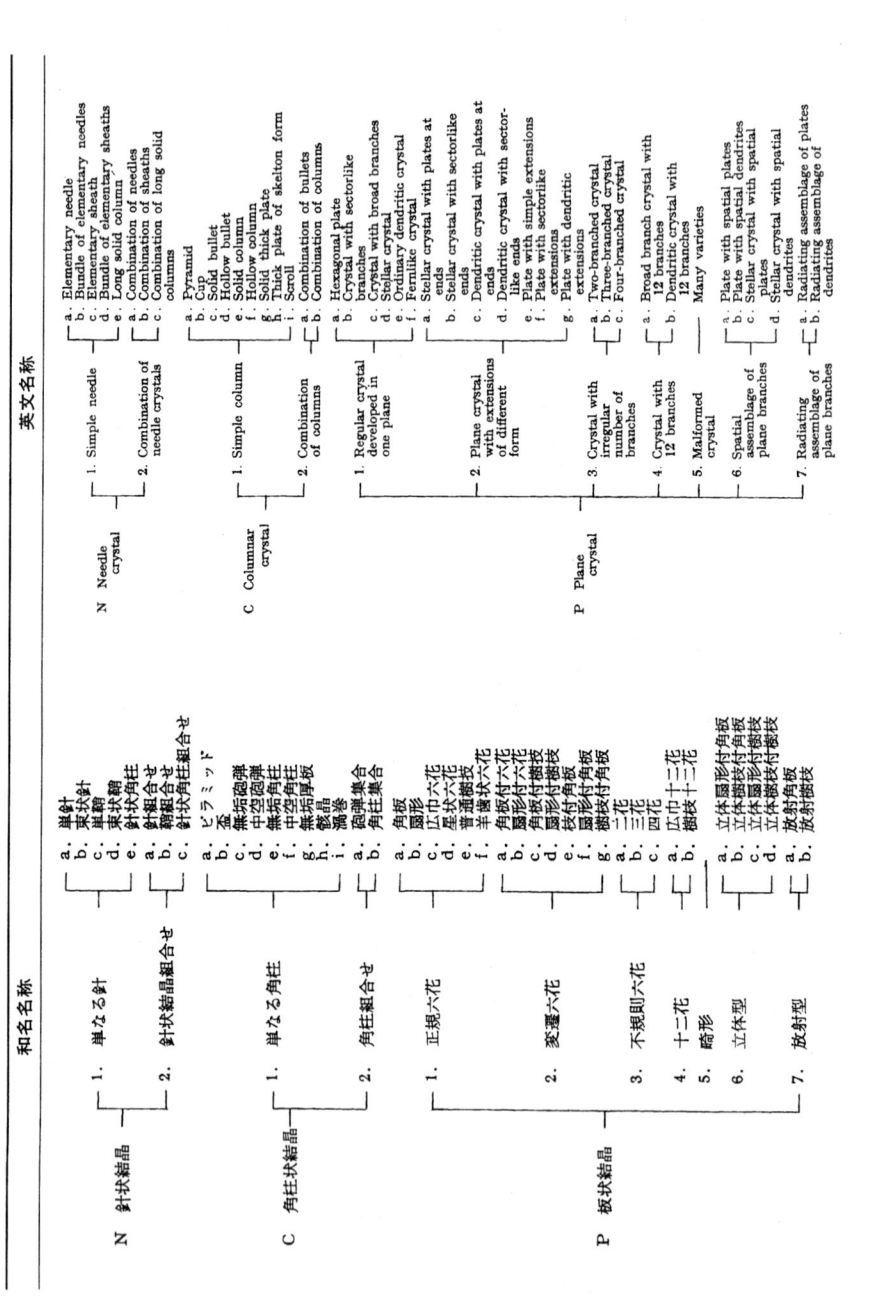

	和名名称			英文名称	
N 針状結晶	1. 単なる針	a. 単針 b. 束状針 c. 鞘針 d. 束状鞘 e. 長柱	N Needle crystal	1. Simple needle	a. Elementary needle b. Bundle of elementary needles c. Elementary sheath d. Bundle of elementary sheaths e. Long solid column
	2. 針状結晶組合せ	a. 針組合せ b. 鞘組合せ c. 針状角柱組合せ		2. Combination of needle crystals	a. Combination of needles b. Combination of sheaths c. Combination of long solid columns
C 角柱状結晶	1. 単なる角柱	a. ピラミッド b. 盃 c. 無帽砲弾 d. 有帽砲弾 e. 中空砲弾 f. 中空角柱 g. 無帽厚板 h. 有帽厚板 i. 巻軸	C Columnar crystal	1. Simple column	a. Pyramid b. Cup c. Solid bullet d. Hollow bullet e. Hollow column f. Solid thick plate g. Thick plate of skeleton form h. Scroll
	2. 角柱組合せ	a. 鋼弾集合 b. 角柱集合		2. Combination of columns	a. Combination of bullets b. Combination of columns
P 板状結晶	1. 正規六花	a. 角板 b. 扇形 c. 広巾六花 d. 星状六花 e. 普通樹枝 f. 羊歯状六花	P Plane crystal	1. Regular crystal developed in one plane	a. Hexagonal plate b. Crystal with sectorlike branches c. Crystal with broad branches d. Stellar crystal e. Ordinary dendritic crystal f. Fernlike crystal
	2. 変種六花	a. 角板付六花 b. 扇形付樹枝 c. 角板付樹枝 d. 扇形角板 e. 枝付角板 f. 扇枝付樹枝 g. 扇形角板		2. Plane crystal with extensions of different form	a. Stellar crystal with plates at ends b. Stellar crystal with sectorlike ends c. Dendritic crystal with plates at ends d. Dendritic crystal with sectorlike ends e. Plate with simple extensions f. Plate with sectorlike extensions g. Plate with dendritic extensions
	3. 不規則六花	a. 二花 b. 三花 c. 四花		3. Crystal with irregular number of branches	a. Two-branched crystal b. Three-branched crystal c. Four-branched crystal
	4. 十二花	a. 広巾十二花 b. 樹枝十二花		4. Crystal with 12 branches	a. Broad branch crystal with 12 branches b. Dendritic crystal with 12 branches
	5. 畸形			5. Malformed crystal	Many varieties
	6. 立体型	a. 立体図形付角板 b. 立体樹枝付角板 c. 立体図形付樹枝 d. 立体樹枝付樹枝		6. Spatial assemblage of plane branches	a. Plate with spatial plates b. Plate with spatial dendrites c. Stellar crystal with spatial plates d. Stellar crystal with spatial dendrites
	7. 放射型	a. 放射角板 b. 放射樹枝		7. Radiating assemblage of plane branches	a. Radiating assemblage of plates b. Radiating assemblage of dendrites

A-4. 付　　表

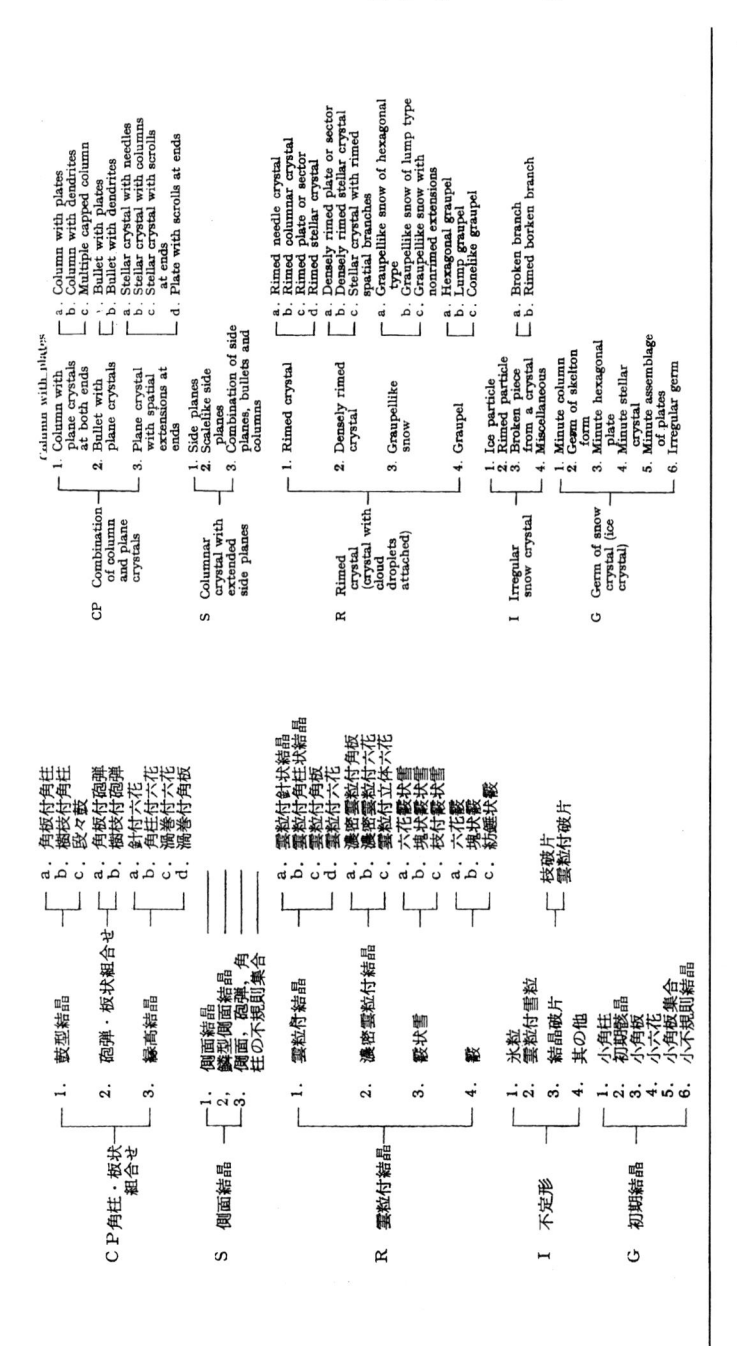

CP 角柱・板状組合せ
1. 板型結晶
   - a. 角板付角柱
   - b. 樹枝付角柱
   - c. 段々鼓
2. 砲弾・板状組合せ
   - a. 角板付砲弾
   - b. 樹枝付砲弾
3. 袋高結晶
   - a. 針付六花
   - b. 角柱付六花
   - c. 渦巻付六花
   - d. 渦巻付角板

S 側面結晶
1. 側面結晶
2. 鱗型側面結晶
3. 側面、砲弾、角柱の不規則集合

R 雲粒付結晶
1. 雲粒付結晶
   - a. 雲粒付針状結晶
   - b. 雲粒付角板
   - c. 雲粒付角柱付六花
   - d. 雲粒付六花
2. 濃密雲粒付結晶
   - a. 濃密雲粒付角板
   - b. 濃密雲粒付六花
   - c. 濃密雲粒付立体六花
3. 霰状雪
   - a. 六花霰状雪
   - b. 六花霰
   - c. 枝付霰状雪
4. 霰
   - a. 六花霰
   - b. 塊状霰
   - c. 紡錘状霰

I 不定形
1. 氷粒
2. 雲粒付雪片
3. 結晶破片
   - 枝破片
   - 雲粒付破片
4. その他

G 初期結晶
1. 小角柱
2. 初期骸晶
3. 小六花
4. 小角板
5. 小角板集合
6. 小不規則結晶

CP Combination of column and plane crystals
1. Column with plane crystals
   - a. Column with plates
   - b. Column with dendrites
   - c. Multiple capped column
2. Bullet with plane crystals
   - a. Bullet with plates
   - b. Bullet with dendrites
3. Plane crystal with spatial extensions at ends
   - a. Stellar crystal with needles
   - b. Stellar crystal with columns
   - c. Stellar crystal with scrolls at ends
   - d. Plate with scrolls at ends

S Columnar crystal with extended side planes
1. Side planes
2. Scalelike side planes
3. Combination of side planes, bullets and columns

R Rimed crystal (crystal with cloud droplets attached)
1. Rimed crystal
   - a. Rimed needle crystal
   - b. Rimed columnar crystal
   - c. Rimed plate or sector
   - d. Rimed stellar crystal
2. Densely rimed crystal
   - a. Densely rimed plate or sector
   - b. Densely rimed stellar crystal
   - c. Densely rimed crystal with rimed spatial branches
3. Graupellike snow
   - a. Graupellike snow of hexagonal type
   - b. Graupellike snow of lump type
   - c. Graupellike snow with nonrimed extensions
4. Graupel
   - a. Hexagonal graupel
   - b. Lump graupel
   - c. Conelike graupel

I Irregular snow crystal
1. Ice particle
2. Rimed particle
3. Broken piece from a crystal
   - a. Broken branch
   - b. Rimed borken branch
4. Miscellaneous

G Germ of snow crystal (ice crystal)
1. Minute column
2. Germ of skeleton form
3. Minute hexagonal plate
4. Minute stellar crystal
5. Minute assemblage of plates
6. Irregular germ

A-4. 付表

	N1a Elementary needle		C1f Hollow column		P2b Stellar crystal with sectorlike ends
	N1b Bundle of elementary needles		C1g Solid thick plate		P2c Dendritic crystal with plates at ends
	N1c Elementary sheath		C1h Thick plate of skelton form		P2d Dendritic crystal with sectorlike ends
	N1d Bundle of elementary sheaths		C1i Scroll		P2e Plate with simple extensions
	N1e Long solid column		C2a Combination of bullets		P2f Plate with sectorlike extensions
	N2a Combination of needles		C2b Combination of columns		P2g Plate with dendritic extensions
	N2b Combination of sheaths		P1a Hexagonal plate		P3a Two-branched crystal
	N2c Combination of long solid columns		P1b Crystal with sectorlike branches		P3b Three-branched crystal
	C1a Pyramid		P1c Crystal with broad branches		P3c Four-branched crystal
	C1b Cup		P1d Stellar crystal		P4a Broad branch crystal with 12 branches
	C1c Solid bullet		P1e Ordinary dendritic crystal		P4b Dendritic crystal with 12 branches
	C1d Hollow bullet		P1f Fernlike crystal		P5 Malformed crystal
	C1e Solid column		P2a Stellar crystal with plates at ends		P6a Plate with spatial plates

A-4. 付表

	P6b Plate with spatial dendrites		CP3d Plate with scrolls at ends		R3c Graupellike snow with nonrimed extensions
	P6c Stellar crystal with spatial plates		S1 Side planes		R4a Hexagonal graupel
	P6d Stellar crystal with spatial dendrites		S2 Scalelike side planes		R4b Lump graupel
	P7a Radiating assemblage of plates		S3 Combination of side planes, bullets and columns		R4c Conelike graupel
	P7b Radiating assemblage of dendrites		R1a Rimed needle crystal		I1 Ice particle
	CP1a Column with plates		R1b Rimed columnar crystal		I2 Rimed particle
	CP1b Column with dendrites		R1c Rimed plate or sector		I3a Broken branch
	CP1c Multiple capped column		R1d Rimed stellar crystal		I3b Rimed broken branch
	CP2a Bullet with plates		R2a Densely rimed plate or sector		I4 Miscellaneous
	CP2b Bullet with dendrites		R2b Densely rimed stellar crystal		G1 Minute column
					G2 Germ of skelton form
	CP3a Stellar crystal with needles		R2c Stellar crystal with rimed spatial branches		G3 Minute hexagonal plate
	CP3b Stellar crystal with columns		R3a Graupellike snow of hexagonal type		G4 Minute stellar crystal
					G5 Minute assemblage of plates
	CP3c Stellar crystal with scrolls at ends		R3b Graupellike snow of lump type		G6 Irregular germ

付表 A-4.5 全雲量と雲の状態 (C_H, C_M, C_L) の天気図記号

全雲量の記号

雲なし	0⁺〜1	2〜3	4	5	6	7〜8	9〜10⁻	10	不明
	雲量								

0⁺:雲量が1に満たない.
10⁻:雲量10であるが雲がない部分がある.

上層雲の状態 (C_H) の記号と説明

符号	記号[6]	説明[7]
1		Ci 毛状の巻雲, かぎ状の巻雲
2		Ci 濃密な巻雲 (積乱雲から発生したものでない)
3		Ci 濃密な巻雲 (積乱雲から発生した巻雲)
4		Ci 空に広がりつつあるかぎ状または毛状の巻雲
5		CiとCs 巻雲と巻層雲または巻層雲単独 Csがあり,次第に広がっていくが,地平線上45°以上の高さには達していない.
6		CiとCs 巻雲と巻層雲または巻層雲単独 Csが現れていて,空に広がり,地平線上45°以上の高さに達しているが,全天を覆っていない.
7		Cs 巻層雲 空全体を覆っているCsで,異なった高度にCi, Ccがあってもよい.
8		Cs 巻層雲 Csのベールが次第に空に広がる傾向がないか,または広がる傾向が止まったCsで,かつ全天を覆っていない.
9		Cc 巻積雲

中層雲の状態 (C_M) の記号と説明

符号	記号[6]	説明[7]
1		As 半透明状の高層雲 灰色がかっているかまたは青みがかった色をした雲で,半分以上が半透明で,この部分を通して太陽や月を見るとくもりガラスを通して見るようにぼんやりと見える.
2		As 半透明状の高層雲または乱層雲 全天の半分以上の雲が太陽または月を隠すほど十分に濃密なAs, またはNsである.
3		Ac 半透明状の高積雲 大部分が半透明のAcで,種々の雲塊はゆっくりと変化し,すべて単一の層であり,彩雲が見られるのがこの雲である.
4		Ac 半透明状の高積雲 (レンズ状)
5		Ac 半透明状の高積雲 帯状のAcまたは2層以上に重なった層状のAcで,$C_M=7$の雲と異なり,次第に空に広がる傾向がある.
6		Ac 積雲または積乱雲から発生した高積雲
7		Ac 多重雲の高積雲 (半透明,不透明)
8		Ac 塔状,ふさ状の高積雲
9		Ac 混沌とした空に現れる高積雲

A-4. 付表

下層雲の状態 (C_L) の記号と説明

符号	記号[6]		説明[7]
1	◠	Cu	偏平な積雲
2	⌒	Cu	並またはそれ以上に発達した積雲
3	⌒	Cb	無毛状の積乱雲（積雲，層積雲または層雲を伴っていても，いなくてもよい）
4	⊸	Sc	積雲から変化してできた層積雲，他に積雲があってもよい.
5	～	Sc	積雲から変化した層積雲以外の層積雲
6	―	St	安定気層の中で発生する層雲
7	⋯	St, Cu	悪天時のちぎれた層雲または積雲
8	⩘	Cu と Sc	層積雲（積雲から変化したものでない）と雲底高度の異なる積雲との共存
9	⧖	Cb	多毛状の積乱雲

文献

1) Heymsfield, A. J. and M. Kajikawa, 1987: An improved approach to calculating terminal velocities of plate-like crystals and graupel. *J. Atmos. Sci.*, **44**, 1088-1099.
2) Young, K. C., 1993: *Microphysical Processes in Clouds*. Oxford Univ. Press, 197-225.
3) Rasmussen, R. M. and A. J. Heymsfield, 1987: Melting and shedding of graupel and hail. Part I: Model Physics. *J. Atmos. Sci.*, **44**, 2754-2763.
4) Beard, K. V. and H. T. Ochs III, 1984: Collection and coalescence efficiencies for accretion. *J. Geophys. Res.*, **89**, D5, 7165-7169.
5) Magono, C. and C. W. Lee, 1966: Meteorological Classification of Natural Snow Crystals. *J. Fac. Sci., Hokkaido Univ., Ser. 7*, **2**, 321-335.
6) 気象庁公報 1886 号（平成 9 年 10 月 15 日）.
7) 気象庁，1989：雲の観測（地上気象観測法別冊）.

索　引

2D プローブ画像　135
2D-C プローブ　106, 119, 122
2D-P プローブ　106

A

absolute humidity　26
adiabatic　15
adiabatic chart　16
adiabatic liquid water content　33
aggregates　85
aggregation　85
Aitken particle　53
albedo　120
amount of precipitation　99
artificial rainfall　74
atmospheric aerosols　53
atmospheric stability　41
Avogadro's law　11

B

balloon-borne sampler collecting aerosol particles　105
baroclinic instability　113
Boyle's law　11
bright band　145

C

CAPE　125
CCN　53
CCN activity spectrum　53
Charles' law　11
CIN　127
CINE　125, 127
Clausius-Clapeyron's equation　24
clay-mineral particles　73
cloud　4
cloud condensation nuclei　53
cloud droplets　4
cloud genera　5
cloud particles　4
coalescence efficiency　66

cold advection　114
cold clouds　134
cold rain　70
collection efficiency　66
collision-coalescence process　64
collision efficiency　65
condensation freezing　71
condensation freezing nuclei　72
condensation pressure　30
condensation temperature　30
conditional instability　44
conservation of energy　13
contact freezing　71
contact nuclei　72
continuous collision model　65
convection inhibition　127
convective　112
convective available potential energy　126
convective clouds　131
convective inhibition energy　127
convectively stable　125
convectively unstable　125
critical radius　51
critical saturation ratio　51
critical supersaturation　51
Cross Totals Index　130
crystal habit changes　74
cumulus stage　137
curvature effect　51

D

density　9
deposition　71
depositional growth　74
dew point　28
dewpoint depression　29
diffusion　54, 74
diffusional growth　54
diffusion equation　55
dissipating stage　137
downdraft　137

dropsonde　105
dry adiabatic lapse rate　40
dry air　1

E

emagram　17
entrainment　131
entrainment rate　132
equation of state　9, 21
equilibrium condition　22
equivalent potential temperature　32
eyewall　145

F

first law of thermodynamics　12
forward scattering spectrometer probe　106
fractional volume　2
freezing precipitation　7
frozen precipitation　7
FSSP　106
FSSP プローブ　120

G

gamma distribution　97
generating cell　141
geostrophic wind　113
giant particle　53
Gibbs function　23
graupel　74

H

hail　170
hail suppression　171
Hallett-Mossop splinter mechanism　74
heterogeneous nucleation　48, 71
high clouds　5
homogeneous nucleation　48, 71
hurricane modification　172
hydrometeor videosonde　105
hydrostatic equation　37

索　引

I

hydrostatic equilibrium　37

ice crystal clouds　5
ice crystals　4
ice forming nuclei　71
ice nuclei　71
ideal gas　9
immersion freezing　72
immersion nuclei　72
inadvertent weather modification　162
in situ observation　92
intercept parameter　97

K

kaolinite　73
K–index　129
kinetic effects　79
KING 雲水量計　106
Köhler curve　51

L

large particle　53
LCL　31, 45, 128, 129, 131, 178
level of free convection　45
level of neutral buoyancy　126
LFC　45, 126, 131
Lifted index　129
lifting condensation level　31, 45
lightning　172
liquid precipitation　7
LNB　126
lognormal distribution　97
low clouds　5

M

mature stage　137
median volume diameter　98
mesopause　4
mesoscale rainbands　140
mesosphere　3
middle clouds　5
mist　52
mixed clouds　5
mixing layer　45
mixing ratio　26
moist adiabat　32
moist-adiabatic lapse rate　40
moist-adiabatic process　31

moist air　1
molecular weight　2
montmorillonite　73

N

neutral　42
nucleation　48, 70

O

orographic wave clouds　71
ozone sonde　105

P

phase change　1
planned weather modification　162
potential temperature　15
precipitation　4
precipitation enhancement　167
precipitation intensity　100
precipitation redistribution　167
pressure　9
pressure gradient force　37
Project STORMFURY　172
pseudoadiabat　32
pseudo-adiabatic process　31
psychrometer　30
psychrometer constant　30
psychrometric formula　30
P–T 線図　16

R

RADAR　107
radar reflectivity factor　101
radio detection and ranging　107
radiometersonde　105
radiosonde　105
rainbands　145
rain water content　99
Raoult's law　50
rawin　105
rawinsonde　105
relative humidity　28
remote sensing　92
riming growth　81
rocket sonde　105

S

saturation　22
saturation adiabat　32

saturation-adiabatic lapse rate　40
saturation-adiabatic process　31
saturation mixing ratio　27
saturation ratio　49
saturation specific humidity　27
saturation vapor pressure for ice　22
saturation vapor pressure for water　22
secondary ice particles　74
seeder-feeder mechanisms　142
seeding　162
Showalter stability index　127
size distribution　97
slope parameter　97
snowflake　74, 85
snow water content　99
solute effect　51
specific humidity　27
specific volume　10
SSI　127
stable　41
static stability　41
Stokes' law　61
stratiform　112
stratiform region　145
stratopause　4
stratosphere　3
Stüve diagram　17
subsaturation　22
supercooled clouds　7
supercooled droplets　7
supersaturation　22
sweepout volume　65, 87

T

temperature　9
temperature lapse rate　40
terminal velocity　60
tethered sonde　105
thermal advection　114
thermodynamic diagram　16
thermosphere　3
thickness　113
thunder　172
tipping-bucket rain recorder　99
Total Totals Index　130
tropopause　3
troposphere　3

true airspeed 96
T–T_d 29

U

universal gas constant 12
unstable 41
U. S. Standard Atmosphere, 1976 3

V

van't Hoff factor 51
vapor density 25
variables of state 9
ventilation effects 79
vertically integrated liquid-water content 102
Vertical Totals Index 130
virtual temperature 29
vorticity advection 115

W

warm advection 114
warm clouds 134, 169
warm rain 48, 169
water clouds 5
water vapor 1
wet-bulb potential temperature 32
wet-bulb temperature 30

Z

Z–R 関係 101, 109

あ 行

アイウォール 145
アスペクト比 77, 79, 80
暖かい雨 48, 169
暖かい雲 134, 169
圧力 9
アボガドロ数 51
アボガドロの法則 11
雨水量 99
あられ 74
アルベド 120
安定 41

一般気象レーダー 107
意図的な気象調節 162

渦度移流 115
雲形 5
運動学的影響 79
雲粒 4
雲粒数濃度 121
雲粒捕捉 136
雲粒捕捉成長 81, 142, 143, 146
雲量 93

衛星観測 103
エイトケン核 134
エイトケン粒子 53
エネルギー保存の法則 13
エマグラム 17, 126, 177
エーロゾルゾンデ 105
鉛直積算雨水量 102
円筒型雨雪量計 100
エントレイメント 130, 131, 134, 167
エントレイメント率 132, 134

オゾンゾンデ 105
温位 15, 178
温暖前線降雨帯 141
温度 9
温度移流 114, 115

か 行

ガウスの定理 78
カオリナイト 73
核形成 48, 70
拡散 54, 74
拡散係数 55
拡散方程式 55
各種定数 2
核生成 48, 70
下降流 137
過剰水分量 157
下層雲 5
活性化スペクトル 53
カニングハム補正係数 61
過飽和 22
過飽和度 49
仮温度 29
過冷却雲 7, 93
過冷却雲粒 81
過冷却水 173
過冷却水滴 7, 81, 146, 163
過冷却霧 165
――の消散 165

寒気移流 114
乾湿計 30
乾湿計公式 30
乾湿計定数 30
乾燥空気 1
乾燥断熱減率 40, 125
乾燥中立 43
ガンマーマーシャル分布 97
ガンマ分布 97
寒冷前線降雨帯 143

気圧傾度力 37, 39
気温減率 40
危険降雨強度 154
気象調節 162
気象レーダー 107
気体定数 1, 2
偽断熱過程 31
偽断熱線 32
ギブス関数 23
逆指数分布 97
急傾斜地崩壊危険箇所 148
凝結温度 30
凝結核 53
凝結気圧 30
凝結成長 54
凝結凍結 71
凝結凍結核 72
凝結熱 40, 56
曲率効果 51
巨大粒子 53
霧の人工消散 164
霧水量 165
均一ニュークリエーション 48, 71

空気密度 59
空港気象ドップラーレーダー 107
空港気象レーダー 107
雲 4
  暖かい―― 134, 169
  冷たい―― 134
雲水量 33, 66, 94, 120, 132
雲粒子 4
雲粒子ゾンデ 105
雲粒子ゾンデ観測 119
クラウジウス-クラペイロンの式 24, 41, 45

索　引

傾圧不安定　113
係留ゾンデ　105
ケーラー曲線　51
圏界面　3
現場観測　92, 106

降雨帯　145
航空機着氷　96
降水　4
降水強度　100
降水増加　167
降水調節　167
降水はかり　100
降水量　99
高層気象観測　38, 105
氷雲　5, 93
氷水量　85, 119
氷の飽和蒸気圧　22, 24
コリオリパラメータ　113
混合雲　5, 81, 93
混合層　45
混合比　26, 177

さ　行

最盛期　137

ジオポテンシャル　113, 175
ジオポテンシャル高度　113, 175
シーダーフィーダーメカニズム　142, 143
湿球温位　32, 125, 178
湿球温度　30
シックネス　113
湿潤空気　1
湿潤断熱過程　31
湿潤断熱減率　40, 125
湿潤断熱線　32
湿数　29
シーディング　162
斜面崩壊　156
シャルルの法則　11
自由対流高度　45, 126, 131
終端速度　60
重力　39
昇華核　72
昇華凝結　71
昇華成長　74, 141
昇華熱　2, 24, 79
条件付不安定　44
上昇流　112

上層雲　5
状態変数　9
状態方程式　9, 21
衝突係数　65, 185
衝突体積　65, 87
衝突併合過程　64, 136
蒸発熱　2, 23
晶癖変化　74
ショワルター安定指数　127
人工降雨　74
浸透能　157
水雲　5, 93
衰弱期　137
水蒸気　1
　　——の気体定数　21
水蒸気密度　25
ストークスの法則　60
ストームファリー実験　172
スパイラルバンド　146

生成セル　141
成層圏　3
成層圏界面　4
静力学的安定度　41
静力学平衡　37
　　——の式　37
積雲期　137
接触凍結　71
接触凍結核　72
絶対安定　43
絶対湿度　26
絶対不安定　43
雪片　74, 85

素因　157
層厚　113
層状性　112
層状性領域　145
相対湿度　28, 177
相当温位　32, 125, 134, 178
相変化　1
ゾンデ観測　104

た　行

大気エーロゾル　53
対気速度　96
大気の安定度　41
対数正規分布　94, 97
対流安定　125

対流雲　131
対流圏　3
対流圏界面　3
大粒子　53
対流性　112
対流中立　125
対流不安定　125
対流有効位置エネルギー　125
対流抑制エネルギー　125, 127
種まき　162
暖域降雨帯　142
暖気移流　114
断熱過程　15
断熱図　16
断熱的　15
断熱的雲水量　33

地形性の波状雲　71
地衡風　113
地上観測　103
着氷率　96
チャフ　172
中間圏　3
中間圏界面　4
中層雲　5
中立　41

通風効果　79, 87
冷たい雨　70
冷たい雲　134

定圧比熱　1
抵抗係数　60, 88
定積比熱　1
デービス数　62, 88
電気容量　77
電光　172
転倒ます型雨量計　99
凍結　72
凍結核　72
土砂災害　147
ドライアイス　162
ドロップゾンデ　105

な　行

内水　147

二次氷晶　74
ニュークリエーション　48, 70

索　引

熱圏　3
熱伝導率　1, 57
熱力学図　16
熱力学第一法則　12
粘性係数　60, 88
粘土鉱物粒子　73

　　　　は　行

ハリケーン　144
ハリケーン制御　172
ハレット−モソップのスプリン
　　ターメカニズム　74
ハロー　118

非意図的な気象調節　162
比湿　27
比容　10
ひょう　170
氷晶雲　5, 93
氷核活性細菌　73
標準大気　3
氷晶　4
氷晶核　71
氷晶核数濃度　72
氷晶核物質　162
ひょう制御　171

不安定　41
ファント・ホッフの係数　51
不均一ニュークリエーション
　　48, 71
付着係数　66, 185
普遍気体定数　12, 21
ブライトバンド　145
浮力　38, 131
分子量　2

平均自由行程　61, 79
平衡蒸気圧　49
平衡状態　22
併合成長　85, 137, 143, 146, 171
ベスト数　62, 88
ヘニングの公式　45

ボイルの法則　11
放射ゾンデ　105
飽和　22
飽和混合比　27
飽和蒸気圧　24
飽和断熱過程　31
飽和断熱減率　40
飽和中立　43
飽和比　49
飽和比湿　27
捕捉係数　66, 84, 185
ボンド数　63

　　　　ま　行

マーシャル−パルマー分布　97

水資源　162
水の表面張力　49
水の飽和蒸気圧　22, 24
密度　1, 9
未飽和　22

無次元数　60, 62, 63, 88

メジアン体積直径　98
メソスケール降雨帯　140

持ち上げ凝結温度　45
持ち上げ凝結高度　31, 45, 128,
　　129, 131, 178

もや　52
モンモリロナイト　73

　　　　や　行

誘因　158
融解熱　2
雪水量　99

ヨウ化銀　162
溶質効果　51
容積比　2

　　　　ら　行

雷鳴　172
ラウールの法則　50
ラジオゾンデ　38, 105
落下速度　58, 87
ラプラスの方程式　78

理想気体　9
リモートセンシング　92, 118
粒径分布　97
臨界過飽和度　51
臨界半径　51
臨界飽和比　51

レイノルズ数　60, 63, 88
レーウィン　105
レーウィンゾンデ　105
レーダー　107
レーダー反射因子　101, 109,
　　119, 144
レーリー散乱　109
連続衝突モデル　65

ロケットゾンデ　105
露点温度　28, 177

著者略歴

水野　量（みずの・はかる）
1980 年　気象大学校卒業
現　在　気象庁気象大学校講師
専　門　気象学，雲物理学

応用気象学シリーズ 3
雲と雨の気象学

定価はカバーに表示

2000 年 9 月 25 日　初版第 1 刷
2017 年 11 月 25 日　　　第 9 刷

著　者　水　野　　　量
発行者　朝　倉　誠　造
発行所　株式会社　朝　倉　書　店

東京都新宿区新小川町 6-29
郵便番号　162-8707
電　話　03（3260）0141
FAX　03（3260）0180
http://www.asakura.co.jp

〈検印省略〉

© 2000 〈無断複写・転載を禁ず〉　　　平河工業社・渡辺製本

ISBN 978-4-254-16703-0　C 3344　　Printed in Japan

JCOPY　〈(社)出版者著作権管理機構　委託出版物〉

本書の無断複写は著作権法上での例外を除き禁じられています．複写される場合は，そのつど事前に，(社) 出版者著作権管理機構（電話 03-3513-6969, FAX 03-3513-6979, e-mail: info@jcopy.or.jp）の許諾を得てください．

好評の事典・辞典・ハンドブック

火山の事典（第2版） 　　下鶴大輔ほか 編　B5判 592頁

津波の事典 　　首藤伸夫ほか 編　A5判 368頁

気象ハンドブック（第3版） 　　新田 尚ほか 編　B5判 1032頁

恐竜イラスト百科事典 　　小畠郁生 監訳　A4判 260頁

古生物学事典（第2版） 　　日本古生物学会 編　B5判 584頁

地理情報技術ハンドブック 　　高阪宏行 著　A5判 512頁

地理情報科学事典 　　地理情報システム学会 編　A5判 548頁

微生物の事典 　　渡邉 信ほか 編　B5判 752頁

植物の百科事典 　　石井龍一ほか 編　B5判 560頁

生物の事典 　　石原勝敏ほか 編　B5判 560頁

環境緑化の事典 　　日本緑化工学会 編　B5判 496頁

環境化学の事典 　　指宿堯嗣ほか 編　A5判 468頁

野生動物保護の事典 　　野生生物保護学会 編　B5判 792頁

昆虫学大事典 　　三橋 淳 編　B5判 1220頁

植物栄養・肥料の事典 　　植物栄養・肥料の事典編集委員会 編　A5判 720頁

農芸化学の事典 　　鈴木昭憲ほか 編　B5判 904頁

木の大百科［解説編］・［写真編］ 　　平井信二 著　B5判 1208頁

果実の事典 　　杉浦 明ほか 編　A5判 636頁

きのこハンドブック 　　衣川堅二郎ほか 編　A5判 472頁

森林の百科 　　鈴木和夫ほか 編　A5判 756頁

水産大百科事典 　　水産総合研究センター 編　B5判 808頁

価格・概要等は小社ホームページをご覧ください．